现代家居设计与装修系列丛书

家居装饰工程预算

第2版

主　编　刘雅云
参　编　周晓喆　师　帅

机 械 工 业 出 版 社

本书是以中华人民共和国住房和城乡建设部有关建筑装饰装修工程报价的现行政策《建设工程工程量清单计价规范》（GB50500—2008）为主要依据，结合工程实践编写的，具有内容新颖、实用性强、使用方便的特点。本书内容包括：家居装饰装修工程预算概述，装饰装修工程预算内容与报价的组成，装饰装修工程预算定额及补充定额，装饰装修工程单位估价表，装饰装修工程费用，装饰装修工程工程量清单与计价，装饰装修工程施工图预算的编制与报价，各种工程量计算实例，工程量清单编制与工程量清单计价案例，装饰装修工程招投标报价与工程合同的签订，家居装饰装修工程快速报价与快速估算方法等。

本书可供广大从事家居装饰装修工程造价人员学习使用，也可作为建筑工程、环境艺术工程、工程管理等专业人员及大中专院校相关专业师生学习的参考用书。

图书在版编目（CIP）数据

家居装饰工程预算/刘雅云主编. —2版. —北京：机械工业出版社，2010.6（2015.2重印）

（现代家居设计与装修系列丛书）

ISBN 978-7-111-30890-4

Ⅰ.①家…　Ⅱ.①刘…　Ⅲ.①住宅—室内装饰—建筑预算定额

Ⅳ.①TU723.3

中国版本图书馆CIP数据核字（2010）第101793号

机械工业出版社（北京市百万庄大街22号　邮政编码100037）

策划编辑：荆宏智　责任编辑：邓振飞　版式设计：张世琴

责任校对：刘志文　封面设计：路恩中　责任印制：乔　宇

北京汇林印务有限公司印刷

2015年2月第2版第5次印刷

184mm×260mm · 16.75印张 · 415千字

10001—12000册

标准书号：ISBN 978-7-111-30890-4

定价：33.00元

第 2 版前言

《家居装饰工程预算》一书发行至今得到了广大读者的喜爱，先后印刷多次，在此向广大读者表示深深的感谢！

谨此我们奉献上新书《家居装饰工程预算》（第 2 版），敬请广大读者阅览。

中华人民共和国住房和城乡建设部于 2008 年底颁布实施了新的国家标准《建设工程工程量清单计价规范》（GB50500－2008），新标准的实施说明工程量清单计价模式的逐步完善。基于这样的前提，为了满足装饰装修工程造价人员对新标准的了解和应用需求，以及帮助相关人员认知国家新政策、新计价方法，更好地学习工程量清单计价规则，特编写本书。

本书是作者多年从事建筑装饰装修工程、工程管理及工程造价工作实践经验和教学实践工作的总结，书中以《建设工程工程量清单计价规范》及《辽宁省建设工程计价依据 B 装饰装修工程计价定额》等为依据，结合工程案例分析，使读者在较短的时间内了解、掌握有关《建设工程工程量清单计价规范》中关于项目概况、项目说明、项目特征说明、工程量计算规则及有关工程量计算、有关工程内容说明等知识及工程量清单报价的具体做法。

本书编写突出内容新颖，既有基础理论，力求语言简明易懂，又有实践总结，具有图文并茂、形象直观、理论联系实际，由浅入深、循序渐进，实用性和适应性强的特点。是从事建筑装饰装修工程造价人员、工程技术人员、建造人员、设计师等的实用工具书，也可作为大中专院校的学生及相关专业人员的教学参考书。

本书由刘雅云主编，编写了本书的第1～5章，第6、7、8、10、11章由师帅编写，第9章和附录由周晓喆编写，并由周晓喆担任主审。在编写过程中参考了有关专家著作和各种参考资料，在此表示诚挚的感谢。

由于编者水平有限，时间比较仓促，书中难免存在不妥和错误之处，我们由衷地希望各位读者批评指正，以便在今后再版时修正。

编　者

目　录

第1章 家居装饰装修工程预算概述

1.1 家居装饰装修工程概述

家居装饰装修工程是建筑装饰装修工程的重要组成部分和新的经济增长点，已被越来越多的人士所认同。人们的一天，除了工作以外，大部分时间都是在家庭空间里度过的，紧张之余，家就是宁静的港湾，人们在这里调整身心，迎接新一天的到来。随着社会的改革与发展，各种民营企业数量的不断增加，家居、办公空间也在发展，家不但是生活的地方，也是工作的地方。家居空间的功能日益丰富、深化，家居室内装饰装修的好与坏对人的生理和心理将会产生很大影响。人是社会的细胞，对社会的发展起着推动作用，所以家居装饰装修艺术反映了时代前进的步伐，装饰装修工程前景广阔，潜力巨大。

家居装饰装修的目的是给人们营造舒适、科学、美观的学习、工作和生活环境。从功能看，家居装饰装修工程起着保护建筑物、保护主体结构的作用，使建筑物具有防潮湿、防渗透、隔热、保温、隔声等特点，使室内家具陈设、灯具配备、电器化设备及装饰品更科学化、艺术化和舒适化。

住宅建设项目根据环境要求可分为：

（1）土建工程　包括砌筑工程、木构件工程、保温工程、隔热工程、防水工程等。

（2）装饰装修工程　包括天花（天花复式棚）、地面（地面及地台等）、墙面（四面墙壁）、护墙板、踢脚板、楼梯、栏杆、门窗、柱等的装饰。配套设施有厨房的壁柜、低柜、灶台、配餐台、洗刷台、梳妆台、洗衣操作台等。

（3）安装工程　包括洗手间中的卫生洁具配件、浴缸、洗面盆、妇女净身器、坐便器等的安装，还有采暖通风空调设施、通信设备及线路、电气照明设施（灯具、开关、插座配备）及其他设备、设施的安装。

综上所述，每个建设项目都是由许多专业工程组成的，而家居装饰装修工程便是其中的重要组成部分，是建筑工程的延续和深化。装饰与主体并重的规定表明：一个建筑工程项目，装饰装修工程达不到优良标准工程的评不上“优良”工程。可见，国家对发展室内装饰业是非常重视的。

装饰用艺术语言展示内在的魅力，为人们装点一间又一间符合人们的生理和心理需求的生存环境，装饰装修工程的重要性是不言而喻的。

1.2 家居装饰装修工程报价的概念和分类

1.2.1 装饰装修工程报价的概念

装饰装修工程报价通常是建筑物在装饰装修过程中发生的全部费用。装饰装修工程报价是依据不同设计阶段设计图样的具体内容和政府及有关管理部门规定的装饰装修工程消耗量定额指标、各项取费标准、装饰装修材料价格文件及市场经济作用等，按一定的步骤预先计算的装饰装修工程所需全部投资额的经济文件。根据不同建设阶段和不同的作用，装饰装修工程报价文件一般可分为投资估算、设计概算、施工图预算、施工预算、招标控制价、投标总价和竣工结算总价等。在装饰装修工程中，人们习惯把施工图预算称为装饰装修工程预算。

装饰装修工程报价所确定的报价额，是根据图样预先计算的，是装饰装修工程的计划价格，通常称为“预算造价”。

1.2.2 装饰装修工程报价的分类

装饰装修项目建设通常分为四个阶段：决策阶段、设计阶段、施工阶段和竣工阶段，每个阶段都需根据装饰装修工程多次性计价的特点编制相应的报价文件，这些文件包括：工程估算造价、设计概算造价、施工图预算造价、施工预算造价和竣工决算造价，它们与各阶段的关系如图 1-1 所示。

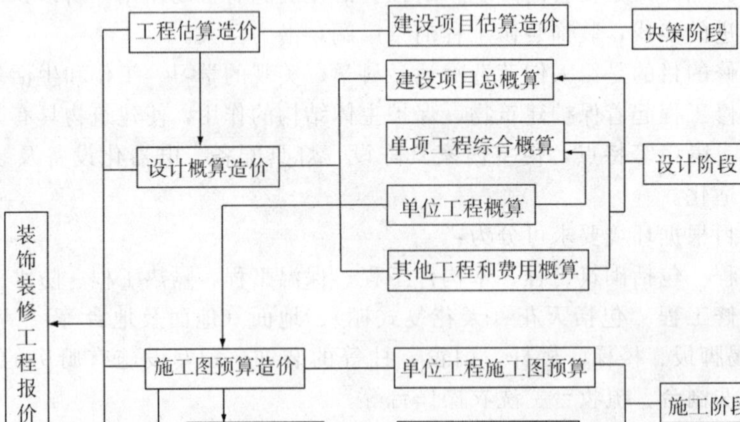

图 1-1 装饰装修工程报价分类示意图

（1）工程估算造价　按照设计任务书规划的工程内容，依据概算指标所确定的工程投资额、主要材料等经济指标进行报价，称为“工程估算”。它是计划书的主要内容之一，是审批项目的主要依据文件，它对应工程的决策阶段。

（2）设计概算造价　在设计阶段初期，由设计单位根据初步设计图样、概算指标、概算定额、各项费用定额及取费标准等相关资料，预先计算的装饰装修工程费用文件。

设计概算是控制工程建设投资、编制工程计划文件的依据，是确定工程投资最高限额和分期拨款的依据。

设计概算文件应包括建设项目总概算、单项工程综合概算、单位工程概算、其他工程和费用概算。有关设计单位在报送设计图样时，同时还需报送相应种类的设计概算，这样才能满足设计阶段的需求。

(3) 施工图预算造价 施工图预算是在施工图设计阶段，当工程设计完成后，在工程开工之前，由施工单位根据施工图样计算的工程量、施工组织设计和国家（或地方主管部门）规定的现行预算定额、单位估价表以及各项费用的取费标准等有关资料，预先计算和确定装饰装修工程费用的文件。

施工图预算是确定工程施工造价、签订承包合同、实行经济核算、拨付工程进度款、安排施工进度计划、核算工程成本的主要依据，也是工程施工阶段的法定文件。

施工图预算的内容应包括单位工程总预算、分部和分项工程预算、其他项目及费用预算等部分。

(4) 施工预算造价 施工预算是施工企业（单位）为了加强施工企业内部的管理和经济核算，节约人工、材料、机械的使用费用，在施工图设计的监督控制下，进行工料分析，计算出工程所需的人工、材料、机械工具等的需要量。

施工预算也是根据施工图所规定的施工方案和劳动定额、材料消耗定额、机械台班使用定额等编制而成的。

施工预算是施工单位内部编制的一种预算，是签发施工任务单、限额领料、开展定额经济包干、实行按劳分配的依据，它确定的是施工企业计划成本。

(5) 竣工决算造价 建设项目竣工后，根据工程实际完成的内容，按照施工图预算的编制方法，编制建设项目的实际造价及各项费用的经济文件，称为“竣工决算”。它是由施工方（工方）编制的工程最终付款凭据，经建设单位和有关方面（建设银行）审定批准后方可生效，它对应着工程竣工阶段。

1.2.3 施工预算和施工图预算的区别与联系

施工预算的作用是可以提供准确的施工量，作为编制施工计划、劳动力使用计划、材料需用计划、机械台班使用计划、对外订货加工计划的依据。另外，它还是对班组实行经济核算、按定额下达任务单、限额领料、保证工程工期、考核施工图预算、降低工程成本的依据。施工预算确定的是装饰企业内部的工程计划成本。

施工图预算的作用是组织施工管理，加强经济核算的基础，是签订施工承包合同、拨付工程进度款、甲乙双方办理竣工工程价款的依据。施工图预算确定的是装饰装修工程造价，为预算成本。

确定装饰装修工程计划成本的施工预算与确定装饰装修工程预算成本的施工图预算进行对比称作“两算”对比。换句话说，施工预算与施工图预算或工程计划成本与工程预算成本相比较称作“两算”对比。它是装饰施工企业为了防止工程预算成本超支而采取的一种防范措施。施工预算和施工图预算是从不同的角度计算的两本经济账，通过“两算”对比分析，可以预先找出节约的途径以防止费用超支，如若超支，可找出原因，研究解决的办法，更改方案，防患于未然。

总之，施工预算和施工图预算，虽然两者编制的依据都是施工图，但两者编制的出发点不同、方法不同、深度不同，两者的作用也不同，因此两者不能混为一谈。

1.3 装饰装修工程预算的作用和编制方法

编制装饰装修工程预算就是促进装饰装修工程的不断完善，做到工程有的放矢，合理投资，使投资方和施工方共同恪守工程预算合同，共同完成工程项目。

装饰装修工程预算的编制是根据施工图设计和预算定额单价（或单位估价表）、取费标准来编制的。装饰装修工程预算是确定该项装饰装修工程所需的全部投资文件，由直接费、间接费、计划利润及税金等四大部分构成。

1.3.1 装饰装修工程预算的作用

1）装饰装修工程预算是建筑装饰施工单位（施工企业或称乙方）和建设单位（房主或称甲方）签订工程承包合同和办理工程结算价款的依据。

经过甲、乙双方编制、审定、认可的装饰装修工程预算，是双方装饰装修工程结算的依据。单位工程完工后，根据变更工程增、减项目调整预算，进行结算。

如果条件具备，根据甲、乙双方签订的工程合同，双方认可的装饰装修工程预算可以直接作为工程造价包干价款结算的依据。

2）装饰装修工程预算是银行拨付工程价款的依据。银行（建设银行或工商银行）根据双方审定的装饰装修工程预算，办理工程拨款，监督甲、乙双方履行合同，按工程进度拨付工程进度款和竣工结算。若施工超出预算，需由建设单位（甲方）同工程设计单位作修改设计或增加项目投资时，还应编制补充预算。

3）装饰装修工程预算是施工企业（乙方）编制计划、统计和完成施工产值的依据。装饰装修工程预算是施工单位正确编制计划，进行装饰装修工程施工准备，组织施工力量，组织材料供应，统计上报完成施工产值的依据。

4）装饰装修工程预算是加强施工企业经济核算的依据。装饰装修工程预算是企业实行经济核算、考核经营成果的依据，有了工程预算，就可以进行工、料核算，对比实际消耗量，进行经济活动分析，加强企业的内部管理。

5）在实行招标承包制的情况下，装饰装修工程预算是建设单位（甲方）确定标底和施工单位（乙方）投标、报价的依据。

1.3.2 装饰装修工程预算的编制方法

装饰装修工程预算的编制方法主要有：工程量清单计价法、单位估价法和实物造价法。一般的装饰装修工程预算，按常规应采用单位估价法编制施工图预算，但由于装饰装修工程多使用新材料、新技术、新机械设备，在必要时需要采用实物造价法编制工程预算。

（1）单位估价法　此种方法是利用分部分项工程单价计算工程造价的方法，计算程序为：

1）根据施工图计算出分部分项工程量。

2）根据地区装饰装修工程预算定额单位估价表或预算定额单价计算分部分项工程直接费，汇总为单位工程直接费。

3）根据取费规定，计算间接费和计划利润并与直接费进行汇总，计算得出单位工程预算造价。

4）进一步汇总得出综合预算和总预算造价。

（2）实物造价法　此种方法是以实际用工、料数量来计算工程造价的方法，计算程序为：

1）利用施工图样计算材料消耗数量。

2）按照劳动定额计算人工工日。

3）按照室内装饰机械台班费用定额计算施工机械使用费。

4）根据人工日工资标准、材料预算价格、机械台班费用单价等资料，计算单位工程直接费。

5）算出间接费和计划利润，并与直接费汇总成单位工程预算造价。

6）进一步汇总，得出综合造价和总预算造价。

（3）工程量清单计价　此种方法是指企业按照中华人民共和国建设部发布的《建设工程工程量清单计价规范》（GB50500—2008），编制工程量清单，结合工程特点、市场行情和自身情况，确定施工方案和人工、材料、机械的消耗量及分部分项工程，进行自主报价，以此确定装饰装修工程造价的一种计价方法。此种报价方法将在后面章节中进行详细介绍。

1.4　工程量清单计价中建设工程项目的划分

建设工程项目是个综合系统的工程体系，为了适应工程管理和便于经济核算，把建设项目分部、分项，由大到小划分为建设项目、单项工程、单位工程、分部工程和分项工程五部分。

1.4.1　建设项目

建设项目是指在一个总体设计和初步设计范围内，由一个或几个单项工程所组成，实行统一的经济核算，行政上统一管理，有独立组织形式的工程建设单位。在建设中一般是以一个企业或事业单位为建设项目，也有以营业性质的商厦、宾馆、剧院、博物馆等为建设项目的。

1.4.2　单项工程

单项工程也称工程项目，它是建设项目的组成部分，是能够独立发挥生产能力和效益的工程。

单项工程在工业建设项目中是指独立生产的厂矿或一个完整的独立生产系统；非工业项目的单项工程是指建设项目中能够发挥设计规定的主要效益的各个独立工程。

单项工程是具有独立存在意义的完整工程，也是一个复杂的综合体，它由若干个单位工程组成。

1.4.3　单位工程

单位工程是单项工程的组成部分，一般情况下根据单项工程所包含的不同性质的工程内容，根据能否独立施工的要求，将一个单项工程划分为若干个单位工程。如某栋楼是一个单项工程，某栋楼里又由若干的单元组成，各单元的装饰装修工程即为单位工程。建设工程还可根据其中各个组成部分的内容分为一般装饰装修工程，如电气照明工程和采暖通风工程等。

1.4.4 分部工程

分部工程是单位工程的组成部分，在建设中，分部工程是按照工程部位和构造的性质划分的，如楼地面工程，天棚工程，墙、柱面工程，门窗、裱糊工程等，其中每一部分称为分部工程。

1.4.5 分项工程

分项工程是分部工程的组成部分，在分部工程中，由于还包括不同的施工内容，按其施工方法、工料消耗、机械台班消耗和材料种类等不同还可分解成更小的部分，如实木地板、防滑地砖、花岗石地面等，即装饰装修工程的一种基本的构成单元——分项工程。

分项工程是通过简单的施工过程就能够完成的工程内容，它是工程概、预算工作中一个基本的计量单元，是预算定额的编制对象和基础。它与单项工程不同，可以说一般情况下，它没有独立存在的意义，它是建筑安装工程的一种基本的构成因素，是为了确定装饰装修工程及安装工程造价而寻找出的一种小产品。但工程报价又依附于它，离不开这些基本项目。家居装饰装修工程建设项目的划分如图 1-2 所示。

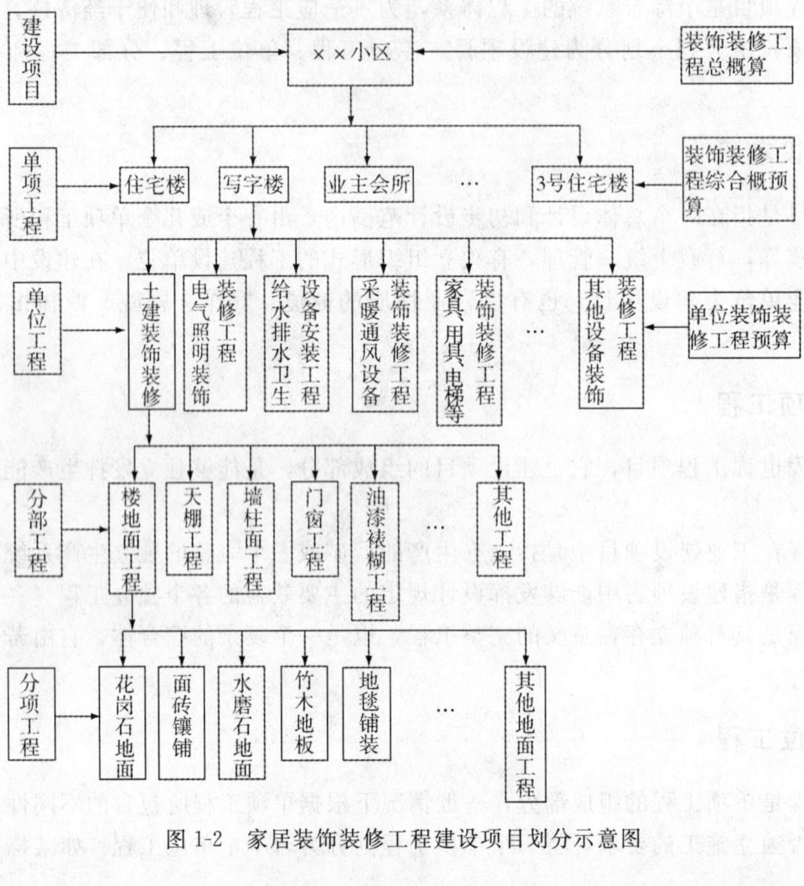

图 1-2　家居装饰装修工程建设项目划分示意图

第 2 章　装饰装修工程预算内容与造价的组成

2.1　装饰装修工程预算书的内容

2.1.1　编制说明

施工图预算编制完成后，需编写编制说明，说明装饰装修工程概况、编制依据、单位工程造价和工程总造价、主要材料、人工需用和市场价格以及有关问题说明等。具体内容如下：

1）工程名称和工程概况以及设计方案与变更。

2）编制依据中的施工图依据、施工组织设计或施工方案。

3）编制依据中预算定额及名称、综合单价分析及材料基价。

4）定额换算依据和补充定额单价。

5）主要材料采购价格。

6）各种取费计算标准和依据。

7）工程造价和主要经济指标。

8）其他有关问题说明。

9）招标范围。

10）清单编制（依据《建设工程工程量清单计价规范》）。

11）工程质量预期目标。

2.1.2　分部分项工程量清单计价表

分部分项工程量清单计价表中包括项目编码，分项工程名称，分项工程计量单位，施工图工程数量，综合单价、合价、小计、合计。

2.1.3　工料分析

工料分析是指对装饰装修工程分析主要材料需用量，如吊顶材料：轻钢龙骨、纸面石膏板、岩棉板、装饰木板材等；地面材料：大理石、花岗石、瓷砖、木地板等；壁面材料：壁纸、壁毡、装饰木材、涂料等；其他部位材料：铝合金门窗、塑钢窗、木门窗、木装饰线、玻璃等材料。

同时对综合用工进行分析，如木工、瓦工、电气工、油漆工等，需用多少工完成，结合工期，配备几名工人。也可根据企业现有条件，预计出完成工程的时间，编制施工计划和组织施工管理。

对于安装工程应列出消防设备、报警设备、喷淋设备、空调和电器设备，以及灯具的种类、规格、型号、数量、主要材料和辅助材料的用量等。

主要材料表：材料名称、规格、型号及特征，计量单位和单价。

2.1.4　措施项目清单计价表

措施项目清单计价表中包括项目名称和金额。它主要是通列出为了完成该工程项目所采取的各种措施及需要的费用。

同时要完成措施项目费的分析表，该表包括措施项目名称，措施项目单位、数量、金额（其中应列出人工费、材料费、机械使用费，管理费、利润各是多少）。

2.1.5　其他项目清单计价表

这部分主要是指招标人为了完成工程项目必须留有一部分金额作为材料购置费和工程进展过程中不断进行优化、调整等不能预见、不确定因素所需的费用。还有投标人零星工作的计日工费用和为了协助招标人进行工程分包所需的总承包服务费。

2.1.6　单位工程费汇总表

该表是将以上计算所得的分部分项工程量清单计价合计、措施项目清单计价合计、其他项目清单计价和部门规定的各项规费合计及上级税务部门的税费合计汇总，单位工程费是独立的工程项目造价。

汇总表是由序号、项目名称、金额组成的。

2.2　装饰装修工程预算造价的组成

装饰装修工程预算造价的组成也称为装饰装修工程费用构成，它由直接费、间接费、利润、税金四大部分组成，如图 2-1 所示。

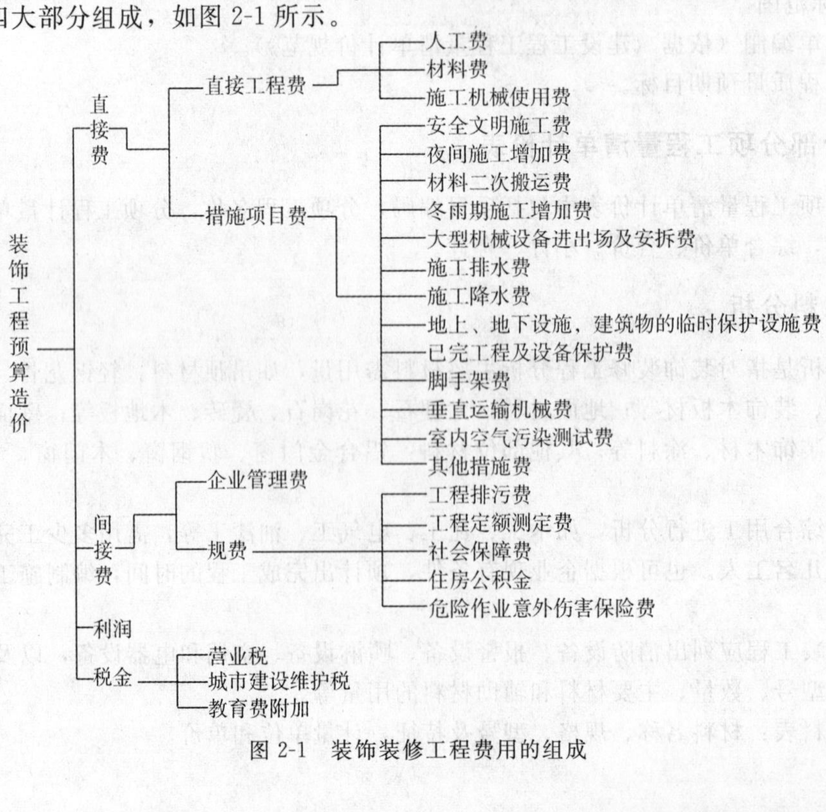

图 2-1　装饰装修工程费用的组成

以上了解了工程造价的组成，下面介绍按工程量清单计价的装饰装修工程费用的组成，见表 2-1。

表 2-1　工程量清单计价的装饰装修工程费用

<table>
<tr><th rowspan="17">装饰装修工程费用</th><th>费用项目</th><th colspan="2">说　明</th></tr>
<tr><td rowspan="5">分部分项工程费用、措施项目费用</td><td colspan="2">人工费</td></tr>
<tr><td colspan="2">材料费</td></tr>
<tr><td colspan="2">施工机械使用费</td></tr>
<tr><td colspan="2">管理费</td></tr>
<tr><td colspan="2">利润</td></tr>
<tr><td rowspan="4">其他项目费</td><td rowspan="2">招标人部分费用</td><td>暂列金额</td></tr>
<tr><td>暂估价</td></tr>
<tr><td rowspan="2">投标人部分费用</td><td>计日工费用</td></tr>
<tr><td>总承包服务费</td></tr>
<tr><td rowspan="2">规费</td><td colspan="2">造价管理部门管理费</td></tr>
<tr><td colspan="2">上级部门管理费</td></tr>
<tr><td rowspan="3">税金</td><td colspan="2">营业税</td></tr>
<tr><td colspan="2">城市维护建设税</td></tr>
<tr><td colspan="2">教育费附加</td></tr>
</table>

第3章 装饰装修工程预算定额及补充定额

3.1 定额

定额是指在一定时期内，一定生产条件下，运用科学的方法生产质量合格的单位产品时必须消耗的人工、材料、机械台班和资金的数量标准。装饰装修工程定额单价是确定建筑装饰产品价格的依据，是计算建筑装饰产品价格的基础。

定额不仅规定了科学的数量标准，而且还规定了工作内容和工程内容以及各项工程的工作量计算规则，它具有科学性、法制性、实践性和群众性，所以是合理确定建筑装饰产品价格的重要依据。

定额单价由人工单价、材料单价和机械单价三部分构成。定额单价有预算定额单价（也称单位估价表）和概算定额单价之分。

3.2 定额的种类、含义及用途

家居装饰装修工程预算定额采用的是装饰装修工程定额的方法，装饰装修工程定额是由基础定额、劳动定额、材料消耗定额和机械台班定额综合扩大而成的。

定额的构成见表3-1，定额的种类、含义及用途见表3-2。

表3-1 定额的构成

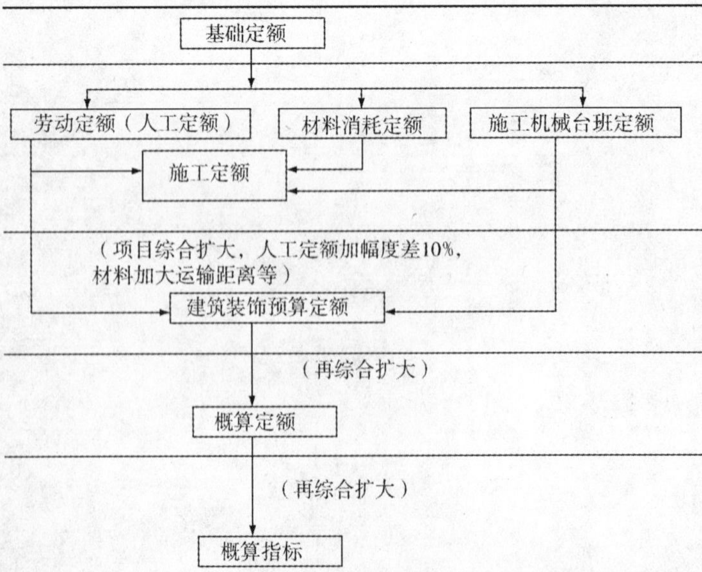

定额	特征与用途
劳动定额、材料消耗定额、施工机械台班定额、施工定额	特征：项目细，按工人工种划分 用途：用于企业管理和劳动分配
建筑装饰预算定额	特征：在基础定额的项目上综合扩大，按工程分部划分 用途：主要用于编制建筑装饰施工图预算和甲、乙方结算
概算定额	特征：将预算定额项目综合扩大，项目粗 用途：用于编制初步设计概算
概算指标	特征：项目更粗，以“万元”或“100m²”为单位计算 用途：用于国家控制投资的物资分配等

表 3-2　定额的种类、含义及用途

序号	定额名称	含义	表现形式	用途
1	劳动定额	在合理的劳动组织和合理使用材料的条件下，完成单位合格产品所必须消耗的工作时间或在一定的劳动时间内所生产的合格产品数量的标准。包括准备与结束时间、基本生产时间、辅助生产时间、可避免的中断时间及人工必要的休息时间	单位产品时间定额（工日）=1/每工产量 每工产量 =1/单位产品时间定额（工日）	1. 用于施工企业 1）考核劳动生产率 2）编制施工作业计划 3）签发施工任务书 4）定额计件承包 2. 用于编制概预算定额及施工定额
2	材料消耗定额	在节约与合理使用材料的条件下，生产单位合格产品所必须消耗的一定规格数量的材料的标准。包括材料的净用量和必要的施工操作损耗数量	材料消耗量=（1+材料损耗率）×材料净用量 单位为 m、m^2、m^3、t…表示	1. 用于施工企业 1）考核劳动生产率 2）编制施工作业计划 3）签发施工任务书 4）定额计件承包 2. 用于编制概预算定额及施工定额
3	施工机械台班消耗定额	在正常施工条件下，规定某种机械设备完成单位合格产品所必须消耗的机械“台班”、“台时”数量的标准。包括准备与结束时间、运转时间、不可避免的中断时间	单位产品时间（台班）=1/台班产量 台班产量 =1/单位产品时间（台班）	1. 用于施工企业 1）考核机械设备生产效率 2）编制施工作业计划 3）按定额施行承包 2. 用于编制概预算定额及施工定额
4	施工定额	确定施工单项单位产品所需合理的人工、材料、机械台班数量的标准	以单位综合（包括人工、材料、机械台班数量）计量，以 m、m^2、m^3、t…表示	用于施工企业内部核算，定额任务承包以及“两算”对比
5	预算定额	预算定额是确定建筑产品价格的依据，也是确定建筑工程中某一计量单位的分部工程或构件的人工、材料和机械台班社会平均消耗量的标准	以单位综合人工、材料和机械台班数量计量，以 m、m^2、m^3、t…表示	1. 是国家监督企业的依据 2. 是编制地区单位估价表（预算单价的依据） 3. 是甲、乙双方付款、预结算的依据 4. 是设计单位编制预算，施工单位审核施工图预算的依据
6	概算定额	概算定额是估算投资建筑产品价格（造价）的依据，也是确定一定计量单位扩大的分项工程人工、材料和机械台班合理综合消耗数量的标准。建筑工程概算定额也叫扩大结构定额	以单位综合人工、材料和机械台班数量计量扩大，以 m、m^2、m^3、t…表示	用于编制初步（或扩大初步）设计概算
7	概算指标	以实物量或货币为计算单位，确定某一建筑物或构筑物的人工、材料和机械消耗数量的标准	以 m、m^2、m^3 用量或“万元”消耗量表示	用于编制初步设计、扩大初步设计概算书或用于物资分配、供应及编制计划
8	投标单价	以工程的某一分项，确定一个合理的人工、材料消耗数量，与地区材料价格组成投标单价	以单位单价货币表示	用于工程招标投标

3.3 定额的作用

定额具有以下几点作用：

1）它是编制装饰装修工程施工图预算的依据。

2）它是施工企业编制施工计划，确定人工、材料和机械台班用量的依据。

3）它是施工企业统计完成工程量，考核工程成本的依据。

4）它是建设单位向施工企业拨付工程款的依据。

5）它是对设计方案和施工方案进行经济评价的依据。

6）它是编制概算定额和概算指标的依据。

7）它是建设单位与施工企业之间工程竣工结算的依据。

3.4 定额的内容和组成

定额是由定额、总说明、分部工程以及有关附录组成的。

（1）定额总说明 装饰装修工程预算定额总说明中，简明扼要地阐述了定额的编制原则、使用范围和作用。说明了编制定额时，已经考虑或没有考虑的因素，以及对定额的使用方法和有关问题的说明。

（2）分部工程 装饰装修工程预算定额是按分部工程划分章节的，每一章均由分部工程说明、工程量计算规则、工程内容和定额项目表等组成。

1）分部工程说明。主要介绍分部工程包括的内容（即分项工程项目）及使用定额时应注意的事项。

2）工程量计算规则。它是分部工程章节中的主要内容之一，详尽地规定了使用某个分项子目定额时，计算工程量应遵守的计算方法，编制施工图预算时必须按此规则进行计算。

3）工程内容。主要介绍定额各子目所综合的内容，以及分项子目的施工工序所包含的内容。

4）定额项目表。在定额项目表中，表明了各分项工程的名称和完成该分项工程一定计量单位产品所需要消耗的人工、材料、机械台班的数量及相应的人工费、材料费、施工机械费和它们的合价，也称分项工程单价，这就是通常说的单位估价表。

（3）有关附录 在预算定额的最后或在每一个分部工程之后，常列有一些必要的附录，如材料预算价格取定表、施工机械台班单价表等附录表格，这些附录中的数据都是装饰装修工程预算的重要组成部分。

3.5 装饰装修工程预算定额应用技巧

装饰装修工程预算定额是编制工程施工图预算，确定工程招标标底和工程投标报价，签订承包合同，考核工程成本及进行工程结算和拨付工程进度款的主要依据。所以，正确使用预算定额，对提高工作质量和做好经济管理基础工作有着极其重要的作用和意义。

如何才能正确地应用预算定额，做好编制施工图预算的有关工作呢？

首先，在使用定额前，必须认真学习预算定额的总说明、分部工程说明以及附录、附表、附图的说明和规定，掌握定额的编制依据、适用范围以及分部分项工程的内容范围。其次，还应深入学习预算定额项目中各分项子目的内容、计量单位、允许换算的范围和方法，正确理解并熟记建筑面积和各分项工程的工程量计算规则。

(1) 掌握分部工程的基本内容　要能准确、迅速地选套定额单价，如辽宁地区定额的轻钢龙骨天棚、铝合金龙骨吊顶、铝塑铝合金格片式天棚龙骨、石膏板天棚（木骨架）、球节点钢网架等子目均列入天棚工程的分部章节内，而没列在其他分部工程的章节中，如果对本地定额各章的基本内容弄不清楚，套定额单价时，只能把定额书翻来翻去，浪费时间，不能尽快地“对号入座”。

(2) 套定额单价的同时要填写材料分析表　定额单价填写在施工图预算书的预算价值栏内，是预算书的主要内容。预算材料分析表是用来确定该单位工程定额材料的消耗量和计算市场采购材料价差的。对于同一分项工程，都来自同一单项子目，如两个表格分两次填写，那将会增加一次翻找、查阅定额的时间。所以，应将单位工程预算书与材料分析表同时套用定额单价和各种材料的单位消耗量。

(3) 熟悉各分项子目定额项目的内容和条件　当各分项子目定额项目的内容和条件不完全一致时，不能直接套用单价和材料消耗量，应根据定额的规定进行换算。定额总说明和分部说明中规定的换算规则，是定额换算的依据，必须严格执行。

由于预算定额单价综合程度不同，有的定额单价可以整体换算，有的定额单价只需局部换算。

熟悉定额单价哪些项目不能换算，哪些项目可以换算，如何换算，就可以在套用定额时得心应手，不至于因临时翻找定额子目内容和换算说明等而耽误时间，影响预算编制速度。

3.6 补充定额单价的确定

如果设计图样中的项目在本地区现行的定额中缺项，无定额可套时，须编制补充定额，其编制方法与单位估价确定的方法相同。首先计算所缺项目的人工消耗数量、材料消耗数量和机械台班的消耗数量，其次再根据地区的人工工日单价、材料预算价格和各种机械台班单价，计算出该项目的人工费、材料费和机械费，最后，汇总为补充定额单价。

编制预算书时，应在定额编号栏内填写“补充”字样。为了便于补充定额的编制，可采用以下两种方法，简化、快速地确定缺少定额项目的补充定额单价。

第 1 种方法：

参考其他地区定额或全国统一定额中与之相似项目的消耗指标，再结合本地区的定额人工工日单价、材料预算价格和机械台班单价进行编制。如本地区定额所缺的项目在其他地区定额或全国统一定额中有，则可直接用其中的人工消耗量、材料消耗量和机械台班消耗量，分别乘以本地定额的人工工日单价、材料预算价格和机械台班单价，得该缺项补充定额单价，计算式如下：

补充定额人工费＝$\sum$（其他地区该项目的人工消耗量×本地定额的人工工日单价）

补充定额材料费＝$\sum$（其他地区该项目的材料消耗量×本地区相应的材料预算价格）

补充定额机械费＝$\sum$（其他地区该项目的机械台班消耗量×本地区相应的机械台班单价）

补充定额单价＝补充定额人工费＋补充定额材料费＋补充定额机械费

第 2 种方法：

只计算缺项项目的材料费，人工费和机械费参考本地区定额中类似分项子目的数值计算。

例 3-1 某工程地面设计为紫檀木地板，地板材料预算价格为 320.00 元/m²，本地定额中无此项子目，但有水曲柳硬木地板，单价为 18591.97 元/100m²，水曲柳木地板消耗量为 105m²，材料预算价格为 108.00 元/m²，试确定紫檀木地板地面的补充定额单价。

1）确定紫檀木地板的消耗量

消耗量＝100m²×（1＋5%）＝105m²

2）确定补充定额单价（其他材料用量不变）

紫檀木地板地面单价＝18591.97 元/100m²＋（1.05×32000.00－1.05×10800.00）元/100m²

＝18591.97 元/100m²＋22260.00 元/100m²

＝40851.97 元/100m²

第 4 章 装饰装修工程单位估价表

单位估价表是确定定额单位装饰装修工程直接工程费的文件，也叫工程预算单价。

把预算定额的人工、材料、机械台班数量按当地人工工资标准、材料预算价格及机械台班费，计算出以货币形式表现的分部分项工程和各结构构件的单位价值，即称作单位估价表。

4.1 单位估价表的内容、作用及种类

单位估价表是在编制预算时用来确定每一个分项工程（单位工程）单价的，例如，裱糊壁纸 $1m^2$、护墙板 $1m^2$、石棉天棚面层 $1m^2$、金属压条 1m 等的单价。单位估价表是按照预算定额的编号和项目编制的，并根据预算定额所规定的人工、材料、机械台班数量、地区的装饰装修工人工资、材料的预算价格计算出来。在估价表内详细列出了每一个工程项目所用的人工、材料和机械台班的数量、单价与合价，定额样例见表 4-1、表 4-2。

表 4-1 天棚吊顶 （单位：$100m^2$）

项目编号		011	012	013	014	015
		3-11	3-12	3-13	3-14	3-15
项目		方木天棚龙骨（吊在人字屋架或搁在砖墙上）				
		单层楞	双层楞			
			面层规格			
			300mm×300mm	450mm×450mm	600mm×600mm	600mm×600mm 以上
基价/元		2838.52	3715.03	3131.05	2493.19	2140.65
其中	人工费/元	589.27	779.34	731.77	684.30	636.77
	材料费/元	2249.25	2935.69	2399.28	1808.89	1503.88
	机械费/元	—	—	—	—	—
名称		消耗数量				
人工	普工/工日	1.964	2.598	2.439	2.281	2.123
	技工/工日	7.857	10.391	9.757	9.124	8.490
材料	锯材/m^3	1.76	2.30	1.87	1.41	1.18
	防腐油/kg	0.81	1.03	0.91	0.69	0.52
	铁件/kg	24.88	31.85	28.15	21.19	15.93

注：工程内容为制作、安装木楞（包括检查孔）；搁在砖墙的楞头、刷防腐油。

表 4-2　装饰板墙面　　　　（单位：$100m^2$）

项目编号		036	037	038	039
		2-208	2-209	2-210	2-211
项　目		硬木条吸声墙面	硬木板条墙面	石膏板墙面	竹片内墙面
基价/元		8945.84	7250.20	1543.45	8447.83
其中	人工费/元	1674.64	1223.64	463.76	1188.00
	材料费/元	7177.43	5899.26	1079.69	7259.83
	机械费/元	93.77	127.30	—	—
名　称		消耗量			
人工	普工/工日	5.544	40136	1.584	3.960
	技工/工日	22.352	16.280	6.160	15.840
材料	硬木锯材/m^3	2.34	2.45		
	石膏板/m^2	—	—	105.00	—
	镀锌半圆头钉/kg	—	—	—	7.27
	铁钉（圆头）/kg	8.39	4.28	5.08	—
	镀锌铁丝（22＃）/kg	—	—	—	13.06
	钢板网/m^2	105.00	—	—	—
	超细玻璃棉/kg	105.26	—	—	—
	嵌缝膏/kg	—	—	1.95	—
	半圆竹片/m^2	—	—	—	105.00
机械	木工圆锯机（直径 500mm）/台班	1.17	1.73	—	—
	木工压刨床（刨削宽度单面 600mm）/台班	1.78	2.32	—	—

注：1. 铺钉面层、钉压条、清理等全部操作过程。

2. 硬木板条包括踢脚线部分。

单位估价表是编制预算的基本文件，目前全国各主要省市都编制了统一的地区装饰装修工程计价定额，便于预算工作。无估价表的地区施工地，还需编制预算的单位自编《单位估价表》，并经过一定的批准手续，才能作为编制预算的依据。

4.1.1　单位估价表的内容

由表 4-1、表 4-2 可知：单位估价表是由预算定额计量单位和预算价格两部分组成的。

(1) 定额计量单位　定额计量单位采用的是延长米（m），米^2（m^2），米^3（m^3），个、组、套、吨（t）等。

单位估价表包括完成分项工程单位工程的人工、材料和机械台班数量，合计工日数量，平均工资等级，材料消耗种类，尺寸、规格、用量和机械种类及台班使用量等。

(2) 预算价格　预算价格是指与人工、材料、机械台班的消耗量相对应的价格，它们是由地区人工工资等级标准、地区材料预算价格、装饰机械台班预算价格所决定的。

编制单位估价表就是确定单位工程估价或单位工程直接工程费，就是确定三项内容：人工、材料、机械台班消耗量与相应的三种价格的乘积，用公式表示为

预算单价＝单位人工费＋单位材料费＋单位机械费

其中　人工费＝$\sum$（工日数量×工资等级标准）

材料费＝∑（材料数量×材料预算价格）

机械费＝∑（机械台班消耗量×机械台班价格）

4.1.2 单位估价表的作用

（1）单位估价表是确定工程造价的基本依据 这就是说，首先按设计施工图计算出分项工程量以后，分别乘以与之对应的单位估价，得出分项工程直接费，再汇总各分项工程直接费，得出工程直接费，然后按规定计取各项费用，即得出工程全部预算造价。

（2）单位估价表是设计方案、进行技术经济分析的基础文件 每个分项工程，如各种墙面、天花板、地面的装饰、灯饰、陈设等，同部位选择什么样的设计方案，既要考虑生产工艺、构造、功能、美观等条件，还要考虑经济条件，以期实现“实用、经济、美观”之三原则，这就需要采用单位估价表进行衡量比较，以便选出最佳方案。

（3）单位估价表是施工企业进行经济核算的依据 企业为了考核成本执行情况，必须以单位估价表中所规定的单价进行比较。

如：某工程天棚轻钢龙骨吊顶，面层为塑料板面，从2008年辽宁省建设工程计价依据《B装饰装修工程计价定额》表4-2装饰板墙面（石膏板墙面）计价定额表项目编码2-210中查出预算单价为1543.45元/100m^2，其中，人工费463.76元/100m^2、材料费1079.69元/100m^2、机械费未发生，以上数字表明预算价格，而实际耗用的工料费即为实际价格，也叫施工预算，两者作一比较，即可算出降低成本的多少并找出原因。

（4）单位估价表是进行工料分析的依据 企业根据单位估价表中所规定的人工、材料、机械品种和数量，制订用工、用材计划，以期达到合理用工、用料，避免浪费，增强施工管理，进而提高企业管理水平的目的。

（5）单位估价表是进行已完工程结算的依据之一 建设单位和施工单位按单位估价表核对已完工程的单价是否正确，便于分部分项工程结算。

总而言之，单位估价表的作用是很多的。所以，合理编制和正确使用单位估价表是编制好预算的基础，是准确计算工程造价，促进企业加强经济核算、提高投资效益的重要环节。

4.1.3 单位估价表的种类

单位估价表基本上分为两类：一类是通用单位估价表，适用于各地区、各部门的家居室内装饰和设备安装工程的单位估价表，常用于专业工程的单位估价表，应用时需调整地方价差。另一类是地区单位估价表，适用于本地区范围内使用。所谓地区单位估价表就是按地区编制的分部分项工程各种构配件及人工、机械台班的单位估价。它是计价定额在本地区执行的具体化、法令化，凡在规定区域内施工的工程必须执行，不得任意修改，而且对定额中留的“活口”也作具体规定。

以上两大类单位估价表的编制可划归为按使用范围划分的，如按编制依据划分又可分为以下两种：

1）按全国统一定额或地区统一定额编制的单位估价表，是具有法令性的文件，可以在规定的时间和地点内多次使用。

2）补充单位估价表是指当计价定额缺项，没有相应项目可使用时，按照设计图样资料，参照定额单位估价表的编制原则而编制出来的补充单位估价表。

在装饰装修工程中，补充单位估价表应用很广泛，这是由于新材料、新技术、新工艺、新结构的不断产生，运作周期频繁，现有定额单价已远不能满足工程项目的需要，必须补充、更新定额单价，即称为补充单位估价表。它的作用、内容、编制依据及表现形式与定额单位估价表相同，仅适用于编制补充单位估价表的工程项目，只可一次性使用。

4.2 单位估价表的编制依据

单位估价表是确定装饰装修工程单位价格的文件，一般以地区进行编制，编制的主要依据是：

1）地区统一建筑装饰定额。

2）地区现行建筑装饰工人工资标准。

3）地区建筑装饰材料预算价格。

4）地区建筑机械台班费用定额。

所以，编制单位估价表须以上述 4 项内容为依据，掌握以上文件，便于合理准确地计算出单位直接费用。

4.3 单位估价表的编制要求

编制单位估价表需要做到以下几点：

1）熟悉施工图和设计资料，了解单位估价表项目的工作内容和要求。要认真阅读设计资料，查阅施工图，掌握设计的各个环节，同时，也要了解估价表项目所含的工作内容，以便准确套用。

2）了解施工组织设计对项目的质量标准及技术措施。

3）了解安全操作规程及该项目所需采取的安全生产措施。

4）了解该项目的施工方法和工艺流程，并详细列出全部的施工工序。

5）了解项目所需要的消耗材料的名称、品种、规格和数量。

6）了解一些特殊、常用材料的产地、原价、运输距离、运输方法等，以便确定材料的预算价格及材料费。

7）确定材料在施工现场的堆放地点和运输距离。

8）计算该项目所需人工的劳动组织和配备情况，按人工的工种、等级、工资标准等确定人工费。

9）计算该项目所需的施工机械种类和台班数量，确定机械费。

10）将人工费、材料费、机械费汇总为单位估价表。

4.4 单位估价表的编制步骤与方法

4.4.1 确定项目名称、计量单位、工作内容

根据施工图、剖面图、结构详图等文件，对要进行编制单位估价表的构配件、编制范围

及计量单位，与计算工程量取得一致，以便在编制中可以配合起来，如编制墙面裱糊壁纸装饰装修工程单位估价表时，其编制范围的工作内容应包括：

1）清扫、找补、刮腻子、磨砂纸。

2）刷底油，配制贴面材料。

3）定位放线，下料。

4）裱糊刷胶，贴装饰面。

5）调整、清理场地等全部操作过程。

熟悉工作内容是准确套用定额的基础，以避免计算时漏项和重项。

4.4.2　计算材料数量

主要材料用理论计算法；次要材料参照类似定额用量按比例计算。以裱糊壁纸为例，主要材料壁纸应按理论方法计算，即

$$材料数量 = 实际用量 \times (1 + 损耗系数)$$

大白粉、羧甲基纤维素、聚醋酸乙烯乳液及其他次要材料，参照定额用量按比例计算。

4.4.3　计算人工数量

人工数量的计算方法有两种：

（1）根据劳动定额计算的方法　此方法比较复杂，工作量大，要先将编制估价表的范围内所应操作工序及内容分别列出，再按劳动定额找出每一道工序所需的工料、工数、工种等级，计算出所需人工的数量。以裱糊壁纸为例，主要工序有：

1）运裱糊用材料，按定额规定运输距离计算。

2）基层处理，按定额规定计算。

3）吊直、套方、找规矩、弹线。

4）计算用料、裁纸。

5）润纸、刷胶。

6）裱贴、修整。

按照以上工序查劳动定额，逐项计算人工数量后相加即得出全部人工数量。

（2）根据比照类似定额计算的方法　这种方法是将各部分分别比照类似项目的人工数量，最后再将各部分相加即得人工总数。

这种方法比较简单，实践中常应用。但其最大的弊端是准确性差，尤其是比照类似定额不恰当时，则更不准确。优点是工作量小，计算快捷，且不致因工序不熟悉而漏项，少算了人工数量，延误工期。

4.4.4　计算机械台班消耗量

计算机械台班消耗量的方法有两种：

1）以劳动定额的建筑机械台班来确定所需台班数量。

2）与类似预算定额项目中的机械台班数量对比确定。

通过以上两种方法计算出单位估价的人工、材料、机械台班消耗量。

4.4.5　计算人工工日单价、材料预算价格、机械台班价格

人工工日单价、材料预算价格、机械台班价格也叫“三价”，计算方法见“4.5 单位造价表的编制”。

4.4.6　计算人工费、材料费、机械费并汇总

用人工工日单价、材料预算价格、机械台班价格分别与人工消耗量、材料消耗量、机械台班消耗量相乘得出人工费、材料费及机械费，人工费、材料费及机械费之和即为汇总。

4.5　单位造价表的编制

编制单位造价表是一项繁琐的工作，需要有细心和耐性，并且要全面地了解和掌握设计内容。

预算单价是指预算中每个项目（也称定额子目）的预算价值，它是这个项目的单位价格，由该项目的人工费、材料费和机械费组成，它的项目、名称、顺序排列应按预算定额，并结合地区工程建设的需要进行编制。

人工费、材料费及机械费是以预算定额中所规定的人工、材料和机械台班消耗量，分别与人工工日单价、材料预算价格和机械台班单价相乘之积的结果。

因此，合理确定预算定额中的“三量”和“三价”，才能合理确定定额子目的预算单价(或叫预算价值)，才能合理确定分项工程的价值，进而确定工程的造价（或工程的价格)。

“三量”是指人工、材料、机械台班的消耗量。

“三价”是指人工工日单价、材料预算价格、机械台班价格。

下面详细介绍一下“三量”和“三价”的确定方法。

4.5.1　装饰装修工程预算定额消耗指标的确定（“三量”的确定)

装饰装修工程预算定额消耗指标是指完成一定计量单位定额项目所需要的人工、材料及机械台班的消耗数量，分别称之为人工消耗指标、材料消耗指标和机械台班消耗指标，这些消耗指标是确定和计算各项目人工费、材料费和机械费的基本依据，是确定单价的基本依据。

1. 人工消耗指标的确定

人工消耗指标涵盖了一定计量单位分项工程所有的各种用工数量，它由两个部分组成，即基本用工和其他用工。

(1) 基本用工　基本用工是指完成某个分项工程单位合格产品所必需消耗的技术工种用工。技术工种用工按相应劳动定额所需工日计算。

基本用工数量＝$\sum$（工序工程量×相应的时间定额)

时间定额是指劳动定额中规定完成单位工序工程量所需要的工日数量，即工日与单位工程量的比值。

(2) 其他用工　其他用工是指辅助基本用工完成任务所耗用的人工或技术工种，劳动定额内不包括而在预算定额内又必须考虑的工时，按其工作内容，又可分为三类其他用工：辅

助用工、超运输距离用工和人工幅度差用工。

计算方法如下：

1）辅助用工。是指材料需要在现场加工所用的工时，如筛沙子、锯切材料等用工，按辅助工种劳动定额相应项目计算增加。具体计算式为

辅助用工＝∑（加工材料数量×相应的时间定额）

2）超运输距离用工。是指预算定额中规定的材料、未成品的运输距离超过了劳动定额规定的运输距离而增加的用工。超运输距离用工数量按劳动定额相应材料超运输距离定额计算，如个别技术工种劳动定额没有超运输距离定额，可按材料运输的专业劳动定额计算增加。

超运输距离＝预算定额取定运输距离－技术工种劳动定额已包括的运输距离

超运输距离用工＝∑（超运输距离材料数量×相应超运输距离的时间定额）

3）人工幅度差用工。是指劳动定额中未包括的，在一般施工中又不可避免的，在预算定额中又必须考虑的各种零星工序用工，诸如：各工种间的工序搭接及交叉作业互相配合，施工机械的转移及临时水、电线路移动等造成的停工、质量检查和隐蔽工程验收工作的影响，班组操作地点转移用工、工序交接时对前一工序不可避免地修整用工，施工中不可避免的其他零星用工等，计算公式为

人工幅度差用工＝（基本用工＋超运输距离用工＋辅助用工）×人工幅度差系数

人工幅度差系数可根据不同情况自定，一般情况下，装饰、设备安装工程取12%，一般土建工程取10%。

由以上得出，预算定额分项工程的人工消耗指标就等于该分项工程的基本用工数量与其他用工数量的和，即

分项工程的人工消耗指标＝基本用工数量＋其他用工数量

其他用工数量＝辅助用工数量＋超运输距离用工数量＋人工幅度差用工数量

人工消耗指标的确定，除以上方法外，还可用另外一种方法计算，就是采用以现场测定资料为基础计算人工工日数的方法。

由于装饰装修工程的新材料、新技术层出不穷，且工程的周期短、时间性强，有些新工艺在劳动定额中难免缺项。如遇劳动定额中缺项的新工艺、新结构时需要按实际进行测定，根据设计图在现场进行工作日写实测定，科学有效地测定和计算定额的人工耗用量，即可得到单位工程所需要消耗的人工工日是多少。

2. 材料消耗指标的确定

材料消耗指标是指在正常施工条件下，使用的材料是合格产品，完成单位合格工程时所必须应用的装饰材料的用量。

预算定额中的材料，按其性质、用途和使用量的多少可划分为4类，即主要材料、辅助材料、周转性材料和其他材料。

（1）主要材料　是指构成工程实体的材料，包括成品、半成品材料。

（2）辅助材料　是指直接构成工程实体，但用量较少的材料，如胶、钉子等。

（3）周转性材料　是指多次周转使用，但不构成工程实体的材料，也称工具性材料，如脚手架、模板等。

（4）其他材料　是指用量较少、价值不多、没有规律性且不便于计算的零星材料，也叫

次要材料，如棉纱、小红线、编号用的油漆、少量用的涂料等比重很少、无法计算的材料。其他材料可用估算的方法计算，以“其他材料费”且用“元”表示。

预算定额中的材料消耗量是由材料的净用量和材料的损耗量组成的。

· 材料的净用量　是指根据设计图所需要的材料用量。

· 材料的损耗量　是指材料在正常施工条件下不可避免的损耗，如材料从工地仓库运至施工现场所发生的运输损耗、材料的堆放损耗和施工操作用量损耗等的总和。

用公式表示为

材料的消耗指标＝材料的净用指标＋材料的损耗指标

或　　材料的消耗量＝材料的净用量＋材料的损耗量

$$\text{材料的损耗率}=\frac{\text{材料的损耗量}}{\text{材料的净用量}}\times 100\%$$

材料的损耗量＝材料的净用量×材料的损耗率

计算材料损耗量有如下几种方法：

1）采用计算法。具备下列条件之一者都可使用这种方法计算出材料的净用量或材料的消耗量。

① 标准规格的材料。以规范要求为依据计算出定额耗用量，如块料面层、装饰抹灰、清水砖墙面装饰等。

② 设计图。有完整的施工图、结点详图的，需按设计图样要求的内容，如尺寸、下料方法等要求计算出材料的净用量和损耗量，如轻钢龙骨吊顶，各种规格的天棚装饰板、木方、细木工板、微薄木贴面板、夹板、纸面石膏板等材料。

这里需强调的一点是要采用科学合理的下料方法，以提高材料的使用率，降低材料的损耗量，达到降低工程成本的目的。

③ 按实际积累统计的资料，结合实际经验取定数位。可根据实际情况进行科学分析、取定，计算出材料消耗量。

2）换算法。是指定额中规定允许换算的各种材料的配合比用料，可以根据要求条件，按定额的要求进行换算，计算出材料用量，或者沿用其他地区相应定额，利用正、负系数调整的方法，换算出合理的材料消耗量。

3）技术测定法。主要是指现场技术测定法和实验室试验法，如裱糊壁纸时，纸、胶、羧甲基纤维素和大白粉的用量等配合比所耗用原材料数量的计算。必须经过裱糊壁纸工艺的操作，并且按规范要求，达到一定的质量标准才能得出正确的材料用量。特别是一些新材料、新结构、新工艺，又不能采用其他方法计算定额消耗用量的，必须用现场技术测定法来确定，根据不同条件内容采用写实记录法和观察法，计算出定额的消耗量。

周转材料消耗量的计算方法：周转材料在使用中不是一次消耗完的，它是随着使用次数的增多，逐渐消耗，不断补充的。所以它的消耗量在使用中是用摊销量的多少表示的，也就是每使用一次应摊销的数量。

摊销量＝一次使用量×摊销系数

其中

一次使用量＝(每平方米混凝土构件的模板接触面积×每平方米模板接触面积的模板用量)×（1＋损耗率）

摊销系数见表 4-3。

表 4-3 摊销系数 k

周转次数 n	4	5	7	8	10
摊销系数 k	0.2669	0.2435	0.2280	0.2085	0.1825

其他材料消耗量的确定：一般可按平方米测算或在定额项目中用经验结算法计算，直接用金额表示，以“元”为单位。若经过计算有材料项目的可以在编制的说明内列出消耗量，但消耗量材料及名称一般在定额内不列出来。

3. 机械台班消耗量的确定

机械台班消耗量确定得是否合理，直接影响着机械费的高低，对控制工程造价起到重要的作用。机械台班消耗量是用机械台班使用量来表示的，确定方法主要有以下两种。

(1) 根据施工定额确定机械台班使用量　此种方法是根据施工定额中机械台班使用量，加上机械幅度差，计算出预算定额中的机械台班使用量的多少。计算公式为

预算定额机械台班使用量＝劳动定额机械台班使用量×（1＋机械幅度差系数）

式中，机械幅度差系数是在劳动定额中没有包括，而在合理的施工组织条件下，机械所必需的停歇时间。在编制预算定额或做补充定额时，必须考虑此系数。一般根据测定和统计资料取定、机械幅度差系数。

例如：有一项装饰装修工程，完成该项工程任务，施工定额以劳动定额形式出现的机械使用量为 20 个台班，机械幅度差系数为 20%，求预算定额机械台班的使用量是多少？

解：预算定额机械台班使用量＝20 台班×（1＋20%）＝24 台班

通过以上计算，得出完成该项工程需机械台班使用量为 24 个台班。

(2) 以现场测定资料为依据确定机械台班使用量　在施工中常遇到施工定额（劳动定额）缺项者，则需到工程现场测定，最好的方法是持续法。

4.5.2 “三价”的确定

“三价”的确定，即人工工日单价、材料预算价格和机械台班价格的计算。

1. 人工工日单价的计算

预算定额中人工工日单价是由基本工资、工资性补贴、辅助工资、附加工资、劳动保护费等部分组成，即

人工工日单价＝基本工资＋辅助工资＋工资性补贴＋附加工资＋劳动保护费

(1) 基本工资的计算　基本工资是指国家规定相应技术等级装饰工人的工资标准，它是根据我国现行工资制度和相应的工资等级系数表，以预算定额中规定的工人平均技术等级为基础计算的。

根据我国现行的装饰业工资标准，建筑安装工人的工资等级应划分为八级。

工资等级系数是以一级工工资为基础的，各级工资标准与一级工工资标准的比值，即是各级工的工资等级系数。工资等级系数反映在工资等级表中，见表 4-4。

表 4-4　建筑安装工人工资等级系数

工资等级	一	二	三	四	五	六	七	八
工资等级系数	1.000	1.364	1.636	1.939	2.273	2.636	3.03	3.455
月工资标准/元	335	352	369	386	408	430	452	474
日工资标准/（元/天）	15.58	16.37	17.16	17.95	18.98	20.00	21.02	22.05

计算每月平均实际工作天数。按国家规定，在全年 365 天中扣除节假日（以 100 天休息日，7 天放假日为例），可计算出月平均天数为

（365－100－7）天÷12＝258 天÷12＝21.5 天

各级别工人日工资标准是以每月工作天数为 21.5 天计算的（即每周工作日按 5 天计算）。

由上可知，月工作日为 21.5 天，根据表 4-4，可以计算出各等级工人的日工资标准为

日工资标准＝月工资标准÷月平均工作天数

如

一级工的日工资标准＝一级工的月工资标准÷月平均工作天数

＝335 元÷21.5 天＝15.58 元/天

如果月工资标准有变动或作业天数有改变，仍可按此方法计算出日工资标准或工资等级系数。

如何计算出规定的平均技术等级的日工资即基本工资呢？请按下列方法计算：

首先按以下公式计算定额规定的平均技术等级的工资等级系数，然后与一级工的日工资标准相乘，即得出该等级的相应基本工资即日工资，即

$B=A+(C-A)b$

人工工日单价的基本工资＝B×一级工的日工资标准

式中　B——所求技术等级的工资等级系数；

A——与B相邻而较低一级的工资等级系数；

C——与B相邻而较高一级的工资等级系数；

b——所求技术等级与较低一级的等级差。

例 4-1　某工程小组成员有：八级工 1 名，六级工 2 名，五级工 3 名，四级工 4 名，三级工 3 名，二级工 3 名，试计算出该定额人工的工日单价的基本工资。

解：先求出平均技术工资等级X

$X=\dfrac{8\times1+6\times2+5\times3+4\times4+3\times3+2\times3}{1+2+3+4+3+3}$级＝66/16 级＝4.125 级

计算出平均工资等级系数B

$B=A+(C-A)b$

$=1.939+(2.273-1.939)\times(4.125-4)\approx1.981$

基本工资＝1.981×15.58 元/天≈30.86 元/天

通过以上计算该小组平均技术等级的日工资标准为 30.86 元。

（2）辅助工资的计算　按国家规定和各地区主管部门规定计算，这部分费用是指开会、执行必要的社会义务的工资，婚假、丧事假、探亲假、产假以及调动工作期间的工资等。

（3）工资性补贴的计算　按各地区规定，计算出每月平均的补贴后，除以月工作日，便

计算出工日的工资性补贴。这部分费用是指冬煤补贴、水电补贴、粮食补贴、副食补贴、交通差旅费补贴等。

(4) 工资附加费的计算 工资附加费也称附加工资，通常按国家和地区规定计算，这部分费用是指职工福利基金和工会经费。

(5) 劳动保护费的计算 按国家和地区规定计算，这部分费用主要是指劳动保护用品的购置费、防暑降温保健费等。

2. 材料预算价格的确定

单位估价的确定对于材料费的确定有着重要的作用。一般工程造价中材料费约占65%~75%。材料预算价格是否准确，影响着工程报价的准确性及整个工程运作过程。材料预算价格的确定任务重、工作量大，在整个预算编制工作中的地位举足轻重。其主要操作如下：

(1) 预算价格确定的原则

1) 预算价格的确定工作必须以改革开放、搞活经济、搞活市场的新观念为主体，掌握价值平衡规律，避免偏离实际。

2) 材料保障按需要比重供应，实事求是地确定货源的供应点。

3) 材料运输距离的确定要合理，根据条件尽可能以就地取材为主，尽量缩短包干运费平均距离。

4) 计量单位应与定额需要的计算单位保持一致。

5) 材料品种规格要满足定额需要。

(2) 预算价格确定的依据

1) 国家规定的现行价格目录、当地现行材料价格和材料预算价格编制方法。

2) 现行运输部门的有关运输费用价格规定和运输费计费标准。

3) 物价管理部门有关价格管理的若干规定和管理办法。

4) 现行的预算价格及调价文件或调价系数。

(3) 预算价格确定资料的收集

1) 新材料、新品种目录的搜集和新补充的价格品种项目的搜集。

2) 调查生产厂的产品品种和年、月产量。

3) 历年来的各种统计资料的搜集，例如各种材料的全年使用量，实际的平均运输距离，完成装饰平方米的规格材料比例情况等。

4) 历年来实际包干范围和经济效益情况的搜集。

5) 搜集包运范围以外的运输超运输距离的距离。

(4) 各项资料的确定

1) 新编材料预算价格的类别和子目划分的确定。

2) 历年来各种材料的使用品种数量和各种不同的运输距离比重。

3) 正确确定各种材料合理的平均运输距离。

4) 根据实际情况确定各种材料的运价损耗率等。

5) 确定材料包装品的回收值。

(5) 材料预算价格的计算 材料预算价格是指材料由生产地运至工地仓库（或现场）后的出库价格。它是由材料原价、材料供销部门手续费、材料包装费、材料运杂费、采购及保管费5种费用组成的，计算公式为

材料的预算价格＝（材料原价＋材料供销部门手续费＋材料包装费＋材料运杂费）×（1＋采购及保管费率）－包装品回收价值

1）材料原价。指国家或有关主管部门规定的材料出厂价格，或者是销售部门规定的批发价格，或者是市场采购价格等。它是编制材料预算价格的平均取定价的依据，它与实际价格有所不同。虽然，目前物价处在开放搞活时期，国家物价统管范围越来越小，但编制材料预算价格对控制装饰装修工程造价仍具有一定的意义。

2）材料供销部门手续费。是指材料不能直接向生产厂家采购、订货，而必须由供销部门办理具体销售手续的附加管理费，一般用费率表示，其计算公式为

材料供销部门手续费＝材料原价×费率

式中，费率为供销部门手续费率，可按照国家或经管部门现行取费规定计算。

注意：用供应价格作为预算价格原价的，手续费已包括在供应价格以内，不应再计算材料供销部门手续费。

3）材料包装费。是指为了保护材料或为了便于材料的运输所进行包装的费用。由于材料的性质不同，包装方法也不同，有的用简易包装，有的包装复杂，有的用容器运输代替包装。但无论采用哪种方法，所发生的一切费用均为材料包装费。

材料包装费的发生有两种情况：一是由生产厂家负责包装的，其材料包装费已计入材料的原价内，不再另行计算，但应计算包装品的回收价值，并在材料预算价格中扣除此回收价值。另一种情况是材料由采购单位自行包装者，其包装费应按实际发生计算。其计算公式为

材料包装费＝材料包装费原价－包装品回收价值

① 采用简易包装的，应按计算公式计算包装费。

② 采用容器包装的，应按使用周转次数分摊计算。

③ 原价中已包括材料包装费的，不再另行计算，但应减去包装品回收价值。

4）材料运杂费。是指材料由产地或交货地点运到工地仓库或堆放地点为止，全部运输过程中所支付的一切费用。它包括材料的运输费、装卸费、调车费、堆放和保险等费用。材料运杂费的计算需注意以下几个问题：

① 运输范围是自产地或供货地点至工地仓库的运输距离。

② 以实际用料发生的运输距离，用加权平均法计算平均运输距离。

③ 运输标准一律按运输主管部门的现行规定计算。

④ 除火车运费外，外地采购的材料还应计算自火车到站至物资仓库或工地的运杂费。

5）采购及保管费。是指施工企业的材料供应部门，在组织材料采购、供应管理过程中所发生的各项费用，其计算公式为

采购及保管费＝（材料原价＋材料供销部门手续费＋材料包装费＋材料运杂费）×采购及保管费率

式中，采购及保管费率按有关部门规定执行。

下面举例计算材料预算价格。

例 4-2 计某地区用规格为 1220mm×2440mm×18mm 的细木工板的预算价格。供货厂有 3 家，供货情况见表 4-5，包装由供货厂家负责（包装费已包括在原价内），包装品无回收价值，供销部门手续费率为 10.2%，运输装卸费为 0.10 元/（张·km），采购及保管费率为 3%。

解：材料原价＝（85×25％＋86×45％＋88×30％）元/张＝86.35 元/张

材料供销部门手续费＝材料原价×供销部门手续费率

＝86.35 元/张×10.2％≈8.81 元/张

材料包装费：已由供货厂家包装，费用已计入原价里。

材料运杂费：

平均运输距离＝（18×25％＋22×45％＋20×30％）km＝20.4km

材料运杂费＝0.10 元/（张·km）×20.4km＝2.04 元/张

细木工板的预算价格＝(材料原价＋材料供销部门手续费＋材料包装费＋材料运杂费）×（1＋采购及保管费率）－包装品回收价值

＝（86.35＋8.81＋2.04）元/张×（1＋3％）－0

＝97.2×1.03 元/张

≈100.12 元/张

表 4-5　细木工板供货情况

序号	供应厂家	出厂价/（元/张）	供货距离/km	供货比例（％）
1	A	85	18	25
2	B	86	22	45
3	C	88	20	30

例 4-3　计算某地区 425 号水泥每吨的预算价格。

已知条件：

① 425 号普通水泥出厂价为 260 元/t。

② 材料供销部门手续费率为 10％，材料供销部门手续费＝260 元/t×10％＝26 元/t。

③ 每吨水泥纸袋 20 个，回收率为 60％，纸袋回收价值为 0.15 元/个。包装已由厂方负责。

包装品回收价值＝0.15×20×60％元/t＝1.8 元/t

④ 运输费为 0.55 元/（t·km），运输距离为 21km，装卸各一次 3.80 元/（t·次）

运输费＝0.55×21 元/t＝11.55 元/t

装卸费＝3.8 元/（t·次）×1 次＝3.8 元/t

即材料运杂费＝（11.55＋3.8）元/t＝15.35 元/t

⑤ 采购及保管费率为 2.5％。

所以 425 号水泥预算价格＝(材料原价＋材料供销部门手续费＋材料包装费＋材料运杂费）×（1＋采购及保管费率）－包装品回收价值

＝（260＋26＋15.35）×（1＋2.5％）元/t－1.8 元/t

＝301.35×1.025 元/t－1.8 元/t

＝308.88 元/t － 1.8 元/t

≈307.08 元/t

3. 机械台班使用费的确定

机械台班使用费是指施工机械在一个台班中，为使机械正常运转所支出和分摊的各种费用之和，也称机械台班预算单价，又称机械台班定额，它是各类施工机械使用台班的额定费用。

机械台班使用费的编制要适应基本建设管理体制的深化改革，逐步理顺施工机械台班预算价格，要根据国家的有关经济技术政策，考虑工程建设机械化水平的发展及施工机械的特点。

（1）机械台班费定额的组成　机械台班费主要由七种费用组成，这七种费用为：

·机械折旧费。

·大修理费。

·经常维修费。

·机械安拆费和场外运输费（中小型机械包括在内）。

·机械燃料费。

·机上人员工资。

·机械养路费及牌照税。

另外，还有三项费用不包括在机械台班使用费内，这三项费用为：

·大型机械安拆费。

·塔式起重机轨道铺垫费。

·大型机械场外运输费。

（2）施工机械台班费用定额中各项费用的计算方法

1）机械台班折旧费。是指机械设备在规定的使用期内摊入每个机械台班内陆续收回其机械原始价值的费用。计算公式为

机械台班折旧费＝机械预算价格×（1－残值率）/机械使用总台班

式中，机械预算价格是指机械供应价格加上运至使用单位机械管理部门验收入库为止的全部费用。

例如：国产机械预算价格＝出厂价格＋供销部门手续费＋一次运杂费

国产运输机械预算价格＝出厂价格×（1＋购置附加费率）＋供销部门手续费＋一次运杂费

进口机械预算价格＝到岸价格＋关税＋外贸手续费＋银行财务费＋增值税＋国内一次运杂费

进口运输机械＝(到岸价＋关税＋增值税）×（1＋购置附加费率）＋外贸部门手续费＋银行财务费＋国内一次运杂费

各种机械税率见表4-6。

表4-6　机械税率表

项　目	数　据	项　目	数　据
关税（进口机械）	10%～80%	国产机械车辆购置附加费	10%
增值税（进口机械）	14%	进口机械车辆购置附加费	15%
外贸部门手续费	1.5%	一次运杂费（国产机械）	5%
银行部门手续费	0.3%～0.5%	一次运杂费（进口机械）	3%

① 机械残值率。施工机械报废时其回收的残余价值占机械原值的比率，其计算公式为

$$机械残值率=\frac{机械残值}{机械预算价格}\times 100\%$$

其中：机械残值是指机械设备经使用磨损达到规定使用年限时的残余价值（即报废时的残余价值）。

根据规定结合各类施工机械的自身特点，取定残值率见表 4-7。

表 4-7　建筑施工机械残值率表

机械类别	残值率	机械类别	残值率
掘进机械	5%	特大型机械	3%
中小型机械	4%	运输机械	2%

② 机械使用总台班。机械设备从开始投放使用至报废前计划使用的总台班数，其计算公式为

机械使用总台班＝机械使用年限×平均年工作台班

或　机械耐用总台班＝耐用周期×大修理间隔台班

2）大修理费。指当机械使用达到规定的大修理间隔台班时，为恢复机械的使用功能，必须要对机械进行全部解体，彻底检查修理，使机械整旧如新所需要的修理费用，其计算公式为

$$大修理费=\frac{一次大修理费\times大修理次数}{使用总台班}$$

式中，一次大修理费是指机械设备按规定的大修理范围，修理工作中需要换配件消耗的材料、机械和工时，以及送修运杂费等。

大修理次数＝使用总台班/大修理间隔台班－1

或　大修理次数＝使用周期－1

因为最后一个周期不用大修理，将变成剩余的残值。

3）经常维修费。指机械设备除大修理以外的各级保养以及临时排除故障的小修、中修、临时修、特修等的费用。计算公式为

$$经常维修费=\frac{\sum（各种保养一次费用\times保养次数）+临时故障排除费}{大修理间隔台班}+\frac{[替换设备工具辅具费\times（1-残值率）]+替换设备、工具及辅具维修费}{替换设备、工具、辅具耐用总台班}+\frac{润滑擦拭材料一次使用量\times每个大修理间隔期间的平均次数}{大修理间隔台班}$$

机械故障排除费按各级保养费用之和的 3%取定。

替换设备工具辅具的摊销及维护费按一次购置费用的 10%取定，总共摊销 10 次计算。

4）机械安拆费及场外运输费。这项费用是指机械进出工地过程中，必须进行安装拆卸所需要的人工、材料、机械和试运转费及辅助设施分摊费用。

场外运输费也称机械进出场费，是指机械整体或解体自停放地点运至工地或在工地间的转运，以及由甲工地运至乙工地的运输装卸及辅助材料和架线过桥的费用。

计算公式为

$$机械安拆费=\frac{一次安拆费\times每年安拆次数}{年工作台班}+台班辅助设施摊销费$$

$$台班辅助设施摊销费=\frac{辅助设施一次使用量\times(1-残值率)}{摊销台班数}$$

$$场外运费=(一次运费+每次装卸费+辅助设施一次摊销费+一次架线费)\times\frac{每年平均运输次数}{年工作台班}$$

5）机械燃料费。指机械设备在运转作业时所耗用的燃料费用，耗用量以实际测量为主。

6）机上人员工资。指使机械作业的机上司机、司炉及其他操作人员的工作日在机械规定的年工作台班以外的基本工资和工资性质的津贴（工资等级平均按 4.5 级考虑），计算公式为

机上人员工资＝机上定员工日×（1＋增加系数）

增加系数＝0.25×100

7）养路费及车船使用税。指按照国家规定应交纳的养路费和车船使用税，计算公式为

$$养路费及车船使用税=载重量(t)\times养路费[元/(t\cdot日)]\times12月\frac{车船使用税[元/(t\cdot日)]}{年工作台班}$$

机械台班使用费为以上各费用之和。

4.5.3 计算估价表的人工费、材料费和机械费

通过“三量”和“三价”的确定，便可得出装饰装修工程预算定额单价为

人工费＝分项工程子目的人工消耗量×人工工日单价

材料费＝∑（材料的消耗量×相应的材料预算价格）

机械费＝∑（机械台班消耗量×相应的机械台班单价）

所以

分项工程子目的预算单价＝分项子目人工费＋分项子目材料费＋分项子目机械费

4.5.4 填表

将上面编制的过程用表格形式来表示即为单位估价表即计价定额表，见表 4-8。

表 4-8 墙面贴装饰纸单位估价表 （单位：$100m^2$）

项目编号		001	002
		5-316	5-317
项目		墙面贴装饰纸	
		壁纸	
		不对花	对花
基价/元		2164.43	2277.28
其中	人工费/元	969.37	1035.90
	材料费/元	1195.06	1241.38
	机械费/元	—	—

（续）

名　称		消　耗　量	
人工	普工/工日	3.231	3.453
	技工/工日	12.925	13.812
材料	壁纸/m^2	110.00	115.79
	大白粉/kg	23.50	23.50
	酚醛清漆/kg	7.00	7.00
	油漆溶剂油/kg	3.00	3.00
	聚醋酸乙烯乳液/kg	25.10	25.10
	羧甲基纤维素/kg	1.65	1.65
机械	—	—	—

4.6　单位估价汇总表的编制

在单位估价表编制完以后，为了使用方便，需编制单位估价汇总表。

单位估价汇总表也称单价手册，它是用来编制各分项工程单位预算价值的价格表。

单位估价汇总表中已经纳入了预算定额中的一些常用的分布分项工程和定额及需要调整换算的项目。

单位估价汇总表略去了人工、材料和机械的消耗指标，保留了单位估价表中的人工费、材料费、机械费和预算价值。

单位估价汇总表把扩大了的定额计量单位，换算为 $1m^2$、$1m^3$ 等基本计量单位，为使用提供了方便。单位估价汇总见表 4-9 所示。

表 4-9　单位估价汇总表

项目编码		项　目	单位	预算单价/元			
				基价	其中		
					人工费	材料费	机械费
020210002		2. 全玻幕墙					
001	2-297	全玻璃幕墙（挂式）	$100m^2$	47287.75	1138.37	45953.53	195.85
002	2-298	全玻璃幕墙（点式）	$100m^2$	45296.44	1524.90	43430.94	340.60
003	2-299	点支式夹胶玻璃雨篷	$100m^2$	85148.12	7392.00	77756.12	—
⋮		⋮	⋮	⋮	⋮	⋮	⋮

第5章　装饰装修工程费用

5.1　装饰装修工程费用项目组成

根据建设部、财政部建标［2003］206号文件《关于印发〈建筑安装工程费用项目组成〉的通知》，装饰装修工程费用由直接费、间接费、利润和税金组成。

5.1.1　直接费

直接费由直接工程费和措施费组成。

1. 直接工程费

直接工程费是指施工过程中耗费的构成工程实体的各项费用，包括人工费、材料费、施工机械使用费。

（1）人工费　指直接从事建筑安装工程施工的生产工人开支的各项费用，内容包括：

1）基本工资　指发放给生产工人的基本工资。

2）工资性补贴　指按规定标准发放的物价补贴，煤、燃气补贴，交通补贴，住房补贴，流动施工津贴等。

3）生产工人辅助工资　指生产工人年有效施工天数以外非作业天数的工资，包括职工学习、培训期间的工资，调动工作、探亲、休假期间的工资，因气候影响的停工工资，女工哺乳时间的工资，病假在六个月以内的工资及产、婚、丧假期的工资。

4）职工福利费　指按规定标准计提的职工福利费。

5）生产工人劳动保护费　指按规定标准发放的劳动保护用品的购置费及修理费，徒工服装补贴，防暑降温费，在有碍身体健康环境中施工的保健费用等。

（2）材料费　指施工过程中耗费的构成工程实体的原材料、辅助材料、构配件、零件、半成品的费用。内容包括：

1）材料原价（或供应价格）。

2）材料运杂费　指材料自来源地运至工地仓库或指定堆放地点所发生的全部费用。

3）运输损耗费　指材料在运输装卸过程中不可避免的损耗。

4）采购及保管费　指为组织采购、供应和保管材料过程中所需要的各项费用。包括：采购费、仓储费、工地保管费、仓储损耗。

5）检验试验费　指对建筑材料、构件和建筑安装物进行一般鉴定、检查所发生的费用，包括自设试验室进行试验所耗用的材料和化学药品等费用。不包括新结构、新材料的试验费和建设单位对具有出厂合格证明的材料进行检验，对构件做破坏性试验及其他特殊要求检验试验的费用。

（3）施工机械使用费　指施工机械作业所发生的机械使用费以及机械安拆费和场外运

费。施工机械台班单价应由下列七项费用组成：

1）折旧费。指施工机械在规定的使用年限内，陆续收回其原值及购置资金的时间价值。

2）大修理费。指施工机械按规定的大修理间隔台班进行必要的大修理，以恢复其正常功能所需的费用。

3）经常修理费。指施工机械除大修理以外的各级保养和临时故障排除所需的费用。包括为保障机械正常运转所需替换设备与随机配备工具、附具的摊销和维护费用，机械运转中日常保养所需润滑与擦拭的材料费用及机械停滞期间的维护和保养费用等。

4）安拆费及场外运费。安拆费指施工机械在现场进行安装与拆卸所需的人工、材料、机械和试运转费用以及机械辅助设施的折旧、搭设、拆除等费用；场外运费指施工机械整体或分体自停放地点运至施工现场或由一施工地点运至另一施工地点的运输、装卸、辅助材料及架线等费用。

5）人工费。指机上司机（司炉）和其他操作人员的工作日人工费及上述人员在施工机械规定的年工作台班以外的人工费。

6）燃料动力费。指施工机械在运转作业中所消耗的固体燃料（煤、木柴）、液体燃料（汽油、柴油）及水、电等的费用。

7）养路费及车船使用税。指施工机械按照国家规定和有关部门规定应缴纳的养路费、车船使用税、保险费及年检费等。

2. 措施费

措施费是指为完成工程项目施工，发生于该工程施工前和施工过程中非工程实体项目的费用。包括以下内容：

(1) 环境保护费　指施工现场为达到环保部门要求所需要的各项费用。

(2) 文明施工费　指施工现场文明施工所需要的各项费用。

(3) 安全施工费　指施工现场安全施工所需要的各项费用。

(4) 临时设施费　指施工企业为进行建筑工程施工所必须搭设的生活和生产用的临时建筑物、构筑物和其他临时设施所需要的费用。包括：临时设施的搭设、维修、拆除费或摊销费。

临时设施包括：临时宿舍、文化福利及公用事业房屋与构筑物，仓库、办公室、加工厂以及规定范围内道路、水、电、管线等临时设施和小型临时设施。

(5) 夜间施工费　指因夜间施工所发生的夜班补助费、夜间施工降效、夜间施工照明设备摊销及照明用电等费用。

(6) 二次搬运费　指因施工场地狭小等特殊情况而发生的二次搬运费用。

(7) 大型机械设备进出场及安拆费　指机械整体或分体自停放场地运至施工现场或由一个施工地点运至另一个施工地点，所发生的机械进出场运输及转移费用及机械在施工现场进行安装、拆卸所需的人工费、材料费、机械费、试运转费和安装所需的辅助设施的费用。

(8) 混凝土、钢筋混凝土模板及支架费　指混凝土施工过程中需要的各种钢模板、木模板、支架等的支、拆、运输费用及模板、支架的摊销（或租赁）费用。

(9) 脚手架费　指施工需要的各种脚手架搭、拆、运输费用及脚手架的摊销（或租赁）费用。

(10) 已完工程及设备保护费　指竣工验收前，对已完工程及设备进行保护所需费用。

(11) 施工排水、降水费　指为确保工程在正常条件下施工，采取各种排水、降水措施所发生的各种费用。

5.1.2 间接费

由规费、企业管理费组成。

1. 规费

规费是指政府和有关权力部门规定必须缴纳的费用（简称规费），包括：

(1) 工程排污费　指施工现场按规定缴纳的工程排污费。

(2) 工程定额测定费　指按规定支付工程造价（定额）管理部门的定额测定费。

(3) 社会保障费

1) 养老保险费。指企业按规定标准为职工缴纳的基本养老保险费。

2) 失业保险费。指企业按照国家规定标准为职工缴纳的失业保险费。

3) 医疗保险费。指企业按照规定标准为职工缴纳的基本医疗保险费。

(4) 住房公积金　指企业按规定标准为职工缴纳的住房公积金。

(5) 危险作业意外伤害保险　指按照建筑法规定，企业为从事危险作业的建筑安装施工人员支付的意外伤害保险费。

2. 企业管理费

企业管理费是指建筑安装企业组织施工生产和经营管理所需费用。内容包括：

(1) 管理人员工资　指管理人员的基本工资、工资性补贴、职工福利费、劳动保护费等。

(2) 办公费　指企业管理办公用的文具、纸张、账表、印刷、邮电、书报、会议、水电、烧水和集体取暖（包括现场临时宿舍取暖）用煤等费用。

(3) 差旅交通费　指职工因公出差、调动工作的差旅费、住勤补助费，市内交通费和误餐补助费，职工探亲路费，劳动力招募费，职工离退休、退职一次性路费，工伤人员就医路费，工地转移费以及管理部门使用的交通工具的油料、燃料、养路费及牌照费。

(4) 固定资产使用费　指管理和试验部门及附属生产单位使用的属于固定资产的房屋、设备仪器等的折旧、大修、维修或租赁费。

(5) 工具用具使用费　指管理使用的不属于固定资产的生产工具、器具、家具、交通工具和检验、试验、测绘、消防用具等的购置、维修和摊销费。

(6) 劳动保险费　指由企业支付离退休职工的易地安家补助费、职工退职金、六个月以上的病假人员工资、职工死亡丧葬补助费、抚恤费、按规定支付给离休干部的各项经费。

(7) 工会经费　指企业按职工工资总额计提的工会经费。

(8) 职工教育经费　指企业为职工学习先进技术和提高文化水平，按职工工资总额计提的费用。

(9) 财产保险费　指施工管理用财产、车辆保险。

(10) 财务费　指企业为筹集资金而发生的各种费用。

(11) 税金　指企业按规定缴纳的房产税、车船使用税、土地使用税、印花税等。

(12) 其他　包括技术转让费、技术开发费、业务招待费、绿化费、广告费、公证费、法律顾问费、审计费、咨询费等。

5.1.3　利润

利润是指施工企业完成所承包工程获得的盈利。

5.1.4　税金

税金是指国家税法规定的应计入建筑安装工程造价内的营业税、城市维护建设税及教育费附加（常称“二税一费”）等。

（1）营业税　营业税也称工商营业税，是指国家依据税法对装饰装修企业承包装饰装修工程、修缮业务以及其他工程业务，按其营业收入征收的一种税费。营业税征收的基数是家居工程的不含税造价总额，又叫应税造价。

（2）城市维护建设税　指为了加强城市维护建设，扩大和增加城市维护建设资金的来源，按照营业税实际交税额的一定比率征收，专用于城市维护建设如公用事业和公共设施等的一种税费。城市维护建设税的取费基数与工商营业税相同，按占用营业税的比值进入综合税率中。

（3）教育费附加　指为了加速发展地方教育事业，扩大地方教育经费的来源，按照实际交纳营业税的一定比率征收的专用于改善地方中小学办学条件的一种费用。教育费附加的取费基数与营业税取费基数相同，也按占用营业税的比值进入综合税率中。

5.2　装饰装修工程费用参考计算方法

5.2.1　直接费的计算

1. 直接工程费的计算

直接工程费＝人工费＋材料费＋施工机械使用费

（1）人工费

人工费＝∑（工日消耗量×日工资单价）

日工资单价（G）$=\sum_{i=1}^{5}G$

1）基本工资

基本工资（G_1）$=\dfrac{\text{生产工人平均月工资}}{\text{年平均每月法定工作日}}$

2）工资性补贴

工资性补贴（G_2）$=\dfrac{\sum\text{年发放标准额}}{\text{全年日历日}-\text{法定假日}}+\dfrac{\sum\text{月发放标准额}}{\text{年平均每月法定工作日}}+$每工作日发放标准额

3）生产工人辅助工资

生产工人辅助工资（G_3）$=\dfrac{\text{全年无效工作日}\times(G_1+G_2)}{\text{全年日历日}-\text{法定假日}}$

4）职工福利费

职工福利费（G_4）＝（$G_1+G_2+G_3$）×福利费计提比例

5）生产工人劳动保护费

$$生产工人劳动保护费（G_5）=\frac{生产工人年平均支出劳动保护费}{全年日历日-法定假日}$$

（2）材料费

材料费=Σ（材料消耗量×材料基价）+检验试验费

1）材料基价

材料基价={(供应价格+运杂费)×［1+运输损耗率］}×［1+采购保管费率］

2）检验试验费

检验试验费=Σ（单位材料量检验试验费×材料消耗量）

（3）施工机械使用费

施工机械使用费=Σ（施工机械台班消耗量×机械台班单价）

机械台班单价=台班折旧费+台班大修费+台班经常修理费+台班安拆费及场外运费+台班人工费+台班燃料动力费+台班养路费及车船使用税

2. 措施费的计算

以下只列出了通用措施费项目的计算方法，各专业工程的专用措施费项目的计算方法由各地区或国务院有关专业主管部门的工程造价管理机构自行制定。

（1）环境保护

环境保护费=直接工程费×环境保护费费率

$$环境保护费费率=\frac{本项费用年度平均支出}{全年建安产值×直接工程费占总造价比例}×100\%$$

（2）文明施工

文明施工费=直接工程费×文明施工费费率

$$文明施工费费率=\frac{本项费用年度平均支出}{全年建安产值×直接工程费占总造价比例}×100\%$$

（3）安全施工

安全施工费=直接工程费×安全施工费费率

$$安全施工费费率=\frac{本项费用年度平均支出}{全年建安产值×直接工程费占总造价比例}×100\%$$

（4）临时设施费　临时设施费有以下三部分组成：周转使用临建（如活动房屋等）、一次性使用临建（如简易建筑等）、其他临时设施（如临时管线等）。

临时设施费=（周转使用临建费+一次性使用临建费）×（1+其他临时设施所占比例）

其中：

$$周转使用临建费=\sum\left[\frac{临建面积×每平方米造价}{使用年限×365×利用率（\%）}×工期（天）\right]+一次性拆除费$$

一次性使用临建费=Σ临建面积×每平方米造价×［1-残值率（%）］+一次性拆除费

其他临时设施在临时设施费中所占比例，可由各地区造价管理部门依据典型施工企业的成本资料经分析后综合测定。

（5）夜间施工增加费

$$夜间施工增加费=\left(1-\frac{合同工期}{定额工期}\right)×\frac{直接工程费中的人工费合计}{平均日工资单价}×每工日夜间施工费$$

开支

（6）二次搬运费

二次搬运费＝直接工程费×二次搬运费费率

$$二次搬运费费率=\frac{年平均二次搬运费开支额}{全年建安产值\times 直接工程费占总造价的比例}\times 100\%$$

（7）大型机械进出场及安拆费

$$大型机械进出场及安拆费=\frac{一次进出场及安拆费\times 年平均安拆次数}{年工作台班}$$

（8）混凝土、钢筋混凝土模板及支架费

模板及支架费＝模板摊销量×模板价格＋支、拆、运输费

$$模板及支架摊销量=一次使用量\times（1+施工损耗）\times\left[1+\frac{（周转次数-1）\times 补损率}{周转次数}-\frac{（1-补损率）\times 50\%}{周转次数}\right]$$

租赁费＝模板使用量×使用日期×租赁价格＋支、拆、运输费

（9）脚手架搭拆费

脚手架搭拆费＝脚手架摊销量×脚手架价格＋搭、拆、运输费

$$脚手架摊销量=\frac{[单位一次使用量\times（1-残值率）]\times 一次使用期}{耐用期}$$

租赁费＝脚手架每日租金×搭设周期＋搭、拆、运输费

（10）已完工程及设备保护费

已完工程及设备保护费＝成品保护所需机械费＋材料费＋人工费

（11）施工排水、降水费

排水降水费＝∑（排水降水机械台班费×排水降水周期＋排水降水使用材料费、人工费）

5.2.2　间接费的计算

1. 间接工程费的计算

间接费的计算方法按取费基数的不同分为以下三种：

（1）以直接费为计算基础

间接费＝直接费合计×间接费费率

（2）以人工费和机械费合计为计算基础

间接费＝人工费和机械费合计×间接费费率

间接费费率＝规费费率＋企业管理费费率

（3）以人工费为计算基础

间接费＝人工费合计×间接费费率

2. 规费费率的计算

根据本地区典型工程发承包价的分析资料综合取定规费计算中所需数据：

1）每万元发承包价中人工费含量和机械费含量。

2）人工费占直接费的比例。

3）每万元发承包价中所含规费缴纳标准的各项基数。

规费费率的计算公式：

① 以直接费为计算基础

$$规费费率=\frac{\sum(规费缴纳标准\times每万元发承包价计算基数)}{每万元发承包价中的人工费含量}\times人工费占直接费的比例$$

② 以人工费和机械费合计为计算基础

$$规费费率=\frac{\sum(规费缴纳标准\times每万元发承包价计算基数)}{每万元发承包价中的人工费含量和机械费含量}\times100\%$$

③ 以人工费为计算基础

$$规费费率=\frac{\sum(规费缴纳标准\times每万元发承包价计算基数)}{每万元发承包价中的人工费含量}\times100\%$$

3. 企业管理费费率的计算

① 以直接费为计算基础

$$企业管理费费率=\frac{生产工人年平均管理费}{年有效施工天数\times人工单价}\times人工费占直接费比例\times100\%$$

② 以人工费和机械费合计为计算基础

$$企业管理费费率=\frac{生产工人年平均管理费}{年有效施工天数\times(人工单价+每一工日机械使用费)}\times100\%$$

③ 以人工费为计算基础

$$企业管理费费率=\frac{生产工人年平均管理费}{年有效施工天数\times人工单价}\times100\%$$

5.2.3 利润的计算

利润计算公式见“5.3 建筑安装工程计价程序”。

5.2.4 税金的计算

税金＝（税前造价＋利润）×税率×100％

税率的计算式如下：

1. 纳税地点在市区的企业

$$税率=\left[\frac{1}{1-3\%-(3\%\times7\%)-(3\%\times3\%)}-1\right]\times100\%$$

2. 纳税地点在县城、镇的企业

$$税率=\left[\frac{1}{1-3\%-(3\%\times5\%)-(3\%\times3\%)}-1\right]\times100\%$$

3. 纳税地点不在市区、县城、镇的企业

$$税率=\left[\frac{1}{1-3\%-(3\%\times1\%)-(3\%\times3\%)}-1\right]\times100\%$$

5.3 装饰装修工程计价程序

根据建设部第107号部令《建筑工程施工发包与承包计价管理办法》的规定，发包与承包价的计算方法分为工料单价法和综合单价法，计价程序如下。

5.3.1 工料单价法计价程序

工料单价法是以分部分项工程量乘以单价后的合计为直接工程费，直接工程费以人工、材料、机械台班的消耗量及其相应价格确定。直接工程费汇总后另加间接费、利润、税金生成工程发承包价，其计算程序分为三种：

1）以直接费为计算基础，见表5-1。

表5-1 工料单价法计价程序1

序号	费用项目	计算方法	备注
(1)	直接工程费	按预算表	
(2)	措施费	按规定标准计算	
(3)	小计	(1)＋(2)	
(4)	间接费	(3)×相应费率	
(5)	利润	[(3)＋(4)]×相应利润率	
(6)	合计	(3)＋(4)＋(5)	
(7)	含税造价	(6)×(1＋相应税率)	

2）以人工费和机械费为计算基础，见表5-2。

表5-2 工料单价法计价程序2

序号	费用项目	计算方法	备注
(1)	直接工程费	按预算表	
(2)	其中人工费和机械费	按预算表	
(3)	措施费	按规定标准计算	
(4)	其中人工费和机械费	按规定标准计算	
(5)	小计	(1)＋(3)	
(6)	人工费和机械费小计	(2)＋(4)	
(7)	间接费	(6)×相应费率	
(8)	利润	(6)×相应利润率	
(9)	合计	(5)＋(7)＋(8)	
(10)	含税造价	(9)×(1＋相应税率)	

3）以人工费为计算基础，见表5-3。

表5-3 工料单价法计价程序3

序号	费用项目	计算方法	备注
(1)	直接工程费	按预算表	
(2)	直接工程费中人工费	按预算表	
(3)	措施费	按规定标准计算	

（续）

序 号	费 用 项 目	计 算 方 法	备 注
（4）	措施费中人工费	按规定标准计算	
（5）	小计	（1）＋（3）	
（6）	人工费小计	（2）＋（4）	
（7）	间接费	（6）×相应费率	
（8）	利润	（6）×相应利润率	
（9）	合计	（5）＋（7）＋（8）	
（10）	含税造价	（9）×（1＋相应税率）	

5.3.2 综合单价法计价程序

综合单价法是以分部分项工程单价为全费用单价，全费用单价经综合计算后生成，其内容包括直接工程费、间接费、利润和税金（措施费也可按此方法生成全费用价格）。

各分项工程量乘以综合单价的合价汇总后，生成工程发承包价。

由于各分部分项工程中的人工费、材料费、机械费所占的比例不同，各分项工程可根据其材料费占人工费、材料费、机械费合计的比例（以字母“C”代表该项比值）在以下三种计算程序中选择一种计算其综合单价。

1）当 $C>C_0$（C_0为本地区原费用定额测算所选典型工程材料费占人工费、材料费、和机械费合计的比例）时，可采用以人工费、材料费、机械费合计为基数计算该分项的间接费和利润。

以直接费为计算基础，见表5-4。

表5-4 综合单价法计价程序1

序 号	费 用 项 目	计 算 方 法	备 注
（1）	分项直接工程费	人工费＋材料费＋机械费	
（2）	间接费	（1）×相应费率	
（3）	利润	［（1）＋（2）］×相应利润率	
（4）	合计	（1）＋（2）＋（3）	
（5）	含税造价	（4）×（1＋相应税率）	

2）当 $C<C_0$ 值的下限时，可采用以人工费和机械费合计为基数计算该分项的间接费和利润。

以人工费和机械费为计算基础，见表5-5。

表5-5 综合单价法计价程序2

序 号	费 用 项 目	计 算 方 法	备 注
（1）	分项直接工程费	人工费＋材料费＋机械费	
（2）	其中人工费和机械费	人工费＋机械费	

（续）

序　号	费　用　项　目	计　算　方　法	备　　注
(3)	间接费	(2) ×相应费率	
(4)	利润	(2) ×相应利润率	
(5)	合计	(1) ＋ (3) ＋ (4)	
(6)	含税造价	(5) × (1＋相应税率)	

3）如该分项的直接费仅为人工费，无材料费和机械费时，可采用以人工费为基数计算该分项的间接费和利润。

以人工费为计算基础，见表 5-6。

表 5-6　综合单价法计价程序 3

序　号	费　用　项　目	计　算　方　法	备　　注
(1)	分项直接工程费	人工费＋材料费＋机械费	
(2)	直接工程费中人工费	人工费	
(3)	间接费	(2) ×相应费率	
(4)	利润	(2) ×相应利润率	
(5)	合计	(1) ＋ (3) ＋ (4)	
(6)	含税造价	(5) × (1＋相应税率)	

5.4　价差

价差是指装饰装修工程预算所使用的定额与实际工程调整后的价格差。价差须根据本地区主管部门定期发布的价格、造价信息和有关调价文件认真执行。

随着我国的经济体制改革，劳动工资制度、价格管理制度也不断改革，预算定额中人工工日单价、材料预算价格、机械台班单价的变化，都成为影响装饰装修工程造价的最积极的因素。所以，价差是装饰装修工程预算造价的重要组成部分。

一般价差包括人工工日单价和台班单价变化引起的价差以及材料价差。

5.4.1　人工工日单价和机械台班单价变化引起的价差

此类价差可以计取其措施项目费、间接费、利润和税金，因此，可以根据各地区主管部门发布的综合调价系数进行调整。调整后的直接工程费作为预算直接工程费，成为计取其他费用的取费基础。

调整后的直接工程费＝项目直接工程费×综合调价系数

5.4.2　材料价差

材料价差也称单调价差，不能计取间接费、计划利润，但可以计取税金。材料价差是工程造价中普遍应用的一种价差。

材料价差是由于市场材料的价格超过了预算定额给定时的材料预算价格，而引起工程造价的变化。需根据实际发生的各种市场采购材料、成品、半成品分别计算，然后汇总，参照下列公式计算

各种材料的单调价差=（市场采购价－预算价格）×定额需用量

定额需用量是指根据各分项工程的工程量和定额规定的各种材料的消耗指标计算出该种材料的总消耗量。

例如：某工程用汉白玉大理石，市场采购价格为 258.00 元/m^2，预算价格为 198.00 元/m^2，定额需用量为 $300m^2$，则汉白玉大理石的价差为

汉白玉大理石的价差=（市场采购价格－预算价格）×定额用量

=（258－198）×300 元

=18000.00 元

所以该项工程汉白玉大理石材料的价差为 1 万 8 千元整。

上述所计价差是按实际发生计算，而有些材料的品种繁多，不可能逐个地计算，可按本地区主管部门定期颁发的综合调价系数进行统一调整，计算公式为

材料价差=定额直接工程费×综合调价系数

也可以根据规定找价差。

除以上所计的价差以外，还有其他差价，如外购成品防盗门、热水器、空调机等的费用。

5.5 取费费率级差的划分

装饰装修工程除了按不同性质工程规定不同的费率以外，对于同一性质的工程也有费率级差的划分，基本上有以下两种情况：

1）按工程类别不同划分取费费率级差。

2）按施工企业的等级划分取费费率标准。

5.5.1 按工程类别划分标准

以辽宁省 2008 年颁布的《辽宁省建设工程费用标准》为例，该标准规定建筑装饰装修工程类别划分标准为以下 4 类：

（1）工程类别为一类的标准　指建筑装饰装修工程工程费（不含设备）在 1500 万元以上的。

（2）工程类别为二类的标准　指建筑装饰装修工程工程费（不含设备）在 1000 万元以上、1500 万元以下的。

（3）工程类别为三类的标准　指建筑装饰装修工程工程费（不含设备）在 500 万元以上、1000 万元以下的。

（4）工程类别为四类的标准　指建筑装饰装修工程工程费（不含设备）在 500 万元以下的。

5.5.2　工程类别划分说明和工程类别确认报告

1）建筑物按经审图部门审定后的施工图并且按单项工程进行划分。

2）以工程造价为标准划分类别的工程，其工程造价为经批准的工程概算或工程估算投资并扣除设备费。

3）工程类别确认报告单，见表 5-7。

表 5-7　工程类别确认报告单

工程名称	
工程性质	
业主名称	
建筑工程建筑面积/m^2	
机电设备安装、装饰装修、房屋修缮等工程工程费/万元	
市政公用工程工程费/万元	
业主确认工程类别	工程造价主管部门
业主公章　　负责人签字 年　月　日	报告表收讫章　　负责人签字 年　月　日

5.5.3　各类工程取费费率

表 5-8 所列为建筑装饰装修工程、机电设备安装工程承包工程的若干费用项目的各类工程费率，仅供学习参考用。

表 5-8　各类工程取费费率　（%）

序号	费用项目	工程类别				计算基础
		一	二	三	四	
1	安全文明施工	4.40	5.20	6.40	7.00	人工费＋机械费
2	企业管理费	7.70	9.10	11.20	12.25	
3	利润	9.90	11.70	14.40	15.75	

第 6 章　装饰装修工程工程量清单与计价

6.1 《建设工程工程量清单计价规范》概述

《建设工程工程量清单计价规范》（GB 50500—2008）是根据《中华人民共和国建筑法》、《中华人民共和国招标投标法》、《中华人民共和国合同法》等法律以及最高人民法院《关于审理建设工程施工合同纠纷案件适用法律问题的解释》（法释［2004］14 号），按照我国工程造价管理改革的总体目标，本着“国家宏观调控，市场竞争形成价格”的原则，在总结了《建设工程工程量清单计价规范》（GB 50500—2003）实施以来的经验的基础上，制定的规范性文件。为规范工程造价计价行为，统一建设工程工程量清单的编制和计价方法提供了依据。

《建设工程工程量清单计价规范》（以下简称《计价规范》）内容包括：总则、术语、工程量清单编制、工程量清单计价、工程量清单计价表格和附录，其中特别介绍了采用工程量清单计价如何编制工程量清单和招标控制价、投标报价、合同价款约定以及工程计量与价款支付、工程价款调整、索赔、竣工结算、工程计价争议处理等内容。

6.1.1 总则

总则共 8 条，说明了《计价规范》制定的目的、依据、适用范围、工程造价文件的编制人、工程量清单计价活动应遵循的基本原则和附录的作用等。主要内容：

1）此规范适用于建设工程工程量清单计价活动。工程量清单计价活动所指的包括：工程量清单、招标控制价、投标报价的编制，工程合同价款的约定，竣工结算的办理以及施工过程中的工程计量、工程款支付、索赔与现场签证、工程价款调整和工程计价争议处理等活动。

2）执行此规范的范围，全部使用国有资金投资或国有资金投资为主（以下二者简称“国有资金投资”）的工程建设项目，必须采用工程量清单计价，国有投资的资金包括国家融资资金。

① 国有资金投资的工程建设项目包括：

a. 使用各级财政预算资金的项目。

b. 使用纳入财政管理的各种政府性专项建设资金的项目。

c. 使用国有企事业单位自有资金，并且国有资产投资者实际拥有控制权的项目。

② 国家融资资金投资的工程建设项目包括：

a. 使用国家发行债券所筹资金的项目。

b. 使用国家对外借款或者担保所筹资金的项目。

c. 使用国家政策性贷款的项目。

d. 国家特许的融资项目。

③ 国有资金为主的工程建设项目是指国有资金占投资总额50%以上，或虽不足50%但国有投资者实质上拥有控股权的工程建设项目。

非国有资金投资的工程建设项目，可采用工程量清单计价。对于不采用工程量清单计价方式的工程建设项目，除工程量清单等专门性规定外，此规范的其他条文仍应执行。

3）工程量清单、招标控制价、投标报价、工程价款结算等工程造价文件的编制与核对应由具有资格的工程造价专业人员承担。按照《注册造价工程师管理办法》（建设部第150号令）的规定，注册造价工程师应在本人承担的工程造价成果文件上签字并加盖执业专用章；按照《全国工程造价人员管理暂行办法》（中价协［2006］013号）的规定，造价员应在工程量清单、招标控制价、投标报价、工程价款结算等工程造价文件的编制与核对应由具有资格的工程造价专业人员承担本人承担的工程造价业务文件上签字并加盖专用章。

4）建设工程工程量清单计价活动应遵循客观、公正、公平的原则。

5）此规范的附录A、附录B、附录C、附录D、附录E、附录F应作为编制工程量清单的依据。

附录A为建筑工程工程量清单项目及计算规则，适用于工业与民用建筑物和构筑物工程。

附录B为装饰装修工程工程量清单项目及计算规则，适用于工业与民用建筑物和构筑物的装饰装修工程。

附录C为安装工程工程量清单项目及计算规则，适用于工业与民用安装工程。

附录D为市政工程工程量清单项目及计算规则，适用于城市市政建设工程。

附录E为园林绿化工程工程量清单项目及计算规则，适用于园林绿化工程。

附录F为矿山工程工程量清单项目及计算规则，适用于矿山工程。

6.1.2　术语

（1）工程量清单　工程量清单是建设工程的分部分项工程项目、措施项目、其他项目、规费项目和税金项目的名称和相应数量等的明细清单。它是建设工程实现工程量清单计价的专用名词。

（2）项目编码　它是分部分项工程量清单项目名称的数字标志，是对分部分项工程量清单项目名称规定的数字标志。

（3）项目特征　它是构成分部分项工程量清单项目、措施项目自身价值的本质特征，是对体现分部分项工程量清单、措施项目清单价值的特有属性和本质特征的描述。

（4）综合单价　是指完成一个规定计量单位的分部分项工程量清单项目或措施清单项目所需的人工费、材料费、施工机械使用费和企业管理费与利润，以及一定范围内的风险费用。综合单价是相对于工程量清单计价而言的，它是对完成一个规定计量单位的分部分项工程量清单项目或措施清单项目所需的人工费、材料费、施工机械使用费、企业管理费、利润以及包含一定范围风险因素的价格表示。

（5）措施项目　是指为完成工程项目施工，发生于该工程施工准备和施工过程中的技术、生活、安全、环境保护等方面的非工程实体项目。措施项目是相对于工程实体的分部分项工程而言的，对实际施工中必须发生的施工准备和施工过程中技术、生活、安全、环境保护等方面的非工程实体项目的总称。

(6) 暂列金额　它是招标人在工程量清单中暂定并包括在合同价款中的一笔款项。用于施工合同签订时尚未确定或者不可预见的所需材料、设备、服务的采购，施工中可能发生的工程变更、合同约定调整因素出现时的工程价款调整以及发生的索赔、现场签证确认等的费用。暂列金额用于各种工程款项调整因素出现时的工程款项调整。

(7) 暂估价　是指招标人在工程量清单中提供的用于支付必然发生但暂时不能确定的材料的单价以及专业工程的金额，只在招标阶段预见肯定要发生，只是因为标准不明确或者需要由专业承包人完成，暂时又无法确定具体价格时采用。

(8) 计日工　是指在施工过程中，完成发包人提出的施工图样以外的零星项目或工作，按合同中约定的综合单价计价，包括完成作业所需的人工、材料、施工机械及其费用的计价，类似于定额计价中的签证记工。

(9) 总承包服务费　是指总承包人为配合协调发包人进行的工程分包自行采购的设备、材料等进行管理、服务以及施工现场管理、竣工资料汇总整理等服务所需的费用。它是在工程建设的施工阶段实行施工总承包时，当招标人在法律、法规允许的范围内对工程进行分包和自行采购供应部分设备、材料时，要求总承包人提供相关服务（如分包人使用总包人的脚手架、水电接剥等）和施工现场管理等所需的费用。

(10) 索赔　是指在合同履行过程中，对于非己方的过错而应由对方承担责任的情况造成的损失，向对方提出补偿的要求。索赔专指工程建设的施工过程中，发、承包双方在履行合同时，对于非己方过错的责任事件并造成损失时，向对方提出补偿要求的行为。

(11) 现场签证　是指发包人现场代表与承包人现场代表就施工过程中涉及的责任事件所作的签证证明。现场签证专指在工程建设的施工过程中，发、承包双方的现场代表（或其委托人）对施工过程中由于发包人的责任致使承包人在工程施工中于合同内容外发生了额外的费用，由承包人通过书面形式向发包人提出，予以签字确认的证明。

(12) 企业定额　是指施工企业根据本企业的施工技术和管理水平而编制的人工、材料和施工机械台班等的消耗标准，是施工企业投标报价的依据之一。

(13) 规费　是指根据省级政府或省级有关权力部门规定必须缴纳的，应计入建筑安装工程造价的费用。根据《建筑安装工程费用项目组成》（建标［2003］206号）的规定，“规费”属于工程造价的组成部分，其计取标准由省级、行业建设主管部门依据省级政府或省级有关权力部门的相关规定制定。

(14) 税金　是指由国家税法规定的应计入建筑安装工程造价内的营业税、城市维护建设税以及教育费附加等，是由承包人负责缴纳的。

(15) 发包人　是指具有工程发包主体资格和支付工程价款能力的当事人以及取得该当事人资格的合法继承人。发包人有时也称建设单位或业主，在工程招标发包中，又被称为招标人。

(16) 承包人　是指被发包人接受的具有工程施工承包主体资格的当事人以及取得该当事人资格的合法继承人。承包人有时也称施工企业，在工程招标发包中，投标时又被称为投标人，中标后称为中标人。

(17) 造价工程师　是指取得《造价工程师注册证书》，在一个单位注册从事建设工程造价活动的专业人员。

(18) 造价员 是指取得《全国建设工程造价员资格证书》，在一个单位注册从事建设工程造价活动的专业人员。

(19) 工程造价咨询人 是指取得工程造价咨询资质等级证书，接受委托从事建设工程造价咨询活动的企业。具体来讲是指按照《工程造价咨询企业管理办法》(建设部令第 149 号)，取得工程造价咨询资质，在其资质许可范围内接受委托，提供工程造价咨询服务的企业。

(20) 招标控制价 是指招标人根据国家或省级、行业建设主管部门颁发的有关计价依据和办法，按设计施工图样计算的，对招标工程限定的最高工程造价。它是在工程招标发包过程中，由招标人根据有关计价规定计算的工程造价，其作用是招标人用于对招标工程发包的最高控制限价，有的地方也称拦标价、预算控制价。

(21) 投标价 是指投标人投标时报出的工程造价，是在工程招标发包过程中，由投标人按照招标文件的要求，根据工程特点，并结合自身的施工技术、装备和管理水平，依据有关计价规定自主确定的工程造价，是投标人希望达成工程承包交易的期望价格，它不能高于招标人设定的招标控制价。

(22) 合同价 是指发、承包人在施工合同中约定的工程造价，是在工程发、承包交易过程中，由发、承包双方以合同形式确定的工程承包价格。采用招标发包的工程，其合同价应为投标人的中标价。

(23) 竣工结算价 是指发、承包双方依据国家有关法律、法规和标准规定，按照合同约定的最终工程造价。具体来讲就是在承包人完成施工合同约定的全部工程内容，发包人依法组织竣工验收合格后，由发、承包双方按照合同约定的工程造价条款，即合同价、合同价款调整以及索赔和现场签证等事项确定的最终工程造价。

6.2 装饰装修工程工程量清单编制与格式

6.2.1 装饰装修工程工程量清单的编制

装饰装修工程工程量清单是装饰装修工程招标文件的组成部分，是工程量清单计价的基础，是编制招标控制价、投标报价、计算工程量的依据，是支付工程款、调整合同价款、办理竣工结算以及工程索赔等的依据。其准确性和完整性由招标人负责。装饰装修工程工程量清单应由具有编制能力的招标人或受其委托，具有相应资质的工程造价咨询人编制。

(1) 编制装饰装修工程工程量清单的依据

1) 建设工程工程量清单计价规范。

2) 国家或省级、行业建设主管部门颁发的计价依据和办法。

3) 建设工程设计文件。

4) 与建设工程项目有关的标准、规范、技术资料。

5) 招标文件及其补充通知、答疑纪要。

6) 施工现场情况、工程特点及常规施工方案。

7) 其他相关资料。

(2) 装饰装修工程工程量清单的组成 装饰装修工程工程量清单应由封面签署页、编制说明、工程量清单总说明、分部分项工程量清单、措施项目清单、其他项目清单、规费、税金项目清单组成。

1. 分部分项工程量清单的编制

分部分项工程量清单应包括项目编码、项目名称、项目特征、计量单位和工程量，缺一不可。工程量清单应根据附录规定的项目编码、项目名称、项目特征、计量单位和工程量计算规则进行编制。

1）分部分项工程量清单的项目编码，应采用十二位阿拉伯数字表示，如图 6-1 所示。一至九位应按附录的规定设置，十至十二位应根据拟建工程的工程量清单项目名称设置，同一招标工程的项目编码不得有重码。各位数字的含义是：一、二位为工程分类顺序码；三、四位为专业工程顺序码；五、六位为分部工程顺序码；七、八、九为分项工程项目名称顺序码；十至十二位为清单项目名称顺序码。

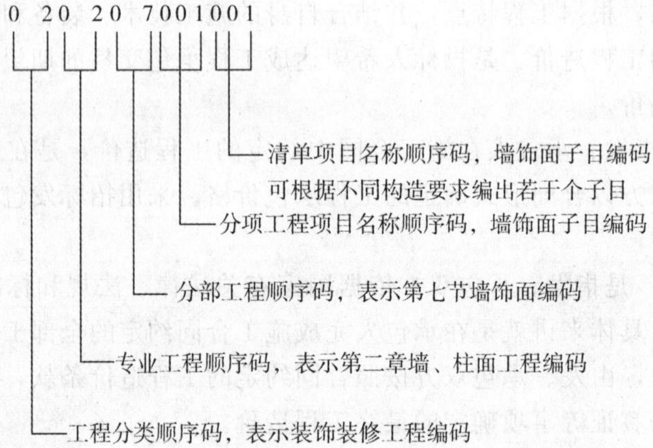

图 6-1 项目编码示例图

当同一标段（或合同段）的一份工程量清单中含有多个单位工程，且工程量清单是以单位工程为编制对象时，在编制工程量清单时应特别注意对项目编码十至十二位的设置不得有重码的规定。

2）项目名称应按附录的项目名称结合拟建工程的实际确定。

3）工程量应按附录中规定的工程量计算规则计算。工程量的有效位数应遵循下列规定：

① 以“t”为单位时，应保留三位小数，第四位小数四舍五入。

② 以“m^3”、“m^2”、“m”、“kg”为单位时，应保留两位小数，第三位小数四舍五入。

③ 以“个”、“项”等为单位时，应取整数。

4）计量单位应按附录中规定的计量单位确定。附录中有两个或两个以上计量单位的，应结合拟建工程项目的实际选择其中的一个确定。

5）分部分项工程量清单项目特征应按附录中规定的项目特征，结合拟建工程项目的实际予以描述。项目特征是确定一个清单项目综合单价不可缺少的重要依据，在编制工程量清单时，必须对项目特征进行准确和全面的描述。但有些项目特征用文字往往又难以准确和全面的描述清楚。因此，为达到规范、简捷、准确、全面描述项目特征的要求，在描述工程量清单项目特征时应按以下原则进行：

① 项目特征描述的内容应按附录中的规定，结合拟建工程的实际，能满足确定综合单

价的需要。

② 若采用标准图集或施工图样能够全部或部分满足项目特征描述的要求，项目特征描述可直接采用“详见××图集”或“××图号”的方式。对不能满足项目特征描述要求的部分，仍应用文字描述。

6）随着工程建设中新材料、新技术、新工艺的不断涌现，编制工程量清单出现附录中未包括的项目时，编制人应作补充，并报省级或行业工程造价管理机构备案，省级或行业工程造价管理机构应汇总报往住房和城乡建设部标准定额研究所。

① 补充项目的编码应按本规范的规定确定。补充项目的编码由附录的顺序码与 B 和三位阿拉伯数字组成，并应从×B001 起顺序编制，同一招标工程的项目不得重码。

② 在工程量清单中应附补充项目的项目名称、项目特征、计量单位、工程量计算规则和工程内容。

③ 将编制的补充项目报省级或行业工程造价管理机构备案。

2. 措施项目清单的编制

1）措施项目清单的编制需考虑多种因素，除工程本身的因素以外，还涉及水文、气象、环境、安全等因素，措施项目清单应根据拟建工程的具体情况选择列项。措施项目可根据措施项目一览表，见表 6-1 选择列项，若出现本规范未列的项目，可根据工程实际情况补充。

表 6-1 措施项目一览表

序　号	名　称
一	通用项目项目
1	安全文明施工（含环境保护、文明施工、安全施工、临时设施）
2	夜间施工
3	二次搬运
4	冬雨季施工
5	大型机械设备进出场及安拆
6	施工排水
7	施工降水
8	地上、地下设施，建筑物的临时保护设施
9	已完工程及设备保护
二	专业工程项目
1	脚手架
2	垂直运输机械
3	室内空气污染测试

2）措施项目中可以计算工程量的项目清单宜采用分部分项工程量清单的方式编制，列出项目编码、项目名称、项目特征、计量单位和工程量计算规则；不能计算工程量的项目清单，以“项”为计量单位。

此规范将实体性项目划分为分部分项工程量清单，非实体性项目划分为措施项目。

3. 其他项目清单

其他项目清单按照下列内容列项：

1）暂列金额。

2）暂估价：包括材料暂估价、专业工程暂估价。

3）计日工。

4）总承包服务费。

工程建设标准的高低，工程的复杂程度，工程的工期长短，工程组成内容，发包人对工程管理要求等都直接影响其他项目清单的具体内容，仅提供了4项内容作为参考。其不足部分，可根据工程的具体情况进行补充。

4. 规费项目清单

规费项目清单应按照下列内容列项：

1）工程排污费。

2）工程定额测定费。

3）社会保障费：包括养老保险费、失业保险费、医疗保险费。

4）住房公积金。

5）危险作业意外伤害保险。

规费是政府和有关权力部门规定必须缴纳的费用，编制人对《建筑安装工程费用项目组成》未包括的规费项目，在编制规费项目清单时应根据省级政府或省级有关权力部门的规定列项。

5. 税金项目清单

税金项目清单应包括下列内容：

1）营业税。

2）城市维护建设税。

3）教育费附加。

如国家税法发生变化，税务部门依据职权增加了税种，应对税金项目清单进行补充。

6.2.2 装饰装修工程工程量清单的格式及填写

1. 工程量清单的格式

工程量清单采用统一的格式，但由于行业、地区的一些特殊情况，赋予了省级或行业建设主管部门可在本规范提供计价格式的基础上予以补充。

工程量清单编制使用表格包括：

1）工程量清单封面签署页，见表6-2。

2）总说明表。

3）分部分项工程量清单与计价表，见表6-3。

4）措施项目清单与计价表，见表6-4。

5）其他项目清单与计价汇总表。

6）规费、税金项目清单与计价表。

2. 工程量清单的填写

（1）工程量清单封面签署页　应按规定的内容填写、签字、盖章，这是工程造价文件生效的必备条件。

工程造价文件封面的签字盖章应按下列规定办理，方能生效。

1）编制工程量清单和招标控制价时，编制人员必须是在招标人单位注册的造价人员。由招标人盖单位公章，法定代表人或其授权人签字或盖章；当编制人是注册造价工程师时，由其签字、盖执业专用章；当编制人是造价员时，由其在编制人栏签字、盖专用章，并应由注册造价工程师复核，在复核人栏签字、盖执业专用章。

2）委托工程造价咨询人编制装饰装修工程工程量清单和招标控制价时，编制人员必须是在工程造价咨询人单位注册的造价人员，盖单位资质专用章，法定代表人或其授权人签字或盖章；当编制人是注册造价工程师时，由其签字盖执业专用章；当编制人是造价员时，由其在“编制人”栏签字、盖专用章，并应由注册造价工程师复核，在“复核人”栏签字、盖执业专用章。

（2）工程量清单总说明的内容

1）工程概况。它是拟招标工程的概况介绍，包括建设规模、工程特征、计划工期、合同工期、实际工期、施工现场及变化情况、施工组织设计的特点、自然地理条件和环境保护要求等。

2）工程招标和分包招标范围。

3）清单编制依据。

4）拟招标工程对施工技术、施工材料的特殊要求。

5）分部分项工程项目工作内容的补充说明。

6）主要材料的介绍，新材料以及未确定材料的价格设定。

7）其他要说明的事项。

表 6-2 工程量清单

＿＿＿＿＿＿＿＿＿＿工程

工程量清单

招 标 人：＿＿＿＿＿＿＿＿ （单位盖章）	工程造价 咨 询 人：＿＿＿＿＿＿＿＿ （单位资质专用章）
法定代表人 或其授权人：＿＿＿＿＿＿＿＿ （签字或盖章）	法定代表人 或其授权人：＿＿＿＿＿＿＿＿ （签字或盖章）
编 制 人：＿＿＿＿＿＿＿＿ （造价人员签字盖专用章）	复 核 人：＿＿＿＿＿＿＿＿ （造价工程师签字盖专用章）
编制时间： 年 月 日	复核时间： 年 月 日

表 6-3　分部分项工程量清单与计价表

工程名称：　　　　　　　　　　标段：　　　　　　　　　　第　页共　页

序号	项目编码	项目名称	项目特征描述	计量单位	工程量	金额/元		
						综合单价	合计	其中：暂估价
1	020302002	格栅吊顶	40mm × 60mm 木龙骨中距 500mm，防水垫层 1.5mm，铝塑板面层白色	m^2	27.00			
2	020104002	竹木地板	1∶2.5 水泥砂浆找平层 20mm 防潮垫 1.5mm 1900mm×190mm×15mm 长条复合地板铺	m^2	156.00			
⋮	⋮	⋮	⋮	⋮	⋮			
本页小计								
合　计								

表 6-4　措施项目清单与计价表（一）

工程名称：　　　　　　　　　　标段：　　　　　　　　　　第　页共　页

序号	项目名称	计算基础	费率（%）	金额/元
1	安全文明施工费			
2	夜间施工费			
3	二次搬运费			
4	冬雨季施工费			
5	各专业工程的措施项目			
5.1	室内空气污染测试费			
5.2	脚手架费			
⋮	⋮			
合　计				

6.3　装饰装修工程工程量清单计价和计价格式

工程量清单计价包括：招标控制价、投标总价、工程合同价款的约定、工程计量与价款支付、索赔与现场签证、工程价款调整、竣工结算、工程计价争议处理八项内容。

装饰装修工程实行工程量清单计价时，工程造价由分部分项工程费、措施项目费、其他项目费、规费和税金组成。《建筑工程施工发包与承包计价管理办法》（建设部令 107 号）第五条规定：工程计价方法包括工料单价法和综合单价法。装饰装修工程实行工程量清单计价时应采用综合单价法，其综合单价的组成内容应由人工费、材料费、施工机械使用费、管理费和利润组成。

招标文件中的工程量清单所列的工程量是招标人报出的，是一个预计的工程量，一方面它是各投标人进行投标报价的共同基础，另一方面也是对各投标人的投标报价进行评审的共同平台，体现了招投标活动中的公开、公平、公正和诚实信用原则。

发包和承包双方竣工结算的工程量应按发、承包双方认可的实际发生并完成的工程量确定，而非招标文件中工程量清单所列的工程量。

根据《中华人民共和国安全生产法》、《中华人民共和国建筑法》、《建设工程安全生产管理条例》、《安全生产许可证条例》等法律、法规的规定，建设部办公厅印发了《建筑工程安全防护、文明施工措施费及使用管理规定》（建办［2005］89 号），将安全文明施工费纳入国家强制性标准管理范围，其费用标准也不予竞争。措施项目清单中的安全文明施工费应按照国家或省级、行业建设主管部门的规定计价，不能作为竞争性费用。招标人不得要求投标人对该项费用进行优惠，投标人也不得将该项费用参与市场竞争。措施项目中可以计算工程量的措施项目宜采用分部分项工程量清单的方式编制，与之相对应，应采用综合单价计价；以“项”为计量单位的，按项计价，但应包括除规费、税金以外的全部费用。

规费和税金应按国家或省级、行业建设主管部门依据国家税法及省级政府或省级有关权力部门的规定确定，在工程计价时应按规定计算。

招标人应在招标文件中或在签订合同时，载明投标人应该考虑的风险内容及其风险范围或风险幅度。

装饰装修工程中投标人应完全承担的风险是技术风险和管理风险，如管理费和利润；应有限度承担的是市场风险，如材料价格、施工机械使用费等风险。

《工程量清单计价规范》定义的风险是指综合单价包含的内容。一般人工费不宜纳入风险，材料价格的风险宜控制在 5%以内，施工机械使用费的风险可控制在 10%以内，超过者予以调整，管理费和利润的风险由承包人全部承担。

6.3.1　装饰装修工程工程量清单投标报价的编制

1）投标报价由投标人自主编制，但不得低于成本价。

2）投标人须按照招标人提供的工程量清单填报价格。所填写的项目编码、项目名称、项目特征、计量单位、工程量必须与招标人提供的清单一致。

3）投标报价的编制依据：

①《建设工程工程量清单计价规范》。

② 国家或省级、行业建设主管部门颁发的计价办法。

③ 国家或省级、行业建设主管部门颁发的计价定额，企业定额。

④ 招标文件、工程量清单及其补充通知、答疑纪要。

⑤ 建设工程设计文件及相关资料。

⑥ 施工现场情况、工程特点及拟定的投标施工组织设计或施工方案。

⑦ 与建设项目相关的标准、规范等技术资料。

⑧ 市场价格信息或工程造价管理机构发布的工程造价信息。

⑨ 其他的相关资料。

4）分部分项工程量清单计价应采用综合单价计价，综合单价的确定应按招标文件中分部分项工程量清单的特征描述计算。另外招标文件中提供了暂估单价的材料，按暂估的单价计入综合单价内，并考虑招标文件中要求投标人承担的风险费用。在施工过程中，当出现的风险内容及其范围（幅度）在合同约定的范围内时，工程价款不做调整。

5）投标人对措施项目投标报价的编制。由于各投标人拥有的施工装备、技术水平和采用的施工方法有所差异，招标人提出的措施项目清单是根据一般情况确定的，没有考虑不同投标人的“个性”，投标人投标时应根据自身编制的施工组织设计或方案确定措施项目，对招标人提供的措施项目进行调整。投标人根据自己的投标施工组织设计或施工方案调整和确定的措施项目应通过评标委员会的评审。

编制措施项目投标报价时应注意：

① 措施项目的内容应依据招标人提供的措施项目清单和投标人投标时拟定的施工组织设计或施工方案。

② 措施项目费的计价方式应根据招标文件的规定，可以计算工程量的措施清单项目采用综合单价方式报价，其余的措施清单项目采用以“项”为计量单位的方式报价。

③ 措施项目费由投标人自主确定，但其中安全文明施工费应按国家或省级、行业建设主管部门的规定确定。

6）其他项目费投标报价的编制

① 暂列金额应根据招标人在其他项目清单中列出的金额填写，不得变动。

② 材料暂估价不得变动和更改。材料暂估价必须按照招标人在其他项目清单中列出的暂估单价计入综合单价；专业工程暂估价必须按照其他项目清单中列出的金额填写。

③ 计日工应按照其他项目清单列出的项目和估算的数量，自主确定各项综合单价并计算费用。

④ 总承包服务费应依据招标人在招标文件中列出的分包专业工程内容和供应材料、设备情况，按照招标人提出协调、配合与服务要求和施工现场管理需要等要求自主确定。

7）投标人对规费和税金投标报价的编制原则。规费和税金的计取标准是依据有关法律、法规和政策规定而制定的，具有强制性。投标人是法律、法规和政策的执行者，必须严格按照法律、法规、政策的有关规定执行。

8）装饰装修工程实行工程量清单招标的项目，投标人的投标总价应当与组成工程量清单的分部分项工程费、措施项目费、其他项目费和规费、税金的合计金额相一致，就是说投标人在投标报价时，不能进行投标总价优惠（或降价、让利），投标人对招标人的任何优惠（或降价、让利）均应反映在相应清单项目的综合单价中。

6.3.2 装饰装修工程工程量清单投标报价格式

装饰装修工程工程量清单投标报价书应由封面签署页，工程量清单投标报价总说明，工程项目投标报价汇总表，单项工程投标报价汇总表，单位工程投标报价汇总表，分部分项工程量清单与计价表，工程量清单综合单价分析表，措施项目清单与计价表（一），措施项目清单与计价表（二），其他项目清单与计价汇总表，规费、税金项目清单与计价表等组成。

1. 装饰装修工程工程量清单投标报价格式

装饰装修工程工程量清单计价采用统一的格式，具体格式参照 GB/T 50500—2008 的相关规定。

2. 装饰装修工程工程量清单投标报价格式的填写

1）投标价应由投标人或受其委托具有相应资质的工程造价咨询人编制。投标报价由投标人自主确定，规范规定投标人的投标报价不得低于成本。

2）封面应按规定的内容填写、签字、盖章，除承包人自行编制的投标报价外，受委托编制的投标报价若为造价员编制的，应有负责审核的造价工程师签字、盖章以及工程造价咨询人盖章。

3）总说明应按下列内容填写：

① 工程概况：建设规模、工程特征、计划工期、合同工期、实际工期、施工现场及变化情况、施工组织设计的特点、自然地理条件、环境保护要求等。

② 编制依据。

③ 预算定额及名称、综合单价分析及材料基价。

④ 定额换算依据和补充定额单价。

⑤ 主要材料采用价格。

⑥ 各种取费计算标准和依据。

⑦ 工程造价和主要经济指标。

⑧ 清单编制依据《建设工程工程量清单计价规范》。

⑨ 招标范围。

⑩ 工程质量预期目标。

⑪ 其他有关问题说明。

4）填写计价表中所列的需要填写的各项，如单价和合价，未填写的单价和合价视为此项费用已包含在工程量清单的其他项目的单价和合价中了。

装饰装修工程编制投标控制价、竣工结算可参照投标报价方法计算。

6.4　工程量清单计价表格

6.4.1　计价表格组成

表格共计 26 张。其中封面 4 张，总说明 1 张，汇总表 6 张，分部分项工程量清单表 2 张，措施项目清单表 2 张，其他项目清单 9 张，规费、税金项目清单与计价表 1 张，工程款支付申请（核准）表 1 张。

1. 封面

包括工程量清单封面、招标控制价封面、投标总价封面和竣工结算总价封面。

2. 总说明表

3. 汇总表

包括工程项目招标控制价/投标报价汇总表、单项工程招标控制价/投标报价汇总表、单位工程招标控制价/投标报价汇总表、工程项目竣工结算汇总表、单项工程竣工结算汇总表和单位工程竣工结算汇总表。

4. 分部分项工程量清单表

包括分部分项工程量清单与计价表和工程量清单综合单价分析表。

5. 措施项目清单表

包括措施项目清单与计价表（一）和措施项目清单与计价表（二）。

6. 其他项目清单表

包括其他项目清单与计价汇总表、暂列金额明细表、材料暂估单价表、专业工程暂估价表、计日工表、总承包服务费计价表、索赔与现场签证计价汇总表、费用索赔申请（核准）表和现场签证表。

7. 规费、税金项目清单与计价表

8. 工程款支付申请（核准）表

6.4.2 计价表格使用规定

1）工程量清单与计价宜采用统一格式。各省、自治区、直辖市建设行政主管部门和行业建设主管部门可根据本地区、本行业的实际情况，在本规范计价表格的基础上补充完善。

2）工程量清单的编制应符合下列规定：

① 工程量清单编制使用表格应齐全、完整。

② 封面应按规定的内容填写、签字、盖章，造价员编制的工程量清单应有负责审核的造价工程师签字、盖章。

③ 总说明应按下列内容填写：

a. 工程概况：建设规模、工程特征、计划工期、施工现场实际情况、自然地理条件、环境保护要求等。

b. 工程招标和分包范围。

c. 工程量清单编制依据。

d. 工程质量、材料、施工等的特殊要求。

e. 其他需要说明的问题。

3）招标控制价、投标报价、竣工结算的编制应符合下列规定：

① 使用表格

a. 招标控制价使用的表格包括：招标控制价封面，总说明表，工程项目招标控制价/投标报价汇总表，单项工程招标控制价/投标报价汇总表，单位工程招标控制价/投标报价汇总表，分部分项工程量清单与计价表，工程量清单综合单价分析表，措施项目清单与计价表（一），措施项目清单与计价表（二），其他项目清单与计价汇总表，暂列金额明细表，材料暂估单价表，专业工程暂估价表，计日工表，总承包服务费计价表，规费、税金项目清单与计价表。

b. 投标报价使用的表格包括：投标总价封面，总说明表，工程项目招标控制价/投标报价汇总表，单项工程招标控制价/投标报价汇总表，单位工程招标控制价/投标报价汇总表，分部分项工程量清单与计价表，工程量清单综合单价分析表，措施项目清单与计价表（一），措施项目清单与计价表（二），其他项目清单与计价汇总表，暂列金额明细表，材料暂估单价表，专业工程暂估价表，计日工表，总承包服务费计价表，规费、税金项目清单与计价表。

c. 竣工结算使用的表格包括：竣工结算总价封面，总说明表，工程项目竣工结算汇总表，单项工程竣工结算汇总表，单位工程竣工结算汇总表，分部分项工程量清单与计价表，工程量清单综合单价分析表，措施项目清单与计价表（一），措施项目清单与计价表（二），其他项目清单与计价汇总表，暂列金额明细表，材料暂估单价表，专业工程暂估价表，计日工表，总承包服务费计价表，索赔与现场签证计价汇总表，费用索赔申请（核准）表，现场签证表，规费、税金项目清单与计价表，工程款支付申请（核准）表。

② 封面应按规定的内容填写、签字、盖章，除承包人自行编制的投标报价和竣工结算外，受委托编制的招标控制价、投标报价、竣工结算若为造价员编制的，应有负责审核的造价工程师签字、盖章以及工程造价咨询人盖章。

③ 总说明应按下列内容填写：

a. 工程概况：建设规模、工程特征、计划工期、合同工期、实际工期、施工现场及变化情况、施工组织设计的特点、自然地理条件、环境保护要求等。

b. 编制依据等。

4）投标人应按照招标文件的要求，附工程量清单综合单价分析表。

5）工程量清单与计价表中列明的所有需要填写的单价和合价，投标人均应填写，未填写单价和合价，视为此项费用已包含在工程量清单的其他单价和合价中。

6.5 装饰装修工程工程量清单项目及计算规则

《建设工程工程量清单计价规范》（GB 50500—2008）中附录B是关于装饰装修工程工程量清单项目及计算规则的内容，包括楼地面工程，墙、柱面工程，天棚工程，门窗工程，油漆、涂料、裱糊工程和其他工程，共6章47节214个项目。下面就这6个分部工程的工程项目和工程量计算规加以介绍。

6.5.1 楼地面工程

楼地面工程共9节42个项目。包括整体面层，块料面层，橡塑面层，其他材料面层，踢脚线，楼梯装饰，扶手，栏杆，栏板装饰，台阶装饰，零星装饰项目等。适用于楼地面、楼梯、台阶等装饰装修工程。

1. 有关项目的说明

1）零星装饰适用于小面积（$0.5m^2$ 以内）、少量分散的楼地面装饰，其工程部位或名称应在清单项目中进行描述。

2）楼梯、台阶侧面装饰，可按零星装饰项目编码列项，并在清单项目中进行描述。

3）扶手、栏杆、栏板适用于楼梯、阳台、走廊、回廊及其他装饰性扶手、栏杆、栏板。

2. 有关项目特征说明

1）楼地面是指置于基层（楼板、夯实土基）之上的各层垫层、填充层（具有隔声，保温，找坡，敷设暗管、线等作用的构造层）、隔离层（具有防水、防潮作用的构造层）、找平层、结合层（面层与下层相结合的中间层）、面层等。

2）垫层是指承受地面荷载并均匀传递给基层的构造层，如混凝土垫层，灰、土垫层，碎石、碎砖垫层，三合土垫层，炉渣垫层等材料垫层。

3）填充层是指轻质的松散材料，如炉渣、膨胀珍珠岩和膨胀蛭石等材料；块体材料如加气混凝土、泡沫混凝土、泡沫塑料、膨胀珍珠岩、膨胀蛭石块、矿棉和板材等材料；整体材料如水泥膨胀珍珠岩、膨胀蛭石、沥青膨胀蛭石、沥青膨胀珍珠岩等填充材料。

4）隔离层是指卷材隔离层、防水砂浆、沥青砂浆和防水涂料隔离层等。

5）找平层是指在建筑楼地面上、垫层、填充层上起找平、找坡和加强作用的构造层，通常是指水泥砂浆找平层，有比较特殊要求的找平层可以采用细石混凝土、沥青混凝土、沥青砂浆等材料铺设。

6）面层是指直接承受各种荷载的表面层。一般有整体面层，如水泥砂浆、细石混凝土、菱苦土和现浇水磨石等面层；块料面层，如石材、陶瓷地砖、橡胶、塑料、竹、木地板等面层。

7）面层中其他材料：

① 防护材料是指耐酸、耐碱、耐老化、耐臭氧、防火、防油渗等材料。

② 压线条材料是指铺设地毯、橡胶板、橡胶卷材所用的压线条，如铝合金、不锈钢和铜等材料的压线条。

③ 嵌条材料是用于水磨石的分格条、图案等制作的嵌条，如玻璃嵌条、铜嵌条、铝合金嵌条、不锈钢嵌条等。

④ 颜料是用于水磨石地面、踢脚线、楼梯、台阶和块料面层勾缝所需配制的石子浆或砂浆内添加的颜料（耐碱的矿物颜料）。

⑤ 防滑条是用于楼梯、台阶踏步的防滑设施，如水泥玻璃屑，水泥钢屑，铜、铁防滑条等。

⑥ 地毯固定配件是指用于固定地毯的压棍脚和压棍。

⑦ 扶手固定配件是用于楼梯、台阶的栏杆柱、栏杆、栏板与扶手相连接的固定件；靠墙扶手与墙相连接的固定件。

⑧ 酸洗、打蜡磨光，水磨石、菱苦土、陶瓷块料等，都可用酸洗（草酸）清洗油渍、污渍，然后打蜡（松香水、蜡脂、鱼油、煤油等按设计要求配合）和磨光、抛光。

3. 工程量计算规则

1）整体面层。工程量清单项目设置及工程量计算规则，应按表 6-5 的规定执行。

表 6-5　整体面层（编码：020101）

项目编码	项目名称	项目特征	计量单位	工程量计算规则	工程内容
020101001	水泥砂浆楼地面	1. 垫层材料种类、厚度 2. 找平层厚度、砂浆配合比 3. 防水层厚度、材料种类 4. 面层厚度、砂浆配合比	m^2	按设计图示尺寸以面积计算。扣除凸出地面构筑物、设备基础、室内铁道、地沟等所占面积，不扣除间壁墙和 $0.3m^2$ 以内的柱、垛、附墙烟囱及孔洞所占面积。门洞、空圈、暖气包槽、壁龛的开口部分不增加面积	1. 基层清理 2. 垫层铺设 3. 抹找平层 4. 防水层铺设 5. 抹面层 6. 材料运输
020101002	现浇水磨石楼地面	1. 垫层材料种类、厚度 2. 找平层厚度、砂浆配合比 3. 防水层厚度、材料种类 4. 面层厚度、水泥石子浆配合比 5. 嵌条材料种类、规格 6. 石子种类、规格、颜色 7. 颜料种类、颜色 8. 图案要求 9. 磨光、酸洗、打蜡要求			1. 基层清理 2. 垫层铺设 3. 抹找平层 4. 防水层铺设 5. 面层铺设 6. 嵌缝条安装 7. 磨光、酸洗、打蜡 8. 材料运输

（续）

项目编码	项目名称	项目特征	计量单位	工程量计算规则	工程内容
020101003	细石混凝土楼地面	1. 垫层材料种类、厚度 2. 找平层厚度、砂浆配合比 3. 防水层厚度、材料种类 4. 面层厚度、混凝土强度等级	m^2	按设计图示尺寸以面积计算。扣除凸出地面构筑物、设备基础、室内铁道、地沟等所占面积，不扣除间壁墙和 $0.3m^2$ 以内的柱、垛、附墙烟囱及孔洞所占面积。门洞、空圈、暖气包槽、壁龛的开口部分不增加面积	1. 基层清理 2. 垫层铺设 3. 抹找平层 4. 防水层铺设 5. 面层铺设 6. 材料运输
020101004	菱苦土楼地面	1. 垫层材料种类、厚度 2. 找平层厚度、砂浆配合比 3. 防水层厚度、材料种类 4. 面层厚度 5. 打蜡要求			1. 基层清理 2. 垫层铺设 3. 抹找平层 4. 防水层铺设 5. 面层铺设 6. 打蜡 7. 材料运输

2）块料面层。工程量清单项目设置及工程量计算规则，应按表 6-6 的规定执行。

表 6-6　块料面层（编码：020102）

项目编码	项目名称	项目特征	计量单位	工程量计算规则	工程内容
020102001	石材楼地面	1. 垫层材料种类、厚度 2. 找平层厚度、砂浆配合比 3. 防水层、材料种类 4. 填充材料种类、厚度 5. 结合层厚度、砂浆配合比 6. 面层材料品种、规格、品牌、颜色 7. 嵌缝材料种类 8. 防护层材料种类 9. 酸洗、打蜡要求	m^2	按设计图示尺寸以面积计算。扣除凸出地面构筑物、设备基础、室内铁道、地沟等所占面积，不扣除间壁墙和 $0.3m^2$ 以内的柱、垛、附墙烟囱及孔洞所占面积。门洞、空圈、暖气包槽、壁龛的开口部分不增加面积	1. 基层清理，铺设垫层，抹找平层 2. 防水层铺设，填充层铺设 3. 面层铺设 4. 嵌缝 5. 刷防护材料 6. 酸洗、打蜡 7. 材料运输
020102002	块料楼地面				

3）其他材料面层。工程量清单项目设置及工程量计算规则，应按表 6-7 的规定执行。

表 6-7　其他材料面层（编码：020104）

项目编码	项目名称	项目特征	计量单位	工程量计算规则	工程内容
020104001	楼地面地毯	1. 找平层厚度、砂浆配合比 2. 填充材料种类、厚度 3. 面层材料品种、规格、品牌、颜色 4. 防护材料种类 5. 粘结材料种类 6. 压线条种类	m^2	按设计图示尺寸以面积计算。门洞、空圈、暖气包槽、壁龛的开口部分并入相应的工程量内	1. 基层清理，抹找平层 2. 铺设填充层 3. 铺贴面层 4. 刷防护材料 5. 装钉压条 6. 材料运输

（续）

项目编码	项目名称	项目特征	计量单位	工程量计算规则	工程内容
020104002	竹木地板	1. 找平层厚度、砂浆配合比 2. 填充材料种类、厚度、找平层厚度、砂浆配合比 3. 龙骨材料种类、规格、铺设间距 4. 基层材料种类、规格 5. 面层材料品种、规格、品牌、颜色 6. 粘结材料种类 7. 防护材料种类 8. 油漆品种、刷漆遍数	m²	按设计图示尺寸以面积计算。门洞、空圈、暖气包槽、壁龛的开口部分并入相应的工程量内	1. 基层清理，抹找平层 2. 铺设填充层 3. 龙骨铺设 4. 铺设基层 5. 面层铺贴 6. 刷防护材料 7. 材料运输
020104003	防静电活动地板	1. 找平层厚度、砂浆配合比 2. 填充材料种类、厚度，找平层厚度、砂浆配合比 3. 支架高度、材料种类 4. 面层材料品种、规格、品牌、颜色 5. 防护材料种类			1. 清理基层，抹找平层 2. 铺设填充层 3. 固定支架安装 4. 活动面层安装 5. 刷防护材料 6. 材料运输
020104004	金属复合地板	1. 找平层厚度、砂浆配合比 2. 填充材料种类、厚度，找平层厚度、砂浆配合比 3. 龙骨材料种类、规格、铺设间距 4. 基层材料种类、规格 5. 面层材料品种、规格、品牌 6. 防护材料种类			1. 清理基层，抹找平层 2. 铺设填充层 3. 龙骨铺设 4. 基层铺设 5. 面层铺贴 6. 刷防护材料 7. 材料运输

4）橡塑面层。工程量清单项目设置及工程量计算规则，应按表 6-8 的规定执行。

表 6-8　橡塑面层（编码：020103）

项目编码	项目名称	项目特征	计量单位	工程量计算规则	工程内容
020103001	橡胶板楼地面	1. 找平层厚度、砂浆配合比 2. 填充材料种类、厚度 3. 粘结层厚度、材料种类 4. 面层材料品种、规格、品牌、颜色 5. 压线条种类	m²	按设计图示尺寸以面积计算。门洞、空圈、暖气包槽、壁龛的开口部分并入相应的工程量内	1. 基层清理，抹找平层 2. 铺设填充层 3. 面层铺贴 4. 压缝条装钉 5. 材料运输
020103002	橡胶卷材楼地面				
020103003	塑料板楼地面				
020103004	塑料卷材楼地面				

5）踢脚线。工程量清单项目设置及工程量计算规则，应按表 6-9 的规定执行。

表 6-9　踢脚线（编码：020105）

<table>
<tr><th>项目编码</th><th>项目名称</th><th>项目特征</th><th>计量单位</th><th>工程量计算规则</th><th>工程内容</th></tr>
<tr><td>020105001</td><td>水泥砂浆踢脚线</td><td>1. 踢脚线高度
2. 底层厚度、砂浆配合比
3. 面层厚度、砂浆配合比</td><td rowspan="8">m^2</td><td rowspan="8">按设计图示长度乘以高度以面积计算</td><td rowspan="5">1. 基层清理
2. 底层抹灰
3. 面层铺贴
4. 勾缝
5. 磨光、酸洗、打蜡
6. 刷防护材料
7. 材料运输</td></tr>
<tr><td>020105002</td><td>石材踢脚线</td><td rowspan="2">1. 踢脚线厚度
2. 底层厚度、砂浆配合比
3. 粘贴层厚度、材料种类
4. 面层材料品种、规格、品牌、颜色
5. 勾缝材料种类
6. 防护材料种类</td></tr>
<tr><td>020105003</td><td>块料踢脚线</td></tr>
<tr><td>020105004</td><td>现浇水磨石踢脚线</td><td>1. 踢脚线高度
2. 底层厚度、砂浆配合比
3. 面层厚度、水泥石子浆配合比
4. 石子种类、规格、颜色
5. 颜料种类、颜色
6. 磨光、酸洗、打蜡要求</td></tr>
<tr><td>020105005</td><td>塑料板踢脚线</td><td>1. 踢脚线高度
2. 底层厚度、砂浆配合比
3. 粘结层厚度、材料种类
4. 面层材料种类、规格、品牌、颜色</td></tr>
<tr><td>020105006</td><td>木质踢脚线</td><td rowspan="3">1. 踢脚线高度
2. 底层厚度、砂浆配合比
3. 基层材料种类、规格
4. 面层材料品种、规格、品牌、颜色
5. 防护材料种类
6. 油漆品种、刷漆遍数</td><td rowspan="3">1. 基层清理
2. 底层抹灰
3. 基层铺贴
4. 面层铺贴
5. 刷防护材料
6. 刷油漆
7. 材料运输</td></tr>
<tr><td>020105007</td><td>金属踢脚线</td></tr>
<tr><td>020105008</td><td>防静电踢脚线</td></tr>
</table>

6）楼梯装饰。工程量清单项目设置及工程量计算规则，应按表 6-10 的规定执行。

7）扶手、栏杆、栏板装饰。工程量清单项目设置及工程量计算规则，应按表 6-11 的规定执行。

8）台阶装饰。工程量清单项目设置及工程量计算规则，应按表 6-12 的规定执行。

表 6-10 楼梯装饰（编码：020106）

项目编码	项目名称	项目特征	计量单位	工程量计算规则	工程内容
020106001	石材楼梯面层	1. 找平层厚度、砂浆配合比 2. 粘结层厚度、材料种类 3. 面层材料品种、规格、品牌、颜色 4. 防滑条材料种类、规格 5. 勾缝材料种类 6. 防护层材料种类 7. 酸洗、打蜡要求	m²	按设计图示尺寸以楼梯（包括踏步、休息平台及500mm以内的楼梯井）水平投影面积计算。楼梯与楼地面相连时，算至梯口梁内侧边沿；无梯口梁者，算至最上一层踏步边沿加300mm	1. 基层清理 2. 抹找平层 3. 面层铺贴 4. 贴嵌防滑条 5. 勾缝 6. 刷防护材料 7. 酸洗、打蜡 8. 材料运输
020106002	块料楼梯面层				
020106003	水泥砂浆楼梯面	1. 找平层厚度、砂浆配合比 2. 面层厚度、砂浆配合比 3. 防滑条材料种类、规格			1. 基层清理 2. 抹找平层 3. 抹面层 4. 抹防滑条 5. 材料运输
020106004	现浇水磨石楼梯面	1. 找平层厚度、砂浆配合比 2. 面层厚度、水泥石子浆配合比 3. 防滑条材料种类、规格 4. 石子种类、规格、颜色 5. 颜料种类、颜色 6. 磨光、酸洗、打蜡要求			1. 基层清理 2. 抹找平层 3. 抹面层 4. 贴嵌防滑条 5. 磨光、酸洗、打蜡 6. 材料运输
020106005	地毯楼地面	1. 基层种类 2. 找平层厚度、砂浆配合比 3. 面层材料品种、规格、品牌、颜色 4. 防护材料种类 5. 粘结材料种类 6. 固定配件材料种类、规格			1. 基层清理 2. 抹找平层 3. 铺贴面层 4. 固定配件安装 5. 刷防护材料 6. 材料运输
020106006	木板楼地面	1. 找平层厚度、砂浆配合比 2. 基层材料种类、规格 3. 面层材料品种、规格、品牌、颜色 4. 粘结材料种类 5. 防护材料种类 6. 油漆品种、刷漆遍数			1. 基层清理 2. 抹找平层 3. 基层铺贴 4. 面层铺贴 5. 刷防护材料、油漆 6. 材料运输

表 6-11　扶手、栏杆、栏板装饰（编码：020107）

项目编码	项目名称	项目特征	计量单位	工程量计算规则	工程内容
020107001	金属扶手带栏杆、栏板	1. 扶手材料种类、规格、品牌、颜色 2. 栏杆材料种类、规格、品牌、颜色 3. 栏板材料种类、规格、品牌、颜色 4. 固定配件种类 5. 防护材料种类 6. 油漆品种、刷漆遍数	m	按设计图示尺寸以扶手中心线长度（包括弯头长度）计算	1. 制作 2. 运输 3. 安装 4. 刷防护材料 5. 刷油漆
020107002	硬木扶手带栏杆、栏板				
020107003	塑料扶手带栏杆、栏板				
020107004	金属靠墙扶手	1. 扶手材料种类、规格、品牌、颜色 2. 固定配件种类 3. 防护材料种类 4. 油漆品种、刷漆遍数			
020107005	硬木靠墙扶手				
020107006	塑料靠墙扶手				

表 6-12　台阶装饰（编码：020108）

项目编码	项目名称	项目特征	计量单位	工程量计算规则	工程内容
020108001	石材台阶面	1. 垫层材料种类、厚度 2. 找平层厚度、砂浆配合比 3. 粘结层材料种类 4. 面层材料品种、规格、品牌、颜色 5. 勾缝材料种类 6. 防滑条材料种类、规格 7. 防护材料种类	m^2	按设计图示尺寸以台阶（包括最上层踏步边沿加300mm）水平投影面积计算	1. 基层清理 2. 铺设垫层 3. 抹找平层 4. 面层铺贴 5. 贴嵌防滑条 6. 勾缝 7. 刷防护材料 8. 材料运输
020108002	块料台阶面				
020108003	水泥砂浆台阶面	1. 垫层材料种类、厚度 2. 找平层厚度、砂浆配合比 3. 面层厚度、砂浆配合比 4. 防滑条材料种类			1. 清理基层 2. 铺设垫层 3. 抹找平层 4. 抹面层 5. 抹防滑条 6. 材料运输

（续）

项目编码	项目名称	项目特征	计量单位	工程量计算规则	工程内容
020108004	现浇水磨石台阶面	1. 垫层材料种类、厚度 2. 找平层厚度、砂浆配合比 3. 面层厚度、水泥石子浆配合比 4. 防滑条材料种类、规格 5. 石子种类、规格、颜色 6. 颜料种类、颜色 7. 磨光、酸洗、打蜡要求	m^2	按设计图示尺寸以台阶（包括最上层踏步边沿加 300mm）水平投影面积计算	1. 清理基层 2. 铺设垫层 3. 抹找平层 4. 抹面层 5. 贴嵌防滑条 6. 打磨、酸洗、打蜡 7. 材料运输
020108005	剁假石台阶面	1. 垫层材料种类、厚度 2. 找平层厚度、砂浆配合比 3. 面层厚度、砂浆配合比 4. 剁假石要求			1. 清理基层 2. 铺设垫层 3. 抹找平层 4. 抹面层 5. 剁假石 6. 材料运输

9）零星装饰项目。工程量清单项目设置及工程量计算规则，应按表 6-13 的规定执行。

表 6-13　零星装饰项目（编码：020109）

项目编码	项目名称	项目特征	计量单位	工程量计算规则	工程内容
020109001	石材零星项目	1. 工程部位 2. 找平层厚度、砂浆配合比 3. 贴结合层厚度、材料种类 4. 面层材料品种、规格、品牌、颜色 5. 勾缝材料种类 6. 防护材料种类 7. 酸洗、打蜡要求	m^2	按设计图示尺寸以面积计算	1. 清理基层 2. 抹找平层 3. 面层铺贴 4. 勾缝 5. 刷防护材料 6. 酸洗、打蜡 7. 材料运输
020109002	碎拼石材零星项目				
020109003	块料零星项目				
020109004	水泥砂浆零星项目	1. 工程部位 2. 找平层厚度、砂浆配合比 3. 面层厚度、砂浆厚度			1. 清理基层 2. 抹找平层 3. 抹面层 4. 材料运输

10）其他相关问题应按下列规定处理：

① 楼梯、阳台、走廊、回廊及其他的装饰性扶手、栏杆、栏板，应按照表 6-11 项目编码列项。

② 楼梯、台阶侧面装饰，$0.5m^2$ 以内少量分散的楼地面装修，应按表 6-13 项目编码列项。

4. 有关工程内容的说明

1）有填充层和隔离层的楼地面往往有两层找平层，报价时应注意不要漏掉。

2）当台阶面层与找平台层材料相同而最后一阶台阶投影面积不计算时，应将最后一阶台阶的踢脚板面层考虑在投标报价内。

6.5.2 墙、柱面工程

墙、柱面工程共10节25个项目，包括墙面抹灰、柱面抹灰、零星抹灰、墙面镶贴块料、柱面镶贴块料、零星镶贴块料，墙饰面、柱（梁）饰面、隔断、幕墙等工程。以下内容适用于一般抹灰、装饰抹灰工程。

1. 有关项目说明

1）一般抹灰包括：石灰砂浆、水泥混合砂浆、水泥砂浆、聚合物水泥砂浆、膨胀珍珠岩水泥砂浆和麻刀灰、纸筋石灰、石膏灰等。

2）装饰抹灰包括：水刷石、水磨石、斩假石（剁斧石）、干粘石、假面砖、拉条灰、拉毛灰、甩毛灰、扒拉石、喷毛灰、喷涂、喷砂、辊涂、弹涂等。

3）柱面抹灰项目：石材柱面项目、块料柱面项目适用于矩形柱和异形柱（包括圆形柱、半圆形柱等）。

4）零星抹灰和零星镶贴块料面层项目：适用于小面积（$0.5m^2$ 以内）少量分散的抹灰和块料面层。

5）设置在隔断、幕墙上的门窗项目，即可包括在隔墙、幕墙项目报价内，也可单独编码列项，并在清单项目中进行描述。

2. 有关项目特征说明

在项目特征说明中，一般需描述墙体类型、抹灰层的厚度、勾缝类型、块料饰面板的材质及其施工技术方法、嵌缝材料、防护材料和基层材料等内容。

1）墙体类型指砖墙、石墙、混凝土墙、砌块墙及内墙、外墙等。

2）底层、面层的厚度应根据设计规定（一般采用标准设计图）确定。

3）勾缝类型指清水砖墙、砖柱的加浆勾缝（平缝或凹缝），石墙、石柱的勾缝（如：平缝、平凹缝、平凸缝、半圆凹缝、半圆凸缝和三角凸缝等）。

4）块料饰面板是指石材饰面板（如天然大理石、花岗石、人造大理石、预制水磨石饰面板等）、陶瓷面砖（内墙彩釉面瓷砖、外墙面砖、陶瓷锦砖、大型陶瓷棉面板等）、玻璃面砖（玻璃锦砖、玻璃面砖等）、金属饰面板（彩色不锈钢板、彩色涂色钢板、镜面不锈钢饰面板、铝合金板、复合铝板、铝塑板等）、塑料饰面板（塑料贴面饰面板、聚酯装饰板、聚氯乙烯塑料饰面板、玻璃钢饰面板、复塑中密度纤维板等）、木质饰面板（胶合板、夹层板、细木工板、硬质纤维板、刨花板、建筑纸面草板、水泥木属板、灰板条等）。

5）挂贴方式是对大规格的石材（如大理石、花岗石、青石等）使用先挂后灌浆的方式固定于墙、柱面。

6）干挂方式分为直接干挂法和间接干挂法。直接干挂法是通过不锈钢膨胀螺栓、不锈钢挂件、不锈钢连接件、不锈钢钢针等，将外墙饰面板连接在外墙墙面。间接干挂法是通过固定在墙、柱、梁上的龙骨，再通过各种挂件固定外墙饰面板。

7）嵌缝材料指嵌缝砂浆、嵌缝油膏、密封水等材料。

8）防护材料指石材等防碱背涂处理剂和面层防酸涂剂等。

9）基层材料通常指面层内的底板材料，如木墙裙、木护墙、木板隔墙等，在龙骨上粘贴或铺钉一层加强面层的结合底板。

3. 工程量计算规则

1）墙面抹灰。工程量清单项目设置及工程量计算规则，应按表 6-14 的规定执行。

表 6-14 墙面抹灰（编码：020201）

<table>
<tr><th>项目编码</th><th>项目名称</th><th>项目特征</th><th>计量单位</th><th>工程量计算规则</th><th>工程内容</th></tr>
<tr><td>020201001</td><td>墙面一般抹灰</td><td rowspan="2">1. 墙体类型
2. 底层厚度、砂浆配合比
3. 面层厚度、砂浆配合比
4. 装饰面材料种类
5. 分格缝宽度、材料种类</td><td rowspan="3">m^2</td><td rowspan="3">按设计图示尺寸以面积计算。扣除墙裙、门窗洞口及单个 $0.3m^2$ 以上的孔洞面积，不扣除踢脚线、挂镜线和墙与构件交接处的面积，门窗洞口和孔洞的侧壁及顶面不增加面积。附墙柱、梁、垛、烟囱侧壁并入相应的墙面面积内
1. 外墙抹灰面积按外墙垂直投影面积计算
2. 外墙裙抹灰面积按其长度乘以高度计算
3. 内墙抹灰面积按主墙间的净长乘以高度计算
1）无墙裙的，高度按室内楼地面至天棚底面计算
2）有墙裙的，高度按墙裙顶至天棚底面计算
4. 内墙裙抹灰面按内墙净长乘以高度计算</td><td rowspan="2">1. 基层清理
2. 砂浆制作、运输
3. 底层抹灰
4. 抹面层
5. 抹装饰面
6. 勾分格缝</td></tr>
<tr><td>020201002</td><td>墙面装饰抹灰</td></tr>
<tr><td>020201003</td><td>墙面勾缝</td><td>1. 墙体类型
2. 勾缝类型
3. 勾缝材料种类</td><td>1. 基层清理
2. 砂浆制作、运输
3. 勾缝</td></tr>
</table>

2）柱面抹灰。工程量清单项目设置及工程量计算规则，应按表 6-15 的规定执行。

表 6-15 柱面抹灰（编码：02020）

<table>
<tr><th>项目编码</th><th>项目名称</th><th>项目特征</th><th>计量单位</th><th>工程量计算规则</th><th>工程内容</th></tr>
<tr><td>020202001</td><td>柱面一般抹灰</td><td rowspan="2">1. 柱体类型
2. 底层厚度、砂浆配合比
3. 面层厚度、砂浆配合比
4. 装饰面材料种类
5. 分格缝宽度、材料种类</td><td rowspan="3">m^2</td><td rowspan="3">按设计图示柱断面周长乘以高度以面积计算</td><td rowspan="2">1. 基层清理
2. 砂浆制作、运输
3. 底层抹灰
4. 抹面层
5. 抹装饰面
6. 勾分格缝</td></tr>
<tr><td>020202002</td><td>柱面装饰抹灰</td></tr>
<tr><td>020202003</td><td>柱面勾缝</td><td>1. 墙体类型
2. 勾缝类型
3. 勾缝材料种类</td><td>1. 基层清理
2. 砂浆制作、运输
3. 勾缝</td></tr>
</table>

3）零星抹灰。工程量清单项目设置及工程量计算规则，应按表 6-16 的规定执行。

表 6-16 零星抹灰（编码：020203）

<table>
<tr><th>项目编码</th><th>项目名称</th><th>项目特征</th><th>计量单位</th><th>工程量计算规则</th><th>工程内容</th></tr>
<tr><td>020203001</td><td>零星项目一般抹灰</td><td rowspan="2">1. 墙体类型
2. 底层厚度、砂浆配合比
3. 面层厚度、砂浆配合比
4. 装饰面材料种类
5. 分格缝宽度、材料种类</td><td rowspan="2">m^2</td><td rowspan="2">按设计图示尺寸以面积计算</td><td rowspan="2">1. 基层清理
2. 砂浆制作、运输
3. 底层抹灰
4. 抹面层
5. 抹装饰面
6. 勾分格缝</td></tr>
<tr><td>020203002</td><td>零星项目装饰抹灰</td></tr>
</table>

4）墙面镶贴块料。工程量清单项目设置及工程量计算规则，应按表 6-17 的规定执行。

表 6-17 墙面镶贴块料（编码：020204）

项目编码	项目名称	项目特征	计量单位	工程量计算规则	工程内容
020204001	石材墙面	1. 墙体类型 2. 底层厚度、砂浆配合比 3. 粘结层厚度、材料种类 4. 挂贴方式 5. 干挂方式（膨胀螺栓、钢龙骨） 6. 面层材料品种、规格、品牌、颜色 7. 缝宽、嵌缝材料种类 8. 防护材料种类 9. 磨光、酸洗、打蜡要求	m^2	按设计图示尺寸以镶贴表面积计算	1. 基层清理 2. 砂浆制作、运输 3. 底层抹灰 4. 结合层铺贴 5. 面层铺贴 6. 面层挂贴 7. 面层干挂 8. 嵌缝 9. 刷防护材料 10. 磨光、酸洗、打蜡
020204002	碎拼石材墙面				
020204003	块料墙面				
020204004	干挂石材钢骨架	1. 骨架种类、规格 2. 油漆品种、刷有遍数	t	按设计图示尺寸以质量计算	1. 骨架制作、运输、安装 2. 骨架油漆

5）零星镶贴块料。工程量清单项目设置及工程量计算规则，应按表 6-18 的规定执行。

表 6-18 零星镶贴块料（编码：020206）

项目编码	项目名称	项目特征	计量单位	工程量计算规则	工程内容
020206001	石材零星项目	1. 柱、墙体类型 2. 底层厚度、砂浆配合比 3. 粘结层厚度、材料种类 4. 挂贴方式 5. 干挂方式 6. 面层材料品种、规格、品牌、颜色 7. 缝宽、嵌缝材料种类 8. 防护材料种类 9. 磨光、酸洗、打蜡要求	m^2	按设计图示尺寸以镶贴表面积计算	1. 基层清理 2. 砂浆制作、运输 3. 底层抹灰 4. 结合层铺贴 5. 面层铺贴 6. 面层挂贴 7. 面层干挂 8. 嵌缝 9. 刷防护材料 10. 磨光、酸洗、打蜡
020206002	拼碎石材零星项目				
020206003	块料零星项目				

6）柱面镶贴块料。工程量清单项目设置及工程量计算规则，应按表 6-19 的规定执行。

表 6-19 柱面镶贴块料（编码：020205）

项目编码	项目名称	项目特征	计量单位	工程量计算规则	工程内容
020205001	石材柱面	1. 柱体类型 2. 柱截面类型、尺寸 3. 底层厚度、砂浆配合比 4. 粘结层厚度、材料种类 5. 挂贴方式 6. 干贴方式 7. 面层材料品种、规格、品牌、颜色 8. 缝宽、嵌缝材料种类 9. 防护材料种类 10. 磨光、酸洗、打蜡要求	m²	按设计图示尺寸以镶贴表面积计算	1. 基层清理 2. 砂浆制作、运输 3. 底层抹灰 4. 结合层铺贴 5. 面层铺贴 6. 面层挂贴 7. 面层干挂 8. 嵌缝 9. 刷防护材料 10. 磨光、酸洗、打蜡
020205002	拼碎石材柱面				
020205003	块料柱面				
020205004	石材梁面	1. 底层厚度、砂浆配合比 2. 粘结层厚度、材料种类 3. 面层材料品种、规格、品牌、颜色 4. 缝宽、嵌缝材料种类 5. 防护材料种类 6. 磨光、酸洗、打蜡要求			1. 基层清理 2. 砂浆制作、运输 3. 底层抹灰 4. 结合层铺贴 5. 面层铺贴 6. 面层挂贴 7. 嵌缝 8. 刷防护材料 9. 磨光、酸洗、打蜡
020205005	块料梁面				

7）墙饰面。工程量清单项目设置及工程量计算规则，应按表 6-20 的规定执行。

表 6-20 墙饰面（编码：020207）

项目编码	项目名称	项目特征	计量单位	工程量计算规则	工程内容
020207001	装饰板墙面	1. 墙体类型 2. 底层厚度、砂浆配合比 3. 龙骨材料种类、规格、中距 4. 隔离层材料种类、规格 5. 基层材料种类、规格 6. 面层材料品种、规格、品牌、颜色 7. 压条材料种类、规格 8. 防护材料种类 9. 油漆品种、刷漆遍数	m²	按设计图示墙净长乘以净高以面积计算。扣除门窗洞口及单个 0.3m² 以上的孔洞所占面积	1. 基层清理 2. 砂浆制作、运输 3. 底层抹灰 4. 龙骨制作、运输、安装 5. 钉隔离层 6. 基层铺钉 7. 面层铺贴 8. 刷防护材料、油漆

8）柱（梁）饰面。工程量清单项目设置及工程量计算规则，应按表 6-21 的规定执行。

表6-21　柱（梁）饰面（编码：020208）

项目编码	项目名称	项目特征	计量单位	工程量计算规则	工程内容
020208001	柱（梁）面装饰	1. 柱（梁）体类型 2. 底层厚度、砂浆配合比 3. 龙骨材料种类、规格、中距 4. 隔离层材料种类 5. 基层材料种类、规格 6. 面层材料品种、规格、品种、颜色 7. 压条材料种类、规格 8. 防护材料种类 9. 油漆品种、刷漆遍数	m^2	按设计图示饰面外围尺寸以面积计算。柱帽、柱墩并入相应柱饰面工程量内	1. 清理基层 2. 砂浆制作、运输 3. 底层抹灰 4. 龙骨制作、运输、安装 5. 钉隔离层 6. 基层铺钉 7. 面层铺贴 8. 刷防护材料、油漆

9）隔断。工程量清单项目设置及工程量计算规则，应按表6-22的规定执行。

表6-22　隔断（编码：020209）

项目编码	项目名称	项目特征	计量单位	工程量计算规则	工程内容
020209001	隔断	1. 骨架、边框材料种类、规格 2. 隔板材料品种、规格、品牌、颜色 3. 嵌缝、塞口材料品种 4. 压条材料品种 5. 防护材料种类 6. 油漆品种、刷漆遍数	m^2	按设计图示框外围尺寸以面积计算。扣除单个$0.3m^2$以上的孔洞所占面积；浴厕门的材质与隔断相同时，门的面积并入隔断面积内	1. 骨架及边框制作、运输、安装 2. 隔板制作、运输、安装 3. 嵌缝、塞口 4. 装钉压条 5. 刷防护材料、油漆

10）幕墙。工程量清单项目设置及工程量计算规则，应按表6-23的规定执行。

表6-23　幕墙（编码：0202010）

项目编码	项目名称	项目特征	计量单位	工程量计算规则	工程内容
020210001	带骨架幕墙	1. 骨架材料种类、规格、中距 2. 面层材料品种、规格、品种、颜色 3. 面层固定方式 4. 嵌缝、塞口材料种类	m^2	按设计图示框外围尺寸以面积计算。与幕墙同种材质的窗所占面积不扣除	1. 骨架制作、运输、安装 2. 面层安装 3. 嵌缝、塞口 4. 清洗
020210002	全玻幕墙	1. 玻璃品种、规格、品牌、颜色 2. 粘结塞口材料种类 3. 固定方式		按设计图示尺寸以面积计算。带肋全玻璃幕墙按展开面积计算	1. 幕墙安装 2. 嵌缝、塞口 3. 清洗

11）其他相关问题应按下列规定处理：

① 石灰砂浆、水泥砂浆、水泥混合砂浆、聚合物水泥砂浆、麻刀石灰、纸筋石灰、石膏灰等的抹灰应按表6-14中一般抹灰项目编码列项；水刷石、斩假石（剁斧石、剁假石）、干粘石、假面砖等的抹灰应按表6-14中装饰抹灰项目编码列项。

② $0.5m^2$以内少量分散的抹灰和镶贴块料面层，应按表6-14和表6-18中相关项目编码列项。

4. 有关工程内容的说明

1）“抹面层”是指一般抹灰的面层，一般抹灰分普通抹灰、中级抹灰、高级抹灰三种。普通抹灰由一层底层和一层面层或不分层一遍成活，中级抹灰由一层底层、一层中层和一层面层或一层底层、一层面层成活，高级抹灰由一层底层、数层中层和一层面层成活。

2）“抹装饰面”是指装饰抹灰（抹底灰、涂刷107胶溶液、刮或刷水泥浆液、抹中层、抹装饰面层）的面层。

6.5.3 天棚工程

天棚工程共3节9个项目。包括天棚抹灰、天棚吊顶、天棚其他装饰。以下内容适用于天棚装饰装修工程。

1. 有关项目的说明

1）天棚的检查孔、天棚内的检修走道、灯槽等应包括在报价内。

2）天棚吊顶的平面、跌级、锯齿形、阶梯形、吊挂式、藻井式以及矩形、圆弧形、拱形等应在清单项目中进行特征描述。

2. 有关项目特征的说明

在项目特征中应描述天棚基层类型和材料、龙骨类型及其间距、天棚材料、空调送风、回风口情况、筒灯与格栅情况等内容。

1）“天棚抹灰”项目基层类型有混凝土现浇板、预制混凝土板、木板条等。

2）龙骨类型有上人或不上人，以及平面、跌级、锯齿形、阶梯形、吊挂式、藻井式及矩形、圆弧形、拱形等类型。

3）基层材料是指底板或面层背后的加强材料。

4）龙骨中距是指相邻龙骨中线之间的距离。

5）天棚面层品种繁多，主要有：

① 石膏板，包括纸面石膏板、装饰石膏板、吸声穿孔石膏板、嵌装式装饰石膏等。

② 埃特板、装饰吸声罩面板，包括矿棉装饰吸声板、贴塑矿（岩）棉吸声板、膨胀珍珠岩石装饰吸声制品、玻璃棉装饰吸声板等。

③ 塑料装饰罩面板，包括聚苯乙烯泡沫塑料装饰吸声板、聚氯乙烯塑料天花板、钙塑泡沫装饰吸声板等。

④ 纤维水泥加压板，包括穿孔吸声石棉水泥板和轻质硅酸钙吊顶板等。

⑤ 金属装饰板，包括铝合金罩面板、金属微孔吸声板和铝合金单体构件等。

⑥ 木质饰板，包括胶合板、薄板、板条、水泥木丝板和刨花板等。

⑦ 玻璃饰面，包括镜面玻璃和镭射玻璃等。

6）格栅吊顶面层的规定适用于木格栅、金属格栅、玻璃类格栅等。

7）吊筒吊顶适用于按材质划分的木（竹）质吊筒、金属吊筒、塑料吊筒以及按几何形状划分的圆形、矩形、扁钟形吊筒等。

8）灯带格栅有不锈钢格栅、铝合金格栅、玻璃类格栅等。

9）送风口、回风口的有关规定适用于木质、金属、塑料风口。

3. 工程量计算规则

1）天棚抹灰。工程量清单项目设置及工程量计算规则，应按表6-24的规定执行。

表 6-24　天棚抹灰（编码：020301）

项目编码	项目名称	项目特征	计量单位	工程量计算规则	工程内容
020301001	天棚抹灰	1. 基层类型 2. 抹灰厚度、材料种类 3. 装饰线条道数 4. 砂浆配合比	m^2	按设计图示尺寸以水平投影面积计算。不扣除间壁墙、垛、柱、附墙烟囱、检查口和管道所占的面积，带梁天棚、梁两侧抹灰面积并入天棚面积内，板式楼梯地面抹灰按斜面积计算，锯齿形楼梯底板抹灰按展开面积计算	1. 基层清理 2. 底层抹灰 3. 抹面层 4. 抹装饰线条

2）天棚吊顶。工程量清单项目设置及工程量计算规则，应按表 6-25 的规定执行。

表 6-25　天棚吊顶（编码：020302）

项目编码	项目名称	项目特征	计量单位	工程量计算规则	工程内容
020302001	天棚吊顶	1. 吊顶形式 2. 龙骨类型、材料种类、规格、中距 3. 基层材料种类、规格 4. 面层材料品种、规格、品牌、颜色 5. 压条材料种类、规格 6. 嵌缝材料种类 7. 防护材料种类 8. 油漆品种、刷漆遍数	m^2	按设计图示尺寸以水平投影面积计算。天棚面中的灯槽及跌级、锯齿形、吊挂式、藻井式天棚面积不展开计算。不扣除间壁墙、检查口、附墙烟囱、柱垛和管道所占面积，扣除单个 $0.3m^2$ 以外的孔洞、独立柱及与天棚相连的窗帘盒所占的面积	1. 基层清理 2. 龙骨安装 3. 基层板铺贴 4. 面层铺贴 5. 嵌缝 6. 刷防护材料、油漆
020302002	格栅吊顶	1. 龙骨类型、材料种类、规格、中距 2. 基层材料种类、规格 3. 面层材料品种、规格、品牌、颜色 4. 防护材料种类 5. 油漆品种、刷漆遍数		按设计图示尺寸以水平投影面积计算	1. 基层清理 2. 底层抹灰 3. 安装龙骨 4. 基层板铺贴 5. 面层铺贴 6. 刷防护材料、油漆
020302003	吊筒吊顶	1. 底层厚度、砂浆配合比 2. 吊筒形状、规格、颜色、材料种类 3. 防护材料种类 4. 油漆品种、刷漆遍数			1. 基层清理 2. 底层抹灰 3. 吊筒安装 4. 刷防护材料、油漆
020302004	藤条造型悬挂吊顶	1. 底层厚度、砂浆配合比 2. 骨架材料种类、规格 3. 面层材料品种、规格、颜色 4. 防护层材料种类 5. 油漆品种、刷漆遍数			1. 基层清理 2. 底层抹灰 3. 龙骨安装 4. 铺贴面层 5. 刷防护材料、油漆
020302005	织物软雕吊顶				
020302006	网架（装饰）吊顶	1. 底层厚度、砂浆配合比 2. 面层材料品种、规格、颜色 3. 防护材料品种 4. 油漆品种、刷漆遍数			1. 基层清理 2. 底面抹灰 3. 面层安装 4. 刷防护材料、油漆

3）天棚其他装饰。工程量清单项目设置及工程量计算规则，应按表 6-26 的规定执行。

表 6-26 天棚其他装饰（编码：020303）

项目编码	项目名称	项目特征	计量单位	工程量计算规则	工程内容
020303001	灯带	1. 灯带形式、尺寸 2. 格栅片材料品种、规格、品牌、颜色 3. 安装固定方式	m^2	按设计图示尺寸以框外围面积计算	安装、固定
020303002	送风口、回风口	1. 风口材料品种、规格、品牌、颜色 2. 安装固定方式 3. 防护材料种类	个	按设计图示数量计算	1. 安装、固定 2. 刷防护材料

4）采光天棚和天棚设保温隔热吸声层时，应按建筑工程中的防腐、隔热、保温工程相关项目编码列项。

4. 有关工程内容的说明

“抹装饰线条”线角的道数以一个突出的棱角为一道线，应在报价时注意。

6.5.4 门窗工程

门窗工程共 9 节 57 个项目，包括木门、金属门、金属卷帘门、其他门、木窗、金属窗、门窗套、窗帘盒、窗帘轨、窗台板。以下内容适用于门窗工程。

工程内容包括门、窗的制作、运输、安装；五金、玻璃、启动装置的安装；刷防护材料、油漆等。

1. 有关项目的说明

1）木门窗五金包括折页、插锁、风钩、弓背拉手、搭扣、弹簧折页（自动门）、管子拉手（自由门，地弹门）、地弹簧（地弹门）、滑轮、滑轨、门轧头、铁角、木螺钉等。

2）铝合金门窗五金包括卡锁、滑轮、铰拉、执手、拉把、拉手、风撑、角码、牛角制、地弹簧、门锁、门插、门铰、螺钉等。

3）其他门五金包括球形执手锁、L 型执手锁、门轧头、地锁、门眼、门碰珠、防盗门扣、电子销（磁卡销）、闭门器、装饰拉手等。

4）门窗框与洞口之间缝隙的填塞应包括在报价内。

5）实木装饰门项目也适用于竹压板装饰门。

6）转门项目适用于人力推动和电子感应转门。

7）“特殊五金”项目指贵重五金及业主认为应单独列项的五金配件。

8）玻璃、百叶面积占其门扇面积一半以内者应为半玻门或半百叶门，超过一半时应为全玻门或全百叶门。

2. 有关项目特征的说明

在项目特征说明中，应描述门窗的类型，门窗框断面尺寸，门窗材质、品牌、特殊五金件名及门窗套等内容。

1）项目特征中的门窗类型是指带亮子或不带亮子、带纱或不带纱、单扇、双扇或三扇、全百叶或半百叶、全玻璃或半玻璃、全玻璃自由门或半玻璃自由门、带门框或不带门框、单独门框和开启方式（平开、推拉、折叠）等。

2）框截面尺寸（或面积）指边立挺截面尺寸（或面积）。

3）凡面层材料有品种、规格、品牌、颜色要求的，应在工程量清单中进行描述。

4）特殊五金名称是指拉手、门锁、窗锁等，用途是指具体使用的门或窗，应在工程量清单中进行描述。

5）门窗套、贴脸板、筒子板和窗台板项目，包括底层抹灰，如底层抹灰已包括在墙、柱面底层抹灰内，应在工程量清单中进行描述。

3. 有关工程量计算规则

1）木门。工程量清单项目设置及工程量计算规则，应按表 6-27 的规定执行。

表 6-27　木门（编码：020401）

<table>
<tr><th>项目编码</th><th>项目名称</th><th>项目特征</th><th>计量单位</th><th>工程量计算规则</th><th>工程内容</th></tr>
<tr><td>020401001</td><td>镶板木门</td><td rowspan="4">1. 门类型
2. 框截面尺寸、单扇面积
3. 骨架材料种类
4. 面层材料品种、规格、品牌、颜色
5. 玻璃品种、厚度、五金材料、品种、规格
6. 防护层材料种类
7. 油漆品种、刷漆遍数</td><td rowspan="8">樘/m²</td><td rowspan="8">按设计图示数量或设计图示洞口尺寸以面积计算</td><td rowspan="8">1. 门制作、运输、安装
2. 五金、玻璃安装
3. 刷防护材料、油漆</td></tr>
<tr><td>020401002</td><td>企口木板门</td></tr>
<tr><td>020401003</td><td>实木装饰门</td></tr>
<tr><td>020401004</td><td>胶合板门</td></tr>
<tr><td>020401005</td><td>夹板装饰门</td><td rowspan="3">1. 门类型
2. 框截面尺寸、单扇面积
3. 骨架材料种类
4. 防火材料种类
5. 门纱材料品种、规格
6. 面层材料品种、规格、品牌、颜色
7. 玻璃品种、厚度、五金材料、品种、规格
8. 防护材料种类
9. 油漆品种、刷漆遍数</td></tr>
<tr><td>020401006</td><td>木质防火门</td></tr>
<tr><td>020401007</td><td>木纱门</td></tr>
<tr><td>020401008</td><td>连窗门</td><td>1. 门窗类型
2. 框截面尺寸、单扇面积
3. 骨架材料种类
4. 面层材料品种、规格、品牌、颜色
5. 玻璃品种、厚度、五金材料、品种、规格
6. 防护材料种类
7. 油漆品种、刷漆遍数</td></tr>
</table>

2）金属门。工程量清单项目设置及工程量计算规则，应按表 6-28 的规定执行。

表 6-28　金属门（编码：020402）

项目编码	项目名称	项目特征	计量单位	工程量计算规则	工程内容
020402001	金属平开门	1. 门类型 2. 框材质、外围尺寸 3. 扇材质、外围尺寸 4. 玻璃品种、厚度、五金材料、品种、规格 5. 防护材料种类 6. 油漆品种、刷漆遍数	樘/m^2	按设计图示数量或设计图示洞口尺寸以面积计算	1. 门制作、运输、安装 2. 五金、玻璃安装 3. 刷防护材料、油漆
020402002	金属推拉门				
020402003	金属地弹门				
020402004	彩板门				
020402005	塑钢门				
020402006	防盗门				
020402007	钢质防火门				

3）金属卷帘门。工程量清单项目设置及工程量计算规则，应按表 6-29 的规定执行。

表 6-29　金属卷帘门（编码：020403）

项目编码	项目名称	项目特征	计量单位	工程量计算规则	工程内容
020403001	金属卷闸门	1. 门材质、框外围尺寸 2. 启动装置品种、规格、品牌 3. 五金材料、品种、规格 4. 刷防护材料种类 5. 油漆品种、刷漆遍数	樘/m^2	按设计图示数量或设计图示洞口尺寸以面积计算	1. 门制作、运输、安装 2. 启动装置、五金安装 3. 刷防护材料、油漆
020403002	金属格栅门				
020403003	防火卷帘门				

4）其他门。工程量清单项目设置及工程量计算规则，应按表 6-30 的规定执行。

表 6-30　其他门（编码：020404）

项目编码	项目名称	项目特征	计量单位	工程量计算规则	工程内容
020404001	电子感应门	1. 门材质、品牌、外围尺寸 2. 玻璃品种、厚度、五金材料、品种、规格 3. 电子配件品种、规格、品牌 4. 防护材料种类 5. 油漆品种、刷漆遍数	樘/m^2	按设计图示数量或设计图示洞口尺寸以面积计算	1. 门制作、运输、安装 2. 五金、电子配件安装 3. 刷防护材料油漆
020404002	转门				
020404003	电子对讲门				
020404004	电动伸缩门				
020404005	全玻门（带扇框）				1. 门制作、运输、安装 2. 五金安装 3. 刷防护材料、油漆
020404006	全玻自由门（无扇框）	1. 门类型 2. 框材质、外围尺寸 3. 扇材质、外围尺寸 4. 玻璃品种、厚度、五金材料、品种、规格 5. 防护材料种类 6. 油漆品种、刷漆遍数			
020404007	半玻门（带扇框）				
020404008	镜面不锈钢饰面门				1. 门扇骨架及基层制作、运输、安装 2. 包面层 3. 五金安装 4. 刷防护材料

5）木窗。工程量清单项目设置及工程量计算规则，应按表 6-31 的规定执行。

6）金属窗。工程量清单项目设置及工程量计算规则，应按表 6-32 的规定执行。

7）门窗套。工程量清单项目设置及工程量计算规则，应按表 6-33 的规定执行。

8）窗帘盒、窗帘轨。工程量清单项目设置及工程量计算规则，应按表 6-34 的规定执行。

表 6-31　木窗（编码：020405）

<table>
<tr><th>项目编码</th><th>项目名称</th><th>项目特征</th><th>计量单位</th><th>工程量计算规则</th><th>工程内容</th></tr>
<tr><td>020405001</td><td>木质平开窗</td><td rowspan="9">1. 窗类型
2. 框材质、外围尺寸
3. 扇材质、外围尺寸
4. 玻璃品种、厚度、五金材料、品种、规格
5. 防护材料种类
6. 油漆品种、刷漆遍数</td><td rowspan="9">樘/m^2</td><td rowspan="9">按设计图示数量或设计图示洞口尺寸以面积计算</td><td rowspan="9">1. 窗制作、运输、安装
2. 五金、玻璃安装
3. 刷防护材料、油漆</td></tr>
<tr><td>020405002</td><td>木质推拉窗</td></tr>
<tr><td>020405003</td><td>矩形木百叶窗</td></tr>
<tr><td>020405004</td><td>异形木百叶窗</td></tr>
<tr><td>020405005</td><td>木组合窗</td></tr>
<tr><td>020405006</td><td>木天窗</td></tr>
<tr><td>020405007</td><td>矩形木固定窗</td></tr>
<tr><td>020405008</td><td>异形木固定窗</td></tr>
<tr><td>020405009</td><td>装饰空花木窗</td></tr>
</table>

表 6-32　金属窗（编码：020406）

<table>
<tr><th>项目编码</th><th>项目名称</th><th>项目特征</th><th>计量单位</th><th>工程量计算规则</th><th>工程内容</th></tr>
<tr><td>020406001</td><td>金属推拉窗</td><td rowspan="9">1. 窗类型
2. 框材质、外围尺寸
3. 扇材质、外围尺寸
4. 玻璃品种、厚度、五金材料、品种、规格
5. 防护材料种类
6. 油漆品种、刷漆遍数</td><td rowspan="9">樘/m^2</td><td rowspan="9">按设计图示数量或设计图示洞口尺寸以面积计算</td><td rowspan="9">1. 窗制作、运输、安装
2. 五金、玻璃安装
3. 刷防护材料、油漆</td></tr>
<tr><td>020406002</td><td>金属平开窗</td></tr>
<tr><td>020406003</td><td>金属固定窗</td></tr>
<tr><td>020406004</td><td>金属百叶窗</td></tr>
<tr><td>020406005</td><td>金属组合窗</td></tr>
<tr><td>020405006</td><td>彩板窗</td></tr>
<tr><td>020406007</td><td>塑钢窗</td></tr>
<tr><td>020406008</td><td>金属防盗窗</td></tr>
<tr><td>020406009</td><td>金属格栅窗</td></tr>
<tr><td>020406010</td><td>特殊五金</td><td>1. 五金名称、用途
2. 五金材料、品种、规格</td><td>个/套</td><td>按设计图示数量计算</td><td>1. 五金安装
2. 刷防护材料、油漆</td></tr>
</table>

表 6-33 门窗套（编码：020407）

项目编码	项目名称	项目特征	计量单位	工程量计算规则	工程内容
020407001	木门窗套	1. 底层厚度、砂浆配合比 2. 立筋材料种类、规格 3. 基层材料种类 4. 面层材料品种、规格、品种、品牌、颜色 5. 防护材料种类 6. 油漆品种、刷油遍数	m^2	按设计图示尺寸以展开面积计算	1. 清理基层 2. 底层抹灰 3. 立筋制作、安装 4. 基层板安装 5. 面层铺贴 6. 刷防护材料、油漆
020407002	金属门窗套				
020407003	石材门窗套				
020407004	门窗木贴脸				
020407005	硬木筒子板				
020407006	饰面夹板筒子板				

表 6-34 窗帘盒、窗帘轨（编码：020408）

项目编码	项目名称	项目特征	计量单位	工程量计算规则	工程内容
020408001	木窗帘盒	1. 窗帘盒材质、规格、颜色 2. 窗帘轨材质、规格 3. 防护材料种类 4. 油漆种类、刷漆遍数	m	按设计图示尺寸以长度计算	1. 制作、运输、安装 2. 刷防护材料、油漆
020408002	饰面夹板、塑料窗帘盒				
020408003	金属窗帘盒				
020408004	窗帘轨				

9）窗台板。工程量清单项目设置及工程量计算规则，应按表 6-35 的规定执行。

表 6-35 窗台板（编码：020409）

项目编码	项目名称	项目特征	计量单位	工程量计算规则	工程内容
020409001	木窗台板	1. 找平层厚度、砂浆配合比 2. 窗台板材质、规格、颜色 3. 防护材料种类 4. 油漆种类、刷漆遍数	m	按设计图示尺寸以长度计算	1. 基层清理 2. 抹找平层 3. 窗台板制作、安装 4. 刷防护材料、油漆
020409002	塑料窗台板				
020409003	石材窗台板				
020409004	金属窗台板				

4. 有关工程量计算的说明

1）门窗工程量均以“樘”计算，如遇框架结构的连续长窗也以“樘”计算，但对连续长窗的扇数和洞口尺寸应在工程量清单中进行描述。

2）门窗套、门窗贴脸、筒子板“以展开面积计算”，即指按铺钉的面积计算。

3）窗帘盒、窗台板，如为弧形时，其长度以中心线计算。

5. 有关工程内容的说明

1）木门窗的制作应考虑木材的干燥损耗、刨光损耗、下料后备长度、门窗走头所增加的体积。

2）防护材料包括防火、防腐、防虫、防潮、耐磨、耐老化等材料，应根据清单项目要求报价。

6.5.5 油漆、涂料、裱糊工程

油漆、涂料、裱糊工程共 9 节 29 个项目，包括门油漆、窗油漆、扶手及其他板条、线条油漆、木材面油漆、金属面油漆、抹灰面油漆、喷刷涂料和裱糊等。适用于门窗油漆、金属、抹灰面油漆工程。工程内容主要有基层清理、刮腻子、刷防护材料或油漆等。

1. 有关项目的说明

1）有关项目中已包括油漆、涂料的不再单独按本部分内容列项。

2）连窗门可按门油漆项目编码列项。

3）木扶手应区分带托板与不带托板，分别编码列项。

2. 有关工程特征的说明

1）门油漆应区分单层木门、双层（一玻一纱）木门、双层（单裁口）木门、全玻自由门、半玻自由门、装饰门及有框门或无框门等，分别编码列项。

2）窗油漆应区分单层玻璃窗、双层（一玻一纱）木窗、双层框扇（单裁口）木窗、双层框三层（二玻一纱）木窗、单层组合窗、双层组合窗、木百叶窗、木推拉窗等，分别编码列项。

3）腻子种类分石膏油腻子（熟桐油、石膏粉、适量水）、胶腻子（大白、色粉、羧甲基纤维素）、漆片腻子（漆片、酒精、石膏粉、适量色粉）、油腻子（矾石粉、桐油、脂肪酸、松香）等。

4）刮腻子要求，分刮腻子遍数（道数）或满刮腻子或找补腻子等。

3. 有关工程量计算规则

1）门油漆。工程最清单项目设置及工程量计算规则，应按表 6-36 的规定执行。

表 6-36 门油漆（编码：020501）

项目编码	项目名称	项目特征	计量单位	工程量计算规则	工程内容
020501001	门油漆	1. 门类型 2. 腻子种类 3. 刮腻子要求 4. 防护材料种类 5. 油漆品种、刷漆遍数	樘/m^2	按设计图示数量或设计图示单面洞口面积计算	1. 基层清理 2. 刮腻子 3. 刷防护材料、油漆

2）窗油漆。工程量清单项目设置及工程量计算规则，应按表 6-37 的规定执行。

表 6-37 窗油漆（编码：020502）

项目编码	项目名称	项目特征	计量单位	工程量计算规则	工程内容
020502001	窗油漆	1. 窗类型 2. 腻子种类 3. 刮腻子要求 4. 防护材料种类 5. 油漆品种、刷漆遍数	樘/m^2	按设计图示数量或设计图示单面洞口面积计算	1. 基层清理 2. 刮腻子 3. 刷防护材料、油漆

3）木扶手及其他板条线条油漆。工程量清单项目设置及工程量计算规则，应按表 6-38 的规定执行。

表 6-38 木扶手及其他板条线条油漆（编码：020503）

项目编码	项目名称	项目特征	计量单位	工程量计算规则	工程内容
020503001	木扶手油漆	1. 腻子种类 2. 刮腻子要求 3. 油漆体单位展开面积 4. 油漆体长度 5. 防护材料种类 6. 油漆品种、刷漆遍数	m	按设计图示尺寸以长度计算	1. 基层清理 2. 刮腻子 3. 刷防护材料油漆
020503002	窗帘盒油漆				
020503003	封檐板、顺水板油漆				
020503004	挂衣板、黑板框油漆				
020503005	挂镜线、窗帘棍、单独木线油漆				

4）木材面油漆。工程量清单项目设置及工程量计算规则，应按表 6-39 的规定执行。

表 6-39 木材面油漆（编码：020504）

项目编码	项目名称	项目特征	计量单位	工程量计算规则	工程内容
020504001	木板、纤维板、胶合板油漆	1. 腻子种类 2. 刮腻子要求 3. 防护材料种类 4. 油漆品种、刷漆遍数	m^2	按设计图示尺寸以面积计算	1. 基层清理 2. 刮腻子 3. 刷防护材料、油漆
020504002	木护墙、木墙裙油漆				
020504003	窗台板、筒子板、盖板、门窗套、踢脚线油漆				
020504004	清水板条天棚、檐口油漆				
020504005	木方格吊顶天棚油漆				
020504006	吸声板墙面、天棚面油漆				
020504007	暖气罩油漆				

（续）

项目编码	项目名称	项目特征	计量单位	工程量计算规则	工程内容
020504008	木间壁、木隔断油漆	1. 腻子种类 2. 刮腻子要求 3. 防护材料种类 4. 油漆品种、刷漆遍数	m^2	按设计图示尺寸以单面外围面积计算	1. 基层清理 2. 刮腻子 3. 刷防护材料、油漆
020504009	玻璃间壁露明墙筋油漆				
020504010	木栅栏、木栏杆（带扶手）油漆				
020504011	衣柜、壁柜油漆			按设计图示尺寸以油漆部分展开面积计算	
020504012	梁柱饰面油漆				
020504013	零星木装修油漆				
020504014	木地板油漆			按设计图示尺寸以面积计算。空洞、空圈、暖气包槽、壁龛的开口部分并入相应的工程量内	
020504015	木地板烫硬蜡面	1. 硬蜡品种 2. 面层处理要求			1. 基层清理 2. 烫蜡

5）金属面油漆。工程量清单项目设置及工程量计算规则，应按表6-40的规定执行。

表6-40 金属面油漆（编码：020505）

项目编码	项目名称	项目特征	计量单位	工程量计算规则	工程内容
020505001	金属面油漆	1. 腻子种类 2. 刮腻子要求 3. 防护材料种类 4. 油漆品种、刷漆遍数	t	按设计图示尺寸以质量计算	1. 基层清理 2. 刮腻子 3. 刷防护材料、油漆

6）抹灰面油漆。工程量清单项目设置及工程量计算规则，应按表6-41的规定执行。

表6-41 抹灰面油漆（编码：020506）

项目编码	项目名称	项目特征	计量单位	工程量计算规则	工程内容
020506001	抹灰面油漆	1. 基层类型 2. 线条宽度、道数 3. 腻子种类 4. 刮腻子要求 5. 防护材料种类 6. 油漆品种、刷漆遍数	m^2	按设计图示尺寸以面积计算	1. 基层清理 2. 刮腻子 3. 刷防护材料、油漆
020506002	抹灰线条油漆		m	按设计图示尺寸以长度计算	

7）喷塑、涂料。工程量清单项目设置及工程量计算规则，应按表6-42的规定执行。

表6-42　喷塑、涂料（编码：020507）

项目编码	项目名称	项目特征	计量单位	工程量计算规则	工程内容
020507001	刷喷涂料	1. 基层类型 2. 腻子种类 3. 刮腻子要求 4. 涂料品种、刷喷遍数	m^2	按设计图示尺寸以面积计算	1. 基层清理 2. 刮腻子 3. 刷、喷涂料

8）花饰、线条刷涂料。工程量清单项目设置及工程量计算规则，应按表6-43的规定执行。

表6-43　花饰、线条刷涂料（编码：020508）

项目编码	项目名称	项目特征	计量单位	工程量计算规则	工程内容
020508001	空花格、栏杆刷涂料	1. 腻子种类 2. 线条宽度 3. 刮腻子要求 4. 涂料品种、刷喷遍数	m^2	按设计图示尺寸以单面外围面积计算	1. 基层清理 2. 刮腻子 3. 刷、喷涂料
020508002	线条刷涂料		m	按设计图示尺寸以长度计算	

9）裱糊。工程量清单项目设置及工程量计算规则，应按表6-44的规定执行。

表6-44　裱糊（编码：020509）

项目编码	项目名称	项目特征	计量单位	工程量计算规则	工程内容
020509001	壁纸裱糊	1. 基层类型 2. 裱糊构件部位 3. 腻子种类 4. 刮腻子要求 5. 粘结材料种类 6. 防护材料种类 7. 面层材料品种、规格、品牌、颜色	m^2	按设计图示尺寸以面积计算	1. 基层清理 2. 刮腻子 3. 面层铺粘 4. 刷防护材料
020509002	织锦缎裱糊				

4. 有关工程量计算的说明

1）门、窗油漆按设计图示数量以“樘”计算。

2）木扶手工程量按中心线斜长计算，弯头长度应计算在扶手长度内。

3）窗帘盒、挂镜线、单独木线条、黑板框等油漆按设计图示尺寸长度以“m”计算。

4）对于木板、纤维板、胶合板油漆，单面油漆的按单面面积计算，双面油漆的按双面面积计算。

5）木护墙、木墙裙油漆按垂直投影面积计算。

6）窗台板、筒子板、盖板、门窗套、踢脚线油漆按水平或垂直投影面积（门窗套的贴脸板和筒子板垂直投影面积合并）计算。

7）清水板条天棚、檐口油漆、木方格吊顶天棚油漆以水平投影面积计算，不扣除空洞面积。

8）暖气罩油漆，垂直面按垂直投影面积计算，突出墙面的水平面按水平投影面积计算，不扣除空洞面积。

9）衣柜、壁柜油漆按设计图示尺寸以油漆部分展开面积计算。

10）柱、梁及零星木装饰面油漆按设计图示尺寸以油漆部分展开面积计算。

11）木地板油漆按设计图示尺寸以面积计算。空间、空圈、暖气包槽、壁龛的开口部分并入相应的工程量内。

12）金属面油漆按设计图示尺寸以质量（t）计算。

13）在抹灰面和抹灰线条上做油漆面，其工程量分别按设计图示尺寸以面积（m^2）和长度（m）计算。

14）刷喷涂料及壁纸裱糊均按设计图示尺寸以面积计算。

15）空花格、栏杆刷涂料，按设计图示尺寸以单面外围面积计算。

5. 有关工程内容的说明

1）有线角、线条、压条的油漆、涂料面的工料消耗应包括在报价内。

2）灰面的油漆、涂料，应注意基层的类型，如：一般抹灰墙柱面与拉条灰、拉毛灰、甩毛灰等油漆、涂料的耗工量与材料消耗量的不同。

3）空花格、栏杆刷涂料工程量按外框单面垂直投影面积计算，应注意其展开面积工料消耗应包括在报价内。

4）刮腻子应注意刮腻子遍数，是满刮，还是找补腻子。

5）壁纸和织锦缎的裱糊，应注意要求区别对花还是不对花的，因为对花要求相对费工、费材料，所以报价时应考虑。

6.5.6　其他工程

其他工程共 7 节 48 个项目，包括柜类、货架、暖气罩、浴厕配件、压条、装饰线、雨篷、旗杆、招牌、灯箱、美术字等项目。以下内容适用于装饰物件的制作、安装工程。

1. 有关项目的说明

1）厨房柜子分壁柜和吊柜，以嵌入墙内者为壁柜，以支架固定在墙上的为吊柜。

2）压条、装饰线项目已包括在门扇、墙柱面、天棚等项目内的，不再单独列项。

3）洗漱台项目适用于石质（天然石材、人造石材等）、玻璃等。

4）旗杆的砌砖或混凝土台座，其饰面可按土建工程和安装工程的有关章节另行编码列项，也可纳入旗杆报价内。

5）美术字不分字体，按大小规格分类。

2. 有关项目特征的说明

在项目特征说明中，应描述各类柜子的长度、宽度和高度的三维尺寸、镜面玻璃和灯箱的基层材料、项目的基层类型、旗杆高度、字体规格等内容。

1）柜台、货架工程量以“个”计算，按照能够分离的同规格的单体个数计算，如：柜台共有 6 个，规格为 1500mm×400mm×1200mm 的有 5 个，另有一个柜台规格为 1500mm×400mm×1150mm。

如一个组合书框分上、下两部分，下部为独立的矮柜，上部为敞开式的书柜，可以上、下两部分标注尺寸。

2）洗漱台的工程量按外接矩形计算，不扣除挖孔、切角所占面积。挡板是指镜面玻璃下边沿至洗漱台面和侧墙与台面接触部位的竖挡板（一般挡板与台面使用同种材料品种，不同材料品种应另行计算。）吊沿是指台面外边沿下方的竖挡板。挡板和吊沿的面积并入台面面积内计算。

3）镜面玻璃和灯箱等的基层材料是指玻璃背后的衬垫材料，如胶合板、油毡等。

4）装饰线和美术字的基层类型是指装饰线、美术字依托体的材料，如砖墙、木墙、石墙、混凝土墙、墙面抹灰、钢支架等。

5）旗杆高度指旗杆台座上表面至杆顶的尺寸（包括球珠）。

6）美术字的字体规格以字的外接矩形长、宽和字的厚度表示。固定方式指粘贴、焊接以及铁钉、螺栓、铆钉固定等方式。

3. 工程量计算规则

1）柜类、货架。工程量清单项目设置及工程量计算规则，应按表6-45的规定执行。

表6-45 柜类、货架（编码：020601）

项目编码	项目名称	项目特征	计量单位	工程量计算规则	工程内容
020601001	柜台	1. 台柜规格 2. 材料种类、规格 3. 五金种类、规格 4. 防护材料种类 5. 油漆品种、刷漆遍数	个	按设计图示数量计算	1. 台柜制作、运输、安装（安放） 2. 刷防护材料、油漆
020601002	酒柜				
020601003	衣柜				
020601004	存包柜				
020601005	鞋柜				
020601006	书柜				
020601007	厨房壁柜				
020601008	木壁柜				
020601009	厨房低柜				
020601010	厨房吊柜				
020601011	矮柜				
020601012	吧台背柜				
020601013	酒吧吊柜				
020601014	酒吧台				
020601015	展台				
020601017	试衣间				
020601019	书架				

2）暖气罩。工程量清单项目设置及工程量计算规则，应按表6-46的规定执行。

表 6-46　暖气罩（编码：020602）

项目编码	项目名称	项目特征	计量单位	工程量计算规则	工程内容
020602001	饰面板暖气罩	1. 暖气罩材质 2. 单个罩垂直投影面积 3. 防护材料种类 4. 油漆品种、刷漆遍数	m^2	按设计图示尺寸以垂直投影面积（不展开）计算	1. 暖气罩制作、运输、安装 2. 刷防护材料、油漆
020602002	塑料板暖气罩				
020602003	金属暖气罩				

3）浴厕配件。工程量清单项目设置及工程量计算规则，应按表 6-47 的规定执行。

表 6-47　浴厕配件（编码：020603）

项目编码	项目名称	项目特征	计量单位	工程量计算规则	工程内容
020603001	洗漱台	1. 材料品种、规格、品牌、颜色 2. 支架、配件品种、规格、品牌 3. 油漆品种、刷漆遍数	m^2	按设计图示尺寸以台面外接矩形面积计算。不扣除孔洞、挖弯、削角所占面积，挡板、吊沿板面积并入台面面积内	1. 台面及支架制作、运输、安装 2. 杆、环、盒、配件安装 3. 刷油漆
020603002	晒衣架		根（套）	按设计图示数量计算	
020603003	帘子杆				
020603004	浴缸拉手				
020603005	毛巾杆（架）				
020603006	毛巾环		副		
020603007	卫生纸盒		个		
020603008	肥皂盒				
020603009	镜面玻璃	1. 镜面玻璃品种、规格 2. 框材质、断面尺寸 3. 基层材料种类 4. 防护材料种类 5. 油漆品种、刷漆遍数	m^2	按设计图示尺寸以边框外围面积计算	1. 基层安装 2. 玻璃及框制作、运输、安装 3. 刷防护材料、油漆
020603010	镜箱	1. 箱材质、规格 2. 玻璃品种、规格 3. 基层材料种类 4. 防护材料种类 5. 油漆品种、刷漆遍数	个	按设计图示数量计算	1. 基层安装 2. 箱体制作、运输、安装 3. 玻璃安装 4. 刷防护材料、油漆

4）压条、装饰线。工程量清单项目设置及工程量计算规则，应按表6-48的规定执行。

表 6-48　压条、装饰线（编码：020604）

项目编码	项目名称	项目特征	计量单位	工程量计算规则	工程内容
020604001	金属装饰线	1. 基层类型 2. 线条材料品种、规格、颜色 3. 防护材料种类 4. 油漆品种、刷漆遍数	m	按设计图示尺寸以长度计算	1. 线条制作、安装 2. 刷防护材料、油漆
020604002	木质装饰线				
020604003	石材装饰线				
020604004	石膏装饰线				
020604005	镜面玻璃线				
020604006	铝塑装饰线				
020604007	塑料装饰线				

5）雨篷。工程量清单项目设置及工程量计算规则，应按表6-49的规定执行。

表 6-49　雨篷（编码：020605）

项目编码	项目名称	项目特征	计量单位	工程量计算规则	工程内容
020605001	雨篷吊挂饰面	1. 基层类型 2. 龙骨材料种类、规格、中距 3. 面层材料品种、规格、品牌 4. 吊顶（天棚）材料、品种、规格、品牌 5. 嵌缝材料种类 6. 防护材料种类 7. 油漆品种、刷漆遍数	m^2	按设计图示尺寸以水平投影面积计算	1. 底层抹灰 2. 龙骨基层安装 3. 面层安装 4. 刷防护材料、油漆

6）招牌、灯箱。工程量清单项目设置及工程量计算规则，应按表6-50的规定执行。

表 6-50　招牌、灯箱（编码：020606）

项目编码	项目名称	项目特征	计量单位	工程量计算规则	工程内容
020606001	平面、箱式招牌	1. 箱体规格 2. 基层材料种类 3. 面层材料种类 4. 防护材料种类 5. 油漆品种、刷漆遍数	m^2	按设计图示尺寸以正立面边框外围面积计算。复杂形状的凸凹造型部分不增加面积	1. 基层安装 2. 箱体及支架制作、运输、安装 3. 面层制作、安装 4. 刷防护材料、油漆
020606002	竖式标牌		个	按设计图示数量计算	
020606003	灯箱				

7）美术字。工程量清单项目设置及工程量计算规则，按表6-51的规定执行。

表 6-51 美术字（编码：020607）

项目编码	项目名称	项目特征	计量单位	工程量计算规则	工程内容
020607001	泡沫塑料字	1. 基层类型 2. 镌字材料品种、颜色 3. 字体规格 4. 固定方式 5. 油漆品种、刷漆遍数	个	按设计图示数量计算	1. 字制作、运输、安装 2. 刷油漆
020607002	有机玻璃字				
020607003	木质字				
020607004	金属字				

4. 有关工程内容的说明

1）柜台、货架工程量以“个”计算，每个柜台、货架应包括台柜、台面材料（石材、皮草、金属、实木等）、内隔板材料、连接件、配件等的费用。

2）洗漱台的报价已包括现场制作、切割、磨边等人工、机械的费用。

第7章 装饰装修工程施工图预算的编制与报价

装饰装修工程施工图预算是在施工图完成后，工程开工前编制的。它是招标、投标的依据，其工程量清单是招标文件的组成部分，其报价是拦标价的主要依据；是施工方施工前组织材料、机具、设备供应和生产工人配备的依据，是编制施工进度计划、统计工作量进行经济核算的依据；是银行拨付工程进度款的依据；是甲乙双方办理工程竣工结算的依据。

7.1 施工图预算的编制依据及步骤

7.1.1 编制依据

家居装饰装修工程一般是由建筑装饰和设备、电气照明，采暖、给排水、通风安装等多个专业单位工程所组成的。因此，单位工程预算编制要根据不同预算定额及相应的费用定额文件来进行。一般情况下，编制施工图预算应主要以下面文件资料作为依据。

(1) 设计资料　设计资料是编制预算的重要依据，它包括经过审批、会审后签字认可的设计施工图，设计说明书，设计选用的国家标准，市地标准和各种设备安装、构件、配件图集以及设计变更通知书等。

(2) 装饰装修工程计价定额及其有关文件　计价定额及其有关文件是编制工程预算的基本资料和计算标准，它包括经过双方同意的已批准执行的现行装饰装修计价定额、取费标准、单位估价表、该地区的人工工资标准及其他有关文件。

(3)《建设工程工程量清单计价规范》GB 50500—2008

(4) 施工组织设计或施工方案　经批准的施工组织设计是确定工程具体施工方法、施工进度计划、施工现场总平面布置等的主要施工技术文件，此类资料在计算工程量、选套定额项目及费用计算中都有重要作用。

(5) 工具书和手册等资料　为了便于计算，需要备有《五金手册》、材料及采购材料的市场价格等辅助资料。

(6) 装饰装修工程承包合同书或协议书　掌握建设方和施工方的工程合同内容或材料、设备、加工订货方面的分工也是施工图预算编制时不可缺少的依据。

(7) 材料基价和材料市场价格

(8) 其他　其他有关文件。

7.1.2 编制步骤

编制施工图预算应在设计交底及会审图样的基础上按以下步骤进行，如图7-1所示。

1. 搜集资料

搜集各种编制依据和资料，具体内容如下：

1）工程装饰装修施工合同或协议书。

2）一套完整的土建、安装工程施工图或原有建筑物的竣工图。安装工程施工图包括采暖、煤气、给排水、电气等工程图。

3）工程施工组织设计或施工方案。

4）装饰装修工程施工图和装饰方案效果图。

5）当地装饰装修工程预算定额、单位估价表和取费标准。

6）地区材料预算价格、运杂费标准、人工工日标准等。

7）装饰装修工程施工工艺做法。

8）编制预算手册。

9）其他有关的装饰装修工程文件和投资文件。

10）建设工程报价信息资料及有关报价文件。

11）有关法律规定等。

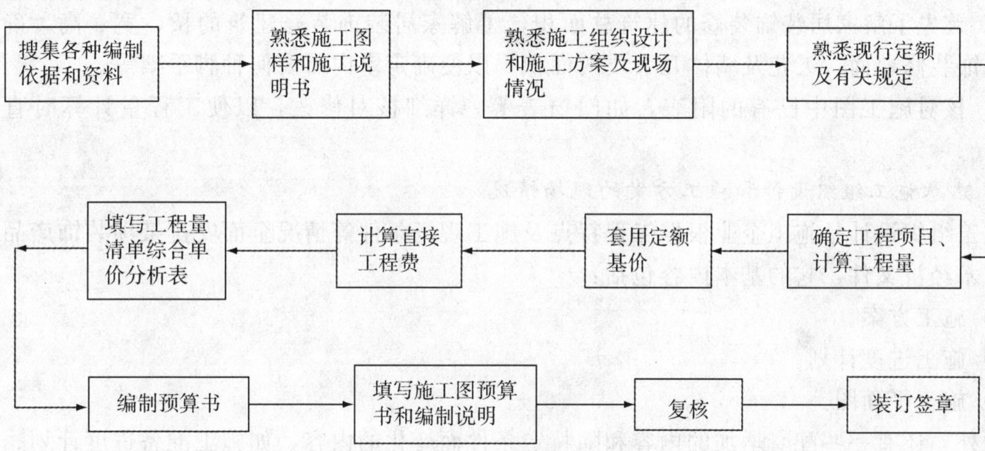

图7-1　施工图预算的编制步骤

2. 审阅、熟悉施工图样和施工说明书

施工图样是编制装饰装修工程施工图预算的重要依据，熟悉施工图样和施工说明书是编制工程预算的关键。因此，在编制施工图预算前必须熟悉设计图样和施工说明书，以排除编制过程中的障碍，防止遗漏施工图样中未涉及到，并在说明书中加以说明的一些项目。

设计施工图样和设计说明书中所表述的工程构造、材料品种、工艺过程及规格质量，为编制工程预算提供并确定了所应该套用的工程项目。施工图样中的各种设计尺寸、形体、材料的选用等，为确定分项工程和计算每个工程项目的数量提供了基础资料。

所以，只有在编制预算之前，对工程全貌和设计意图有了较全面、详细的了解后，才能结合定额项目划分的原则，正确地划分各分部分项工程项目；才能按照工程量的计算规则正确计算工程量及工程费用。如果在熟悉设计图样过程中发现问题，可及时向有关部门反映，以便纠正错误。

熟悉图样的内容包括以下项目：

（1）清点、整理图样　收到设计图样时，应该当面清点，清点时按照图样目录检查各类图样是否齐全，图样编号与图名是否一致，图样张数是否正确，逐一进行核对，发现缺损图样，应立即告知提供图样单位，查明原因，补齐或更正后，才可办理签收。

(2) 修改图样　按设计交底、图样会审要求和设计变更通知的内容，修改全套施工图样，以确保施工图预算编制的准确性、合理性。

(3) 熟悉施工图样　搜集完工程设计资料后，便可以开始阅读图样了。阅读图样时，掌握先面后点、先粗后细、先易后难的原则。具体方法是，先阅读工程总平面图，弄清工程内容和全貌、功能分配、装修内容、安装事宜、周围其他工程和相互关系，以及是单层还是跃层式空间等。然后，阅读施工图的设计总说明、施工用料说明、设计备忘录或补充设计修改说明等。要提高预算意识，以便后续工作中对工程量的列项计量、补充换算定额单价等；弄清楚设计补充、修改的内容及部位，及时做好注解和记录，以免错算或漏算。最后，阅读各工种施工图。

阅读施工图样的一般规律是：先装饰后结构，先形体后构造，先结点构件布局后断面详图。也就是说先整体后局部，先面后点，逐一加深概念。具体阅读内容如下：

1）首先了解家居装饰装修的建筑总面积，了解家居装饰装修建筑的长、宽、高，确定家居装饰装修地面、天花及墙体几大块的面积，以便确定室内需要何种脚手架等。

2）核对施工图中已有的附表，如门窗表等。详细核对修改，以便工程量计算时直接查用。

3. 熟悉施工组织设计和施工方案的现场情况

施工组织设计是施工企业根据工程特点及施工现场条件等情况全面安排某项装饰产品的施工技术经济文件，它的基本内容包括：

1）施工方案。

2）施工进度计划。

3）施工平面图。

此外，还有一些配套增加的内容和随特定条件而变化的内容，如施工准备进度计划、各类资源供应计划、工具用具进出场计划等。由于施工方案的不同直接影响工程造价，如机械选择、场地狭小引起材料多次搬运都应在施工组织设计中确定下来，它们与概预算项目的选用和费用的计算都有密切关系。所以要想提高编制概预算质量，就必须熟悉施工组织设计及现场实际情况。

4. 熟悉GB 50500—2008中《附录B 建筑装饰装修工程工程量清单项目及计算规则》及现行计价定额及有关规定

概预算定额单位估价表、取费标准及有关规定是编制预算的重要依据。对于本地区现行定额精神的理解程度，决定着编制施工图预算水平的高低。因此，为了提高施工图预算的编制质量，必须认真熟悉编制地区现行定额的全部内容和适用范围。

随着装饰装修行业的不断发展，新材料、新技术、新工艺的不断涌现和推广使用，有关定额部门对已颁布的定额经常进行补充和修改，所以概预算人员只有掌握定额的内容及使用方法，弄清楚定额项目的划分及各项目包括的内容，对适用范围、计量单位、工程量计算规则以及允许换算调整项目的条件和方法等都十分熟悉，才能准确、快速查找并合理使用。

再有，由于材料价格的调整，各地区也经常根据具体情况调整费用内容及费率标准等，这些资料都将直接体现在预算文件中。因此，掌握有关文件精神及规定是搞好工程预算工作不可缺少的一个方面。

如：某室内营造的流水、绿化装饰装修工程，既可套用装饰装修工程定额，也可套用园林绿化工程定额，而套用不同的预算定额，所得出的工程造价也是不同的。所以，编制预算时，应按照本地区现行定额的适用范围和工程性质来确定应选用的定额。

对于选用定额有争议的工程，在合同条款中应予以明确，或者在编制预算前，要先与装饰家庭磋商，以取得一致意见，然后再套用某种定额进行编制，以避免编制定额预算后，建设单位不同意而使预算无效。

再如，单位工程施工图预算中所列的分部工程名称，应根据GB 50500—2008《建设工程工程量清单计价规范》中《附录B建筑装饰装修工程工程量清单项目及计算规则》中的名称来确定。装饰装修工程包括：楼地面工程，墙柱工程，天棚工程，门窗工程，油漆、涂料、裱糊工程和其他工程6个分部工程。

每个分部工程中有若干个分项工程，如天棚工程中包括砂浆面层、天棚骨架、天棚面层及饰面和补充项目等分项工程。

每个分项工程中，又分若干个分项工程子目，如天棚骨架工程中包括天棚对剖圆木楞、天棚方木楞、轻钢龙骨、铝合金龙骨、吊灯等分项子目；涂料、裱糊分项工程中包括喷塑、喷涂料、裱糊等分项子目。

编制施工图预算前，应熟悉这些子目的名称、项目特征、工程内容、计量单位、工程量计算规则以及有关调整和换算单价的规定。只有这样，才能编制出高质量、高水平的施工图预算。

5. 确定工程项目（排列分项工程）、计算工程量

确定工程项目、计算工程量是一项十分细致的工作，装饰装修工程项目繁多，工作量较大，而且装饰装修工程的造价占建筑工程总造价的比例也越来越大，一般装饰为30%～40%，高级装饰为50%～70%，豪华型为70%以上，甚至更多。从以上对工作量和造价的分析，可以看出装饰装修工程预算工作的重要性。而在装饰装修预算中，确定工程项目、计算工程量是关键的环节，工程项目划分是否齐全，工程量计算是否正确都将影响预算的编制质量和速度。计算工作量时需注意以下几点：

1）计算工程量前先列项，应严格按照设计图样和定额中分部分项工程顺序列出所有的分项子目名称，分项子目的名称要与图样、定额一致，列项的同时标出定额编号，以便以后套用定额。因此在划分项目的时候一定要熟悉定额中该项目所包括的工程内容，如防静电楼地板工程，《辽宁省建筑装饰装修工程预算定额》中包括清理基层，定位，安支柱、横梁，铺地板，清理净面。所以，在确定项目时，清理基层、清理净面就不应另列项目重复计算。

2）计算工程量应严格按照设计图样尺寸和现行定额规定的工程量计算规则，遵循科学顺序，逐章计算各分项的工程量，不得随意加大或缩小部位尺寸，以免造成工程量计算中的误差，从而影响工程造价的准确性。

3）计算必须要准确。在计算工程量时，计算底稿要整洁，数字要清楚，项目部位要注明，计算精度要一致。工程量的资料一般精确到小数点后两位，钢材、木材及使用贵重材料的项目可精确到小数点后三位，或根据定额说明去做。

4）为了便于核对，计算工程量时需要注明层次、部位、轴线编号等。计算工程量按下

式，即

面积＝长×宽

体积＝长×宽×高（厚）

5）计量单位要一致。按施工图计算工程量时，各分项工程和工程量计量单位与定额中相应项目的计量单位一致，不能凭个人主观意志改变。

一是法定计量单位：毫米（mm）、厘米（cm）、米（m）、平方米（m^2）、立方米（m^3）、千克（kg）、吨（t）。

二是自然单位：个、件、座、组、套等。

6）计算工程量时要做到不重复计算和漏算，计算程序一般采用以下方法：

① 从施工图样左上角开始，按顺时针方向逐步计算，绕一周后再回到左上角为止。

② 按先横后竖、先左后右的顺序计算。

③ 按施工图样上注明不同项目的编号顺序进行计算。

无论采用以上哪种计算顺序计算，都应以不漏算、不重复为原则，在实际工作中可根据自己的习惯和经验灵活掌握。

6. 套用定额基价

套用定额子目包括正确选择项目和抄写定额基价，而正确选择定额项目则是至关重要的。应该区分哪些预算定额单价可以直接套用，哪些预算定额单价必须换算或补充。

凡是施工图样要求与预算定额同类子目内容完全一致，或者虽有些不同，但不允许换算者，都可以直接套用该子目的预算定额单价。凡是施工图样要求与预算定额某子目内容基本相同，但是所用材料的品种、规格或配比与定额中规定不同，或在操作上有特殊规定，定额又允许换算者，则必须按定额规定，将定额单价换算后方可套用，且在原定额编号后加添“换算”字样。凡是施工图样所示分项子目要求与预算定额分项子目的内容差异很大或是定额缺项的子目，均应编制补充定额单价，方法可以按编制定额单价的原则自行编制。

把计算好的各分项工程数量和单位分别填写到工程预算表中，再从定额或单位估价表中查出相应的分项工程定额编号、单价和定额材料用量，定额人工工日，机械台班等。

7. 计算工程直接工程费

将每一个分项子目的工程量分别乘以相应的预算单价，所得的值便是该分项子目的预算合价，再把所有分项子目的预算合价相加，即可得单位工程所有分项子目预算价格的小计，即单位工程的项目直接工程费，其中含有人工费、材料费和机械台班费。

单位工程项目费用＝Σ（分项子目工程量×相应的预算单价）

8. 工程量清单综合单价分析

随着市场经济的不断深入发展，装饰装修工程的人工费、材料费和机械台班费的变化频繁、浮动大，按定额单价编制的施工图预算造价已不能十分准确地反映建筑产品的价格，各地及各部门都进行实际动态管理，及时地调整在人工费、材料费、机械台班费及间接费等方面的差价。所以，编制施工图预算时，应根据定额子目的人工、材料和机械台班的消耗指标，计算出各分项子目所需用的各种材料数量和人工数量及其相应的费用。汇总后，即得到单位工程所需各种材料的总用量、总工日、总人工费，为计算价差、了解企业管理费和利润提供依据。工程量清单综合单价分析见表7-1。

表 7-1 工程量清单综合单价分析表

工程名称：×××三室两厅两卫装饰装修工程　　标段：1　　第1页 共3页

<table>
<tr><td>项目编码</td><td colspan="2">02030202</td><td colspan="2">项目名称</td><td colspan="3">格栅吊顶</td><td colspan="3">计量单位</td><td>m²</td></tr>
<tr><td colspan="12">清单综合单价组成明细</td></tr>
<tr><td rowspan="2">定额编号</td><td rowspan="2">定额名称</td><td rowspan="2">定额单位</td><td rowspan="2">数量</td><td colspan="4">单价/元</td><td colspan="4">合计/元</td></tr>
<tr><td>人工费</td><td>材料费</td><td>机械费</td><td>管理费和利润</td><td>人工费</td><td>材料费</td><td>机械费</td><td>管理费和利润</td></tr>
<tr><td>3-234</td><td>条形铝合金空腹格栅</td><td>100m²</td><td>0.5</td><td>628.33</td><td>10159.60</td><td>—</td><td>3020.62</td><td>314.17</td><td>5079.80</td><td>—</td><td>1510.31</td></tr>
<tr><td>⋮</td><td>⋮</td><td>⋮</td><td>⋮</td><td>⋮</td><td>⋮</td><td>⋮</td><td>⋮</td><td>⋮</td><td>⋮</td><td>⋮</td><td>⋮</td></tr>
<tr><td>人工单价</td><td colspan="7">小计</td><td>314.17</td><td>5079.80</td><td>—</td><td>1510.31</td></tr>
<tr><td>59.96元/工日</td><td colspan="11">未计价材料费</td></tr>
<tr><td colspan="8">清单项目综合单价</td><td colspan="4">138.09</td></tr>
<tr><td rowspan="8">材料费明细</td><td colspan="5">主要材料名称、规格、型号</td><td>单位</td><td>数量</td><td>单价/元</td><td>合计/元</td><td>暂估单价/元</td><td>暂估合计/元</td></tr>
<tr><td colspan="5">条形铝合金空腹格栅（含配件）</td><td>m²</td><td>51.00</td><td>96.00</td><td>4896.00</td><td></td><td></td></tr>
<tr><td colspan="5">膨胀螺栓 M10</td><td>套</td><td>160.00</td><td>0.90</td><td>144.00</td><td></td><td></td></tr>
<tr><td colspan="5">合金钢钻头</td><td>个</td><td>0.80</td><td>8.50</td><td>6.80</td><td></td><td></td></tr>
<tr><td colspan="5">镀锌铁丝</td><td>kg</td><td>2.50</td><td>5.20</td><td>13.00</td><td></td><td></td></tr>
<tr><td colspan="5">⋮</td><td>⋮</td><td>⋮</td><td>⋮</td><td>⋮</td><td></td><td></td></tr>
<tr><td colspan="5">其他材料费</td><td>元</td><td></td><td>—</td><td>20.00</td><td></td><td></td></tr>
<tr><td colspan="5">材料费小计</td><td></td><td></td><td>—</td><td>5079.80</td><td>—</td><td></td></tr>
</table>

9. 计算各项费用

根据单位工程项目直接工程费或人工费，调整人工费、机械台班费后得出的调整后定额直接工程费或人工费，以此为基数，再按各地区现行建设工程费用标准的规定及有关动态管理文件的规定逐一计算措施项目费、其他项目费、规费和税金等各项费用，编制成施工图预算书，计算出工程总造价。

10. 填写施工图预算书封面签署页和编制总说明

装饰装修工程预算报价计算出来后，还需填写封面签署页和总说明，便于有关方面了解预算报价依据和工程概况。

（1）封面　按统一的格式填写，参阅《建设工程工程量清单计价规范》（GB 50500—2008）。

（2）总说明　预算书的编制说明无一定的格式，须结合具体的编制情况逐条分述，一般情况下应包括以下内容：

1）工程名称与工程概况以及预期目标。

2）编制时依据的施工图的名称、编码和其他设计文件资料等。

3）编制时依据的预算计价定额及工程量清单计价规范等。

4）编制时依据的取费标准及调价文件编号。

5）编制时依据的文件，工程承包合同，人工、材料、施工机械市场调整方法说明。

6）施工组织设计中对工程报价产生较大影响的施工方案的说明。

7）其他有关问题的说明，如某项材料由甲方供应，或某设计方案变更等。

11. 复核

装饰装修工程预算书编制出来后，首先自审，然后由本企业有关人员对编制的预算进行检查，以便及时发现可能出现的错误，及早修正，提高施工图预算的准确性。校核无误后方可进行装订。

12. 装订、签章、审批

将施工图预算的封面签署页、编制总说明、预算书汇总表、工程量清单与计价明细表及工程量清单综合单价分析表和补充定额单价构成等资料，按顺序编排并装订成册。

已编好的单位工程施工图预算书，编制人员应签字、盖章，并请有关负责人审阅签字或盖章，最后加盖企业公章，完成编制工作并送交建设单位或建设人进行审批。

编制单位装饰装修工程施工图预算编制程序如图 7-2 所示。

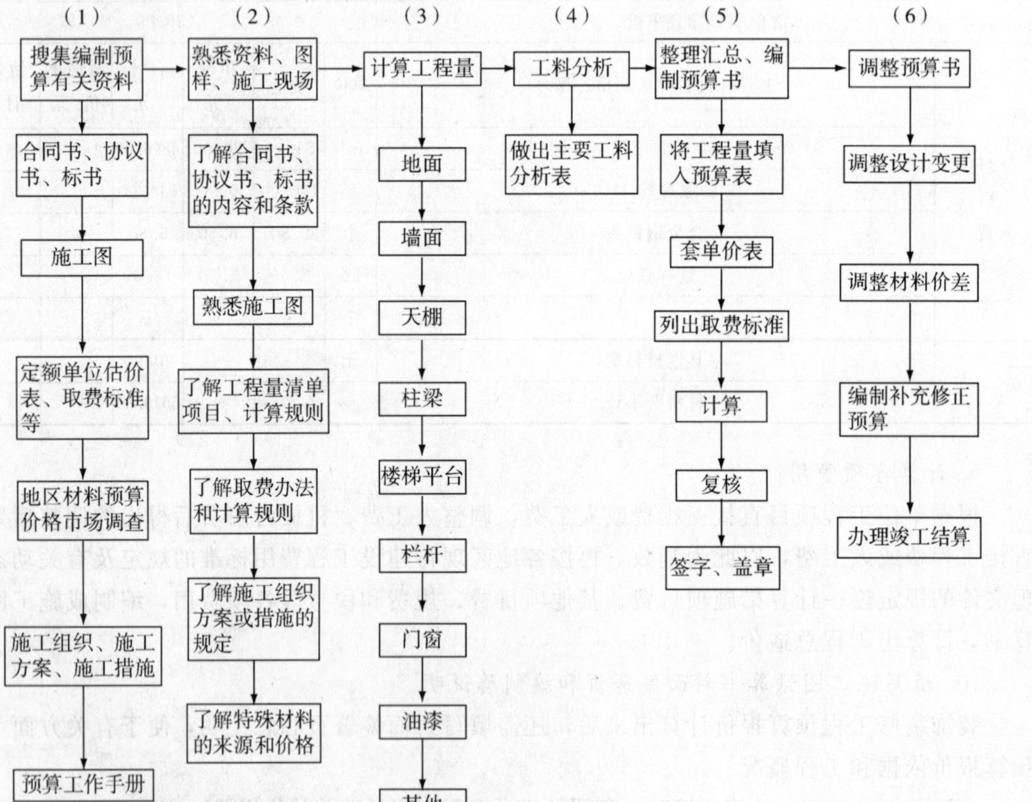

图 7-2　单位装饰装修工程施工图预算编制程序

7.2　装饰装修工程工程量计算

工程量计算是编制单位工程施工图预算中最繁琐、最细致的工作，工程量计算工作占整个预算编制工作量的7/8左右，并且工程量计算的项目是否齐全，计算结果是否准确，直接关系到预算的编制质量和编制速度。为使工程量计算准确快速，须按照以下原则去做。

1）工程量计算的项目必须与现行工程量清单项目、计价定额项目一致。

2）工程量计算单位必须与现行工程量清单项目及计算规则、计价定额的计量单位一致。

3）工程量计算规则必须与现行工程量清单项目及计算规则、计价定额计算规则一致。

4）工程量计算必须严格按照图样进行，不重算，不漏算，不高抬等级，一定要确保数字准确，项目齐全，与施工图样相符合等。

7.2.1　建筑面积与体积的计算

1. 建筑面积的计算

(1) 建筑面积的计算范围

1）单层建筑物不论其高度如何均按一层计算，其建筑面积按建筑物外墙勒脚以上的外围水平面积计算。单层建筑物内如带有部分楼层，则应计算建筑面积，如图7-3所示。

2）如图7-4所示，高低联跨的单层建筑物，如需分别计算建筑面积时，当高跨为边跨时，其建筑面积按勒脚以上两端山墙外表面的水平长度乘以勒脚以上外墙表面至高跨中柱外边线的水平宽度计算；当高跨为中跨时，其高跨建筑面积按勒脚以上两端山墙外表面间的水平长度乘以中柱外边线的水平宽度计算。

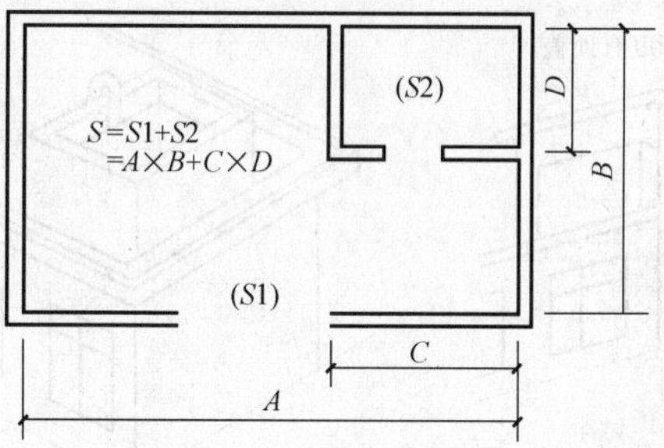

图7-3　水平面积计算

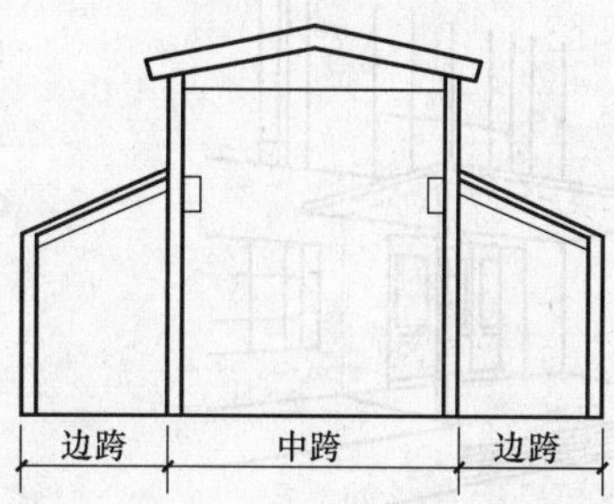

图7-4　高低联跨的单层建筑物

3）多层建筑物的建筑面积按各层建筑面积的总和计算，其底层按建筑物外墙勒脚以上外围水平面积计算；二层及二层以上按外墙外围水平面积计算。

4）地下室（图7-5），半地下室（图7-6），地下车间、仓库、商店，地下指挥部等以及相应出入口的建筑面积，按其上口外墙（不包括采光井、防潮层及其保护墙）外围的水平面积计算，如图7-5和图7-6所示。

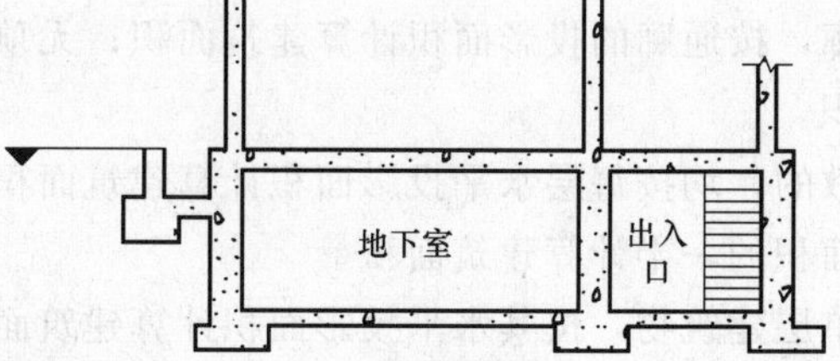

图7-5　地下室

图7-6　半地下室

5）用深基础做地下架空层加以利用，层高超过 2.2m 的，按架空层外围水平面积的一半计算建筑面积。

6）坡地建筑物利用吊脚做架空层加以利用，且层高超过 2.2m 的，按围护结构外围水平面积计算建筑面积。

7）穿过建筑物的通道，建筑物内的门厅、大厅，不论其高度如何，均按一层计算建筑面积。门厅、大厅内回廊部分按其水平投影面积计算建筑面积。

8）图书馆的书库按书架层计算建筑面积。

9）电梯井、提物井、垃圾道、管道井等，均按建筑物自然层计算建筑面积。

10）舞台灯光控制室按围护结构外围水平面积乘以实际层数计算建筑面积。

11）建筑物内的技术层，层高超过 2.2m 的，应计算建筑面积。

12）有柱雨篷按柱外围水平面积计算建筑面积；独立柱的雨篷按顶盖的水平投影面积的一半计算建筑面积，如图 7-7 所示。

13）有柱的车棚、货棚、站台等，按柱外围水平面积计算建筑面积；单排柱、独立柱的车棚、货棚、站台等，按顶盖的水平投影面积的一半计算建筑面积。

14）突出屋面的有围护结构的楼梯间、有顶盖水箱间（无顶盖不计算）、电梯机房等，按围护结构外围水平面积计算建筑面积，如图 7-8 所示。

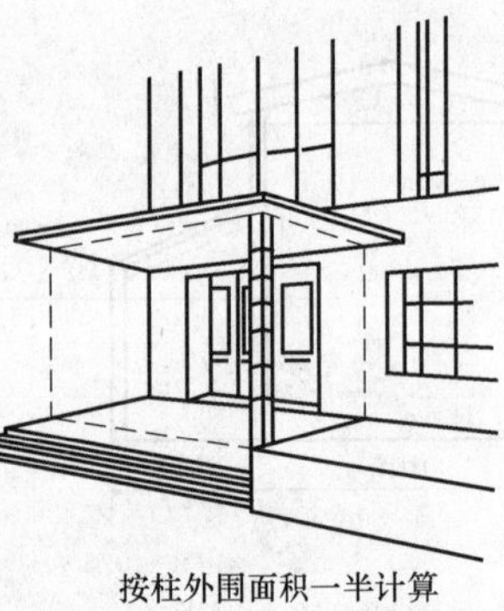

图 7-7　有柱雨篷

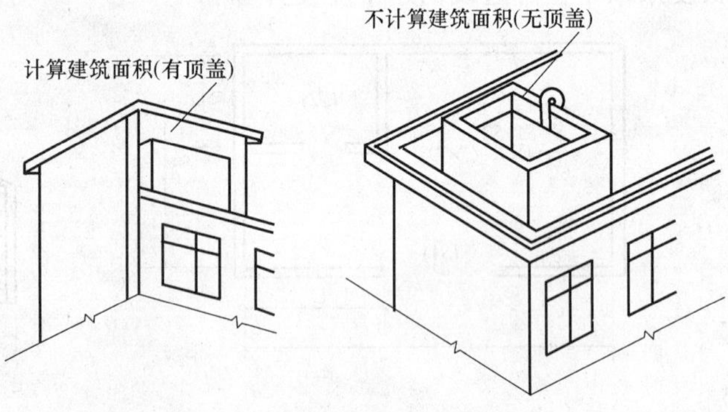

图 7-8　有围护结构的建筑

15）突出墙外的门斗，按围护结构外围水平面积计算建筑面积。

16）封闭式阳台、挑廊，按其水平投影面积计算建筑面积；凹阳台、挑阳台，按其水平投影面积的一半计算建筑面积。

17）建筑物墙外有顶盖和柱的走廊、沿廊，按柱的外边线水平面积计算建筑面积，无柱的走廊、沿廊，按其投影面积的一半计算建筑面积。

18）两个建筑物之间有顶盖的架空通廊，按通廊的投影面积计算建筑面积；无顶盖的架空通廊，按其投影面积的一半计算建筑面积。

19）室外楼梯作为主要通道和用于疏散的，均按每层水平投影面积计算建筑面积；楼内外都有楼梯的，其室外楼梯按其水平投影面积的一半计算建筑面积。

20）跨越其他建筑物、构筑物的高架单层建筑物，按其水平投影面积计算建筑面积，多层者按多层计算。

(2) 不计算建筑面积的范围

1) 突出墙外的构件、配件和艺术装饰，如柱、垛、勒脚、台阶及无柱雨篷等。

2) 检修、消防等用的室外爬梯。

3) 层高在2.2m以下（含2.2m）的技术层。

4) 构筑物，如独立烟囱、烟道、油罐、水塔、储油（水）池、储仓、圆库。

5) 建筑物内外的操作平台、上料平台，以及利用建筑物的空间安置箱罐的平台。

6) 设有围护结构的屋顶水箱，舞台及后台悬挂幕布、布景的天桥、挑台。

7) 单层建筑物内分隔的操作间、控制室、仪表间等单层房间。

8) 层高小于2.2m的深基础地下架空层、坡地建筑物吊脚架空层。

2. 建筑体积的计算

1) 无天棚建筑物的建筑体积按建筑横断面面积乘以长度计算。横断面面积是指外墙外表面、屋面外轮廓线和建筑物第一层的室内地平面间的垂直面积，长度是指勒脚以上两端山墙外表面间的水平距离。

2) 有顶楼天棚的建筑物，其建筑体积按建筑物水平断面面积乘以高度计算。水平断面面积是指建筑物勒脚以上外墙外围线的水平面积，高度为建筑物第一层的室内地平面至天棚底面间的垂直距离。如天棚或地平面高低不一时，应按平均高度计算。

3) 突出屋面以上的采光天窗或气窗（不包括屋顶小气窗、突出屋面的眺望间、门斗，包括不保温门斗）、外部附墙烟囱等，应按实际体积计算后并入建筑物的建筑体积内。

4) 四坡水屋面按普通两坡水屋面计算。

5) 突出墙面的外走廊如果带有屋盖、篷与柱时，应计算体积。突出墙面的其他结构构件和艺术装饰，如台阶、阳台、雨篷、挑沿、半圆柱、垛和室外楼梯等，均不计算建筑体积。

6) 建筑物形体复杂时，其建筑体积按各部分体积的总和计算。

7) 建筑物的各部分在结构性质上有显著差异时，则建筑体积可按不同部分分别计算。分别计算时，分隔墙应计入在结构上与它相符合的或高度较高的建筑物内，如建筑物高度相同时，其分隔墙可计入主要的建筑物内。

8) 穿过建筑物的车马通道，不论其洞口高度如何，通道体积均应计入建筑物的建筑体积内。

9) 地下室（包括半地下室）的建筑体积按地下室水平断面面积乘以高度计算。水平断面面积是指地下室上口外墙外围水平面积（不包括地下室采光井及敷贴外部防潮层保护砌体所占面积），高度应为地下室地坪面至建筑物第一层地坪面间的垂直距离。地下室出入口的建筑体积应并入地下室的建筑体积内。

10) 建筑物平均高度的计算方法为

建筑物平均高度＝总体积÷总面积

7.2.2　楼地面工程量的计算

1) 整体面层、块料面层均按设计图示尺寸以面积计算。扣除凸出地面构筑物、设备基础、室内铁道、地沟等所占面积，不扣除间壁墙和0.3m^2以内的柱、垛、附墙烟囱及孔洞所占面积，门洞、空圈、暖气包槽、壁龛的开口部分已综合考虑在定额内。

2) 块料面层中的点缀单独计算，但计算主体铺贴地面面积时，不扣除点缀所占面积。

3）石材底面刷养护液按底面面积加 4 个侧面面积，以 m^2 为单位计算。

4）橡塑面层、竹木地面、地毯及其他材料面层均按设计图示尺寸以面积计算。门洞、空圈、暖气包槽、壁龛的开口部分并入相应的工程量内。

5）防滑条按楼梯踏步两端距离减 300mm 以“m”为单位计算。

6）踢脚线按设计图示长度乘以高度以面积计算。水磨石及成品踢脚线按实铺长度以“m”为单位计算，楼梯踢脚线按相应项目乘以系数 1.15。

7）楼梯面层按设计图示尺寸楼梯（包括踏步、休息平台及 500mm 以内的楼梯井）水平投影面积计算。有梯口梁者，梁面包括在楼梯面层内；无梯口梁者，楼梯面层算至最上一层踏步边沿加 300mm。

8）扶手、栏杆、栏板装饰按设计图示尺寸扶手中心线长度（包括弯头长度）计算。但弯头按“个”另行计算。扶手带栏板、栏杆按扶手以“m”为单位计算。

9）台阶饰面按设计图示尺寸以台阶（包括最上一层踏步边沿加 300mm）水平投影面积计算。

10）零星装饰按设计图示尺寸以面积计算。

11）计算地面镶贴块料面层（不包括楼面）时，人工费乘以系数 0.9。

12）木地楞铺在混凝土地面上，包括钉眼安装膨胀螺栓、地楞防腐、地铺一毡一油防潮层，实际做法与定额不同时不得调整。

13）席纹地板铺在水泥地面上，包括凿毛、水泥砂浆找平及满刮腻子，使用时，面层材料不同，可以换算，其他不变。

14）楼木地板（或其他木质地板）铺在毛地板上，设计要求砌砖架空砌块，砌砖部分另行计算。

15）铝质、木质活动地板未包括基层防水、防潮层，设计要求防水防潮时，另行计算。

7.2.3 墙、柱面工程量的计算

1. 墙面装饰抹灰

1）墙面装饰抹灰工程量按设计图示尺寸以面积计算。扣除墙裙、门窗洞口、装饰线及单个 $0.3m^2$ 以上的孔洞面积，不扣除踢脚线、挂镜线和墙与构件交接处的面积，门窗洞口和孔洞口的侧壁顶面不增加面积。附墙柱、梁、垛、烟囱侧壁面积并入相应的墙面面积内计算。

2）外墙装饰抹灰面积，如外墙外侧有保温隔热层的，按保温隔热层外边线的垂直投影面积计算。

3）外墙裙抹灰面积按墙裙长度乘高度计算。扣除门窗洞口和大于 $0.3m^2$ 的孔洞所占的面积，门窗洞及孔洞的侧壁不增加。

4）女儿墙（包括泛水、挑砖）、阳台栏板（不扣除花格所占面积）抹灰按单面垂直投影面积乘以系数 1.10、带压顶者乘以系数 1.30 后，按墙面相应项目计算。

5）装饰抹灰分格、嵌缝按装饰抹灰面面积计算。

6）装饰线按长度以“m”为单位计算。适用于窗台线、门窗帘、挑檐、腰线、遮阳板

及雨篷外边线等展开宽度300mm以内者。

2. 墙、柱面镶贴块料

这部分工程量按设计图示尺寸以面积计算。

1）干挂石材钢骨架按设计图示尺寸以t计算。

2）大理石、花岗石柱墩、柱帽按最大外径周长计算。其他项目的柱帽、柱墩工程量按设计图示尺寸以展开面积计算，并入相应柱面积内，每个柱帽或柱墩另增人工：抹灰0.25工日，块料0.38工日，饰面0.5工日。

3. 墙、柱（梁）饰面

1）装饰板墙面，按设计图示墙净长乘以净高以面积计算。扣除门窗洞口及单个0.3m^2以上的孔洞所占面积。

2）装饰板柱（梁），按设计图示外围饰尺寸以面积计算。柱帽、柱墩并入相应柱饰面工程量内。

4. 隔断

这部分工程量按设计图示框外围尺寸以面积计算。扣除单个0.3m^2以上的孔洞所占面积。

1）浴厕门的材质与隔断相同时，门的面积并入隔断面积内。

2）全玻隔断的不锈钢边框工程量按展开面积计算，如有加强肋（指带玻璃肋）者，工程量按展开面积计算。

5. 幕墙

1）带骨架幕墙，按设计图示框外围尺寸以面积计算，不扣除与幕墙同种材质的窗所占面积。

2）全玻幕墙按设计图示尺寸以面积计算。

3）带肋全玻幕墙是指玻璃墙带玻璃肋。其工程量按展开面积计算，即玻璃肋的工程量合并在玻璃幕工程量内计算。

6. 零星项目

零星项目均按设计图示尺寸，按展开面积计算。

7.2.4 天棚工程量的计算

1. 天棚吊顶

1）天棚在同一标高者为平面天棚，天棚不在同一标高者为跌级天棚，且高差在200mm以上为跌级。跌级天棚其面层人工应乘系数1.1。

2）轻钢龙骨、铝合金龙骨按双层结构（即中、小龙骨紧贴大龙骨底面吊挂）计算。如为单层结构时，大、中龙骨底面在同一水平上，人工应乘系数0.85。

3）天棚吊顶中的基层、龙骨及面层，均按设计图示尺寸以水平投影面积计算。天棚面中的灯带槽及锯齿形、吊挂式、藻井式天棚面积不展开计算，跌级基层、面层按展开面积计算。不扣除间壁墙、检查口、附墙烟囱、柱垛和管道所占面积，扣除单个0.3m^2以外的孔洞、独立柱及与天棚相连的窗帘盒所占面积。

4）灯光带按长度以“m”为单位另行计算。

5）其他吊顶均按设计图示尺寸以水平投影面积计算。其他吊顶包括：格栅、吊筒、网架（装饰）、织物软塑及藤条选型悬挂吊顶。

6）保温吸声层按实铺面积计算。

7）嵌缝按长度以“m”为单位计算。

2. 送（回）风口

送风口安装按设计图示数量以个计算。

3. 灯具开孔

灯具开孔按个计算。

7.2.5 门窗工程量的计算

1. 普通木门、窗

普通木门、窗制作、安装工程量均按门、窗洞口面积计算。

1）普通窗上部带有半圆窗的工程量应分别按半圆窗和普通窗计算。以普通窗和半圆窗之横框上裁口线为分界线。

2）门窗扇包镀锌铁皮的，按门、窗洞口面积以平方米计算；门窗框包镀锌铁皮，钉橡胶条、钉毛毡按图示门窗洞口尺寸以“m”为单位计算。

3）门连窗工程量按门连窗洞口面积计算。

2. 装饰门框、门扇

装饰门框、门扇制作安装工程量按以下规定计算：

1）实木门框制作安装以“m”为单位计算。实木门扇制作安装及装饰门扇制作按门扇外围面积计算。装饰门扇及成品门扇安装按面积以平方米计算。其五金安装另行计算。

2）木门扇隔音面层，区分不同材料，按单面面积计算。

3）不锈钢板包门框、门窗套，花岗石门套、门窗筒子板按实铺（钉）的展开面积计算。

4）门窗盖口条、贴脸、披水条，窗帘盒、窗帘轨按图示尺寸以“m”为单位计算。

5）窗台板按设计图示尺寸以面积计算。

3. 木门窗

木门窗运输均按框外围面积以平方米计算。

4. 成品门窗

成品门窗安装工程量按以下规定计算：

1）铝合金门窗、彩板组角钢门窗、塑钢门窗、钢门窗安装，均按门窗洞口面积计算。

2）防盗窗、百叶窗、防盗装饰门窗、防火门按框外围面积以“m^2”为单位计算。

3）卷闸门安装按其高度乘以门的实际宽度以平方米计算。安装高度算至滚筒顶点。带卷帘罩的按展开面积计算。电动装置安装以套计算，小门安装增加费以扇计算，小门面积不扣除。

5）电子感应门及转门按定额尺寸以“樘”计算。

6）不锈钢电动伸缩门以“樘”计算。

7）窗帘按设计尺寸以面积计算。

7.2.6 油漆、涂料和裱糊工程量的计算

1）抹灰面油漆、涂料、裱糊工程量计算时的系数见表 7-2。

表 7-2 抹灰面工程量系数表

执行定额	项目名称	系数	工程量计算方法
抹灰面油漆、涂料、裱糊	混凝土楼梯底（板式）	1.15	按水平投影面积计算
	混凝土楼梯底（梁式）	1.00	按展开面积计算
	混凝土花格窗、栏杆花饰	1.82	按单面外围面积计算
	楼地面，天棚，墙、柱、梁面	1.00	按展开面积计算

2）木材面、金属面油漆的工程量分别按下列各表计算方法计算。

① 木材刷油漆。

a. 套用单层木门定额，其工程量计算时的系数见表 7-3。

表 7-3 单层木门工程量系数表

执行定额	项目名称	系数	工程量计算方法
单层木门	单层木门	1.00	按单面洞口面积计算
	双层（一板一纱）木门	1.36	
	双层（单裁口）木门	2.00	
	单层全玻门	0.83	
	木百叶门	1.25	
	厂库大门	1.10	

b. 套用单层木窗定额，其工程量计算时的系数见表 7-4。

表 7-4 单层木窗工程量系数表

执行定额	项目名称	系数	工程量计算方法
单层木窗	单层玻璃窗	1.00	按单面洞口面积计算
	双层（一玻一纱）窗	1.36	
	双层（单裁口）窗	2.00	
	三层（二玻一纱）窗	2.60	
	单层组合窗	0.83	
	双层组合窗	1.13	
	木百叶窗	1.50	

c. 套用木扶手（不带托板）定额，其工程量计算时的系数见表 7-5。

表 7-5 木扶手工程量系数表

执行定额	项目名称	系数	工程量计算方法
木扶手（不带托板）	木扶手（不带托板）	1.00	按长度以“m”为单位计算
	木扶手（带托板）	2.60	
	窗帘盒	2.04	
	封眼板、顺手板	1.74	
	挂衣板、黑板框	0.52	
	生活园地框、挂镜线、窗帘杆、木线	0.35	

d. 套用木地板定额，其工程量计算时的系数见表 7-6。

表 7-6　木地板工程量系数表

执行定额	项目名称	系数	工程量计算方法
木地板	木地板、木踢脚线 木楼梯（不包括底面）	1.00 2.30	按水平投影面积 （长×宽）计算

e. 套用其他木材面定额，其工程量计算时的系数见表 7-7。

表 7-7　其他木材面工程量系数表

执行定额	项目名称	系数	工程量计算方法
其他木材面	木板、纤维板、胶合板、天棚、檐口 清水板条天棚、檐口 木方格吊顶天棚 吸声板、墙面、天棚面 鱼鳞板墙 木护墙、墙裙 窗台板、筒子板、盖板 暖气罩	1.00 1.07 1.20 0.87 2.48 1.00 1.00 1.28	按设计图示尺寸 以面积计算
其他木材面	屋面板（带檩条）	1.11	按斜长×宽计算
	木间壁、木隔断 玻璃间壁露明墙筋 木栅栏、木栏杆（带扶手）	1.90 1.65 1.82	按单面外围面积计算
	木屋架	1.79	按跨度（长）×中高×1/2 计算
	衣柜、壁柜	1.00	按实刷展开面积计算
	梁柱面	1.00	按展开面积计算
	零星木装修	1.10	按展开面积计算

② 金属面油漆

a. 套用单层钢门窗定额，其工程量计算时的系数见表 7-8。

表 7-8　单层钢门窗工程量系数表

执行定额	项目名称	系数	工程量计算方法
单层钢门窗	单层钢门窗 双层（一玻一纱）钢门窗 钢百叶门 半截百叶钢门 满钢门或包铁皮门 钢折叠门	1.00 1.48 2.74 2.22 1.63 2.30	按洞口面积计算

（续）

执行定额	项目名称	系数	工程量计算方法
单层钢门窗	射线防护门	2.96	按框（扇）外围面积计算
	厂库平开、推拉门	1.70	
	铁丝网大门	0.81	
	间壁	1.85	按长×宽计算
	平板屋面	0.74	按斜长×宽计算
	瓦垄板屋面	0.89	
	排水、伸缩缝盖板	0.78	按展开面积计算
	吸气罩	1.63	按水平投影面积计算

b. 套用平板屋面定额（涂刷磷化锌黄底漆），其工程量计算时的系数见表 7-9。

表 7-9　平板屋面工程量系数表

定额项目	项目名称	系数	工程量计算方法
平板屋面	平板屋面	1.00	按斜长×宽计算
	瓦垄板屋面	1.20	
	排水、伸缩缝盖板	1.05	按展开面积计算
	吸气罩	2.20	按水平投影面积计算
	包镀锌铁皮门	2.20	按洞口面积计算

c. 套用其他金属面定额，其工程量计算时的系数见表 7-10。

表 7-10　其他金属面工程量系数表

定额项目	项目名称	系数	工程量计算方法
其他金属面	钢屋架、木窗架、挡风架、屋架梁、支撑、檩条	1.00	按重量以 t 为单位计算
	墙架（空腹式）	0.50	
	墙架（格板式）	0.82	
	钢柱、起重机梁、花式梁、柱、空花构件	0.63	
	操作台、走台、制动梁、钢梁、车挡	0.71	
	钢栅栏门、栏杆、窗栅	1.71	
	钢爬梯	1.18	
	轻型屋架	1.42	
	踏步式钢扶梯	1.05	
	零星铁件	1.32	

7.2.7　其他工程工程量的计算

1）货架、柜橱类均以正立面的高（包括脚的高度在内）乘以宽以“m^2”为单位计算。

2）鞋架、存包柜按“组”计算。

3）试衣间以“个”计算，其他以“米”为单位按延长米计算。

4）暖气包罩按设计图示尺寸（包括脚的高度在内）以垂直投影面积（不展开）计算。

5）镜面玻璃安装、盥洗室木镜箱按设计图示尺寸以边框外围面积计算。

6）塑料镜箱、毛巾环、肥皂盒、金属帘子杆、浴缸拉手、毛巾杆等安装以“个”、“只”或“副”计算。大理石洗漱台面按设计图尺寸以台面外接矩形面积计算，不扣除孔洞、挖弯、削角所占面积，与台面相同材料的挡板、吊沿板面积并入台面面积内。

7）压条、装饰线条均按设计图示尺寸以“m”为单位计算。

8）雨篷吊顶饰面按设计图示尺寸以水平投影面积计算。

9）不锈钢旗杆按设计图示数量以“根”计算。旗杆高度，按旗杆台座上表面至杆顶的高度（包括球珠）计算。

10）美术字的安装以“个”计算。

11）拆除工程。

① 窗台板、门窗套、窗帘盒、扶手和栏杆均按长度以“m”为单位计算。

② 其他工程拆除均按拆除面积计算。

③ 拆除垃圾外运均按实际体积以“m^3”为单位计算。

7.2.8 玻璃幕墙工程量的计算

1）玻璃幕墙按实际装饰面积计算。

2）铝合金玻璃幕墙的工程量按框外围面积计算。

3）有天棚的玻璃幕墙其幕墙高度按天棚高度加5cm计算。

4）玻璃幕墙带有门窗时，应分别计算。

7.2.9 金属构件工程量的计算

1. 金属构件制作工程量的计算

1）金属构件制作，按设计图样中各种型钢和钢板的几何尺寸以“t”为单位计算（包括安装螺栓），不扣除孔眼，切肢、切边的重量，在计算钢板重量时，均按矩形计算，多边形按长边计算。

2）金属门扇按外围面积以“m^2”或“樘”、“扇”为单位计算。

2. 金属构件安装及运输工程量的计算

1）金属构件安装及运输工程量以“t”为单位计算。

2）金属门扇安装工程量按“扇”计算。

7.2.10 给水排水管道安装工程量的计算

1. 室内给水管道

（1）给水管道安装工程　给水管道安装工程预算定额按管道压力、管材种类、接口方法、管径大小等分别编制，其计算规则和方法与工艺管道相同。室内外管道的划分，可按施工图标明的划分规定。如果施工图没有规定，应以房屋外墙出口管线的2m处为界，2m以内为室内管道，2m以外为室外管道。

（2）消火栓、喷淋器及水嘴安装　消火栓和自动消防信号水门安装，按其种类、直径、材质、明装和暗装的不同，分别以“组”为单位计算。喷淋器与水龙头安装按直径大小区分规格，以“个”为单位计算。定额中不包括消火栓和水龙头的价格，应另行计算。

（3）水表安装　根据水表的种类、规格，管径分丝接式和法兰式，均以“组”为单位计算。定额中不包括水表的价格，应另行计算。

(4) 卫生器具安装

1) 洗脸盆、洗手盆、洗涤盆安装，按冷热水、开关种类、管件种类，分别以“组”为单位计算。定额中不包括卫生器具及附件的价格，应另行计算。

2) 浴盆、妇女净身器安装，按其材质、冷热水和有无喷头等，分别以组为单位计算。定额中不包括卫生器具和附件的价格，应另行计算。

3) 淋浴器安装，按冷热水、材质和种类，分别以“组”为单位计算，但连接淋浴器的支管和控制冷热水的阀门（图 7-9）已经在预算定额内，不得重复计算。

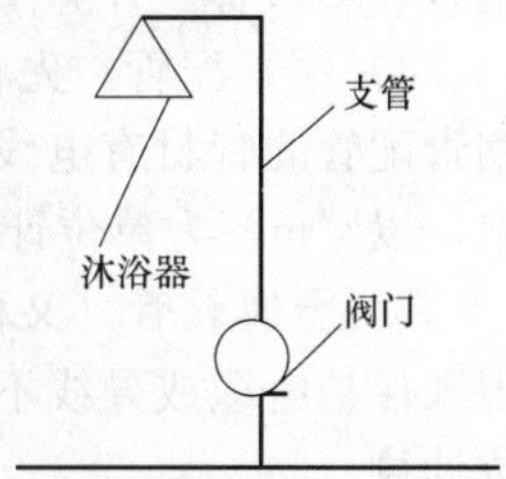

图 7-9　淋浴器组成示意图

4) 大便器安装，根据水箱形式及其冲洗方式不同，分别以“组”为单位计算。定额中不包括大便器和附件的价格，应另行计算。

5) 小便器安装，根据冲洗方式（手动式或自动水箱），分别以“组”为单位计算。定额中不包括小便器和附件的价格，应另行计算。

6) 小便槽冲洗管安装，以管径大小区分规格，以“m”为单位计算。但不包括阀门安装，应另列项目计算。小便槽冲洗和安装定额中已综合考虑了该管钻孔所需的费用，不得重复计算。但未包括其管材的价格，应另行计算。

2. 室内排水管道

(1) 室内排水管道安装　按管材种类、连接方法、管径大小等分别以延长米为单位计算。不扣除接头零件所占长度。但管件已在预算定额中作了综合考虑，不应单独计算。定额中不包括管材的价格，应另行计算。

(2) 排水栓、地漏、避油器、铅球等的安装　按其直径大小，分别以个或组为单位计算。定额中不包括主材和附件的价格，应另行计算。

(3) 排水铸铁检查口安装　该项安装已在排水管道安装预算定额中作了综合考虑，不得重复计算。

(4) 管道刷油　应按管道刷油的不同内容，均以“m^2”为单位计算。

7.2.11　电气安装工程量的计算

1. 配管配线工程

(1) 配管工程　配管工程按敷设方式可分为：沿砖、混凝土结构明配，沿砖、混凝土结构暗配，钢结构支架配管和钢索配管。

管材按管材材质可分为：电线管、钢管、防爆钢管、硬质塑料管、金属软管。

1) 沿砖、混凝土结构明配。一般在民用建筑物中架设照明导线，从电源引至照明配电箱，当要求防潮、防腐、防火，特别是要求防爆时，须用明管配线。明配管的工程量计算应区分不同材质，以管径大小分规格，以“m”为单位计算。用于明配管的管材有电线管、钢管、硬质塑料管，一般常用的是钢管（焊接钢管）。

2) 沿砖、混凝土结构暗配。暗配管是将管子预先敷设在墙壁、楼板或天棚内，其目的在于不破坏建筑物的美观，耐水防潮，使用年限长，但施工麻烦，不易维修。暗配管的工程量计算应区分不同材质，以管径大小分规格，以“m”为单位计算。用于暗配管的管材有电线管、钢管、塑料管等，一般常用的是钢管（焊接钢管）。

3）钢结构支架配管。将管子固定在支架上，称为钢结构支架配管，其管材有电线管、钢管、塑料管。计算工程量时应区分不同材质，以管径大小分规格，以“m”为单位计算。

4）钢索配管。先将钢索架设好，然后把管子固定在钢绳上的方法称为钢索配管。用于钢索配管的管材有电线管、钢管、塑料管。计算工程量时应区分不同材质，以管径大小分规格，以“m”为单位计算。

5）金属软管（又称蛇皮管）。金属软管一般敷设在小型电动机的接线盒与钢管连接处，用来保护电缆或导线不受机械操作的影响。计算工程量时以管径大小分规格，以“m”为单位计算。

6）接线箱、盒、支架。配管工程中未包括接线箱、盒、支架的制作和安装工程量，接线箱、盒的制作以半周长大小分规格，以“个”为单位计算。接线箱安装分明装和暗装两项，均以接线半周长分规格，以“个”为单位计算。接线盒安装分明装、暗装、钢索上安装3项，明装以普通接线盒和防爆接线盒分规格，暗装以接线盒和开关盒分规格，均以“个”为单位计算。支架制作安装以埋设式、焊固式、螺栓式分规格，都以“kg”为单位计算。

7）钢索架设、拉紧装置。钢索配管工程中未包括钢索架设及拉紧装置制作和安装工程量，钢索架设以圆钢和钢绳直径大小分规格，以“m”为单位计算。拉紧装置制作和安装以花篮螺栓直径大小分规格，以“套”为单位计算。定额中不包括圆钢和钢绳的价格，应另行计算。

（2）动力配管混凝土地面（坪）刨沟安装　若在混凝土地面（坪）内暗配动力管，事先须刨沟，按管径大小分规格，以“m”为单位计算。

配管工程各项目定额中，均未包括管材的价格，应另行计算。

（3）配管工程中管子弯曲的规定　管材的敷设应尽可能沿最短的路线进行，并应尽量减少弯曲。管子超过以下长度的，中间应装设分线盒或接线盒。

1）管子全长超过30m且无弯曲时。

2）管子全长超过20m而有1个弯曲时。

3）管子全长超过12m而有2个弯曲时。

4）管子全长超过8m而有3个弯曲时。

5）两接线盒间的暗配管，其直角弯曲不得超过3个，若是明配管时，其直角弯曲不得超过4个。

（4）管内穿线工程　无论管子明配或暗配，当管子敷设后，要进行管内穿线，方能使电能通过导线输送到用电设备或用电器具上。管内穿线分明线路和动力穿线两类，按其导线截面大小分规格，以“m”（单线）为单位计算。定额中不包括导线的价格，应另行计算。定额中已综合了接头线的长度（不包括连接设备的导线预留长度，见表7-11），在计算工程量时，不得计接头线的工程量。

表7-11　连接设备的导线预留长度

序号	项　目	预留长度	说　明
1	各种开关箱、柜、板	高+宽	箱、柜的盘面尺寸
2	单独安装（无箱、盘）的封闭式负荷开关、刀开关、启动器、母线槽进出线盒	0.3m	从安装对象中心算起
3	有地坪管子出口引至动力接线箱	1m	以管口计算
4	电源与管内穿线（管内穿线与软硬母线接头）	1.5m	以管口计算
5	出户线	1.5m	以管口计算

（5）配线 配线的方式较多，主要有瓷夹配线、塑料夹配线、木槽板配线、塑料槽板配线、塑料护套线敷设、绝缘子配线（鼓形绝缘子配线，针式、蝶式绝缘子配线）。

1）瓷夹配线。它是一种沿建筑物表面敷设的比较经济的配线方式，常用的瓷夹配线有二线式和三线式两项，工程量按不同结构（木结构、砖、混凝土结构），以导线截面大小分规格，以“m”为单位计算。

2）塑料夹配线。工程量的计算基本同瓷夹配线。

3）木槽板配线。工程量的计算同瓷夹配线。

4）塑料槽板配线。工程量的计算同木槽板配线。

5）塑料护套线敷设。塑料护套线分二芯线与三芯线两种，按其敷设方式，分为卡设和沿钢索架设两项。工程量按不同结构（木结构、砖混结构），以导线大小分规格，以“m”为单位计算。

6）鼓形绝缘子配线。按其敷设方式分为沿木结构配线和沿钢支架配线两类，均按导线截面大小分规格，以“m”为单位计算。

7）针式绝缘子配线。按其敷设方式，分为沿屋架、梁、柱、墙配线和跨屋架、梁、柱配线两类。工程量的计算同鼓形绝缘子配线。

8）蝶式绝缘子配线。工程量的计算同针式绝缘子配线。

配线工程各个项目定额中均未包括导线的价格，应另行计算。

灯具、明暗开关、插销（插座）、按钮等的预留线，分别综合在有关定额内，计算工程量时不得另计其预留线的长度。但进入开关箱、柜、板等的预留线，按表7-11规定的预留长度，分别计入相应的工程量内。

2. 照明器具安装

照明灯具的种类繁多，一般按功率分为15W、500W、1000W、2000W，甚至更大。按电压分为220V和32V等，安装时线路电压必须和灯具电压一致。照明灯具安装的适用范围，见表7-12。

表7-12 照明灯具安装的适用范围

序号	定额名称	灯具种类
1	圆球吸顶灯	螺口、卡口圆球吸顶灯
2	半圆球吸顶灯	半圆球吸顶灯、扁圆罩吸顶灯、平圆形吸顶灯
3	吊链灯	五星灯罩、和平鸽罩、水晶罩、明月罩、喇叭罩、花篮罩等玻璃罩吊链灯
4	软线吊灯	材料为玻璃、塑料、搪瓷，形状如碗、伞、平盘
5	一般弯脖灯	圆球弯脖灯、马路弯灯、风雨壁灯
6	一般墙壁灯	单、双圆筒壁灯，鞍形壁灯，玉柱形壁灯
7	荧光灯	荧光灯、紫外线灯
8	碘钨灯	DW型、220V、300～1000W
9	管形气灯	自然冷却式220/380V，20kW
10	投光灯	TG1、TG2、TG5、TG7、TG14型室外投光灯
11	高压水银灯镇流器	挖附式镇流器125～450W
12	安全灯	（AOB1、2、3）、（AOC1、2、3）型安全灯

（续）

序号	定额名称	灯具种类
13	防爆灯	CB3C 200 型防爆灯
14	高压水银防爆灯	CB4C 125、250 型高压水银防爆灯
15	防爆荧光灯	CB4C 1、2，单、双管防爆灯
16	病房指示灯	病房指示灯、影剧院太平灯
17	病房暗脚灯	病房或其他建筑物暗脚灯
18	无影灯	3～12 孔管式无影灯
19	艺术吊花灯	各型（如：橄榄、纱罩、玉兰、荷花、碗形罩）普通艺术花灯
20	艺术壁灯	各型（如：橄榄、纱罩、玉兰、荷花、碗形罩）普通艺术花灯
21	大口方罩	大小口方罩、大小矩形罩顶灯
22	面包灯	面包灯、大小口橄榄罩灯
23	庭院路灯	圆球柱灯、高压水银柱灯、玉兰花柱灯

（1）普通灯具安装　普通灯具包括吸顶灯具和其他普通灯具两类。吸顶灯具包括圆球吸顶灯和半圆球吸顶灯，均以灯罩直径分规格，以“套”为单位计算。其他普通灯具包括软线吊灯、吊链灯、一般弯脖灯、一般墙壁灯、座灯头、路灯（以路灯臂长分规格）等，均以“套”为单位计算。

（2）荧光灯具安装　荧光灯具安装包括组装型和成套型两类。组装型荧光灯分为吊链式、吊管式、吸顶式、独立式 4 项，成套型荧光灯分为吊链式、吊管式、吸顶式 3 项。各式荧光灯以单管、双管、三管分规格，以“套”为单位计算。

（3）密闭灯具安装　密闭灯具包括安全灯、防爆灯、高压水银防爆灯、防爆荧光灯 4 类。前 3 类以直杆式和弯管式分规格，所有密闭灯具均以“套”为单位计算。

（4）艺术花灯安装　艺术花灯包括吊灯及壁灯、吸顶灯及庭院灯两类。吊灯以三火、五火、七火、九火分规格，壁灯以圆形底座和椭圆形底座分规格，均以“套”为单位计算。

吸顶灯以矩形罩、大口方罩、二联方罩、四联方罩分规格；庭院路灯以三火以下和七火以下分规格，均以“套”为单位计算。

各种灯具的引线，除路灯、庭院路灯及艺术花灯中的吊灯、壁灯以外，均已综合考虑在定额内。路灯、庭院路灯定额中不包括灯柱安装，需另套相应项目的定额，各种类灯具的安装定额中均不包括灯具、灯泡的价格，应另行计算。

3. 开关、插座、安全变压器、电铃、烟感器、风扇的安装

（1）开关及按钮的安装　要区分拉线开关、反把开关、防爆密闭开关和一般按钮、防爆钮。拉线开关以胶木和瓷质分规格，扳把开关和一般按钮以明装和暗装分规格，均以“套”为单位计算。

（2）插座安装　该项安装分为明插座和暗插座两类，每一类又分单相和三相，均以插座的电流值大小分规格。防爆插座的安装与普通插座基本相同，不同之处在于有明装与暗装之分，仍以插座的电流值大小分规格，均以“套”为单位计算。

（3）安全变压器安装　安全变压器又称行灯变压器和照明变压器，以其容量大小分规格，以“台”为单位计算。

（4）电铃安装 以电铃直径大小和电铃箱号数分规格，均以“套”为单位计算。

（5）烟感器安装 按烟感器规格型号，以“套”为单位计算。

（6）风扇安装 风扇以吊风扇和壁扇区分规格，均以“台”为单位计算。

（7）风扇开关安装 风扇开关又称风扇调速开关（器），以“个”为单位计算。定额中不包括开关、按钮、插座、安全变压器、电铃及风扇的价格，应另行计算。

4. 电梯电气装置安装

1）电梯电气装置分为自动电梯和半自动电梯两类，按其电源不同又分为直流电梯和交流电梯两种，均以“站/层”分规格，以“部”为单位计算。

2）电梯电气试验调整应区分直流和交流，以及区分自动和半自动，均以“站/层”分规格，以“部”为单位计算。

5. 辅助项目

辅助项目包括非定型配电箱及配电板、母线夹具的制作，金属支架、母线木夹板的制作安装和绝缘子灌注螺栓的制作。

1）配电箱、配电板按材质可分为铁、木、塑料、胶木等。配电箱、接线箱以半周长分规格，以“套”为单位计算。配电板制作及包镀锌铁皮，均以“m^2”为单位计算。

2）母线夹具的制作分卡板式与板式两项，均以“套”为单位计算。

3）金属支架的制作及安装应区分其安装方式，以“kg”为单位计算，其刷油工程量仍以“kg”为单位计算。

4）母线木夹板的制作安装分为车间裸母线木夹板和电镀直流母线木夹板两类，前者以母线截面大小分规格，后者以每相母线片数分规格，均以“套”为单位计算。

5）绝缘子灌注螺栓以“个”为单位计算。

6. 超高作业

关于操作高度，除定额各章另有规定外，均按5m以下考虑，如果超过5m时，人工工日应乘以表7-13中的系数。

表7-13 超高人工工日系数

标高	10m以内	20m以内	20m以上
超高系数	1.25	1.40	1.60

7. 电气安装工程材料损耗率

电气安装工程材料损耗率按1977年原国家建委编制的《电气安装工程预算定额》规定的电气安装工程材料损耗率考虑，见表7-14。

表7-14 电气安装工程材料损耗率

序号	材料名称	损耗率（%）
1	裸软导线（包括铜、铝、钢线、钢芯铝纹线）	1.3
2	绝缘导线（包括橡胶铜、铝线、塑料线、铅皮线、软花线）	1.8
3	电力电缆	1.0
4	控制电缆	1.5
5	硬母线（包括铜、铝、钢、带型、管型、棒型、槽型）	1.3

7.3 装饰装修工程工程量清单计价预算书的编制

7.3.1 填写分部分项工程工程量清单与计价表

1. 分部分项工程工程清单与计价的内容（见表7-15）

表7-15 分部分项工程工程量清单与计价表

工程名称： 标段： 第 页 共 页

序号	项目编码	项目名称	项目特征描述	计量单位	工程量	金额/元		
						综合单价	合价	其中：暂估价
××	××××××	××	××××××××	×××	×××	×××	×××	×××
××	××××××	××	××××××××	×××	×××	×××	×××	×××
××	××××××	××	××××××××	×××	×××	×××	×××	×××
××	××××××	××	××××××××	×××	×××	×××	×××	×××
⋮	⋮	⋮	⋮	⋮	⋮	⋮	⋮	⋮
本页小计								
合计								

2. 填写方法

分部分项工程量清单与计价表是建筑、装饰装修、安装、园林工程通用的预算表格，填写时首先在表头上注明是装饰装修工程还是电气工程或其他工程。填写分部分项工程清单与计价表是根据已计算好的综合单价、预算计价定额及单位估价汇总表，计算各分部分项工程量清单的合计。步骤如下：

(1) 工程编号和工程名称 如某酒店、某商厦。

(2) 序号 可自行编制，以阿拉伯数字排列为该工程的子目。

(3) 项目编码 根据《建设工程工程量清单计价规范》附录B中的项目编码填写。

(4) 项目名称 根据施工图样、装饰装修工程计价定额和《附录B装饰装修工程量清单项目及计算规则》中的项目名称依次列出各分部分项子目对应的名称。

(5) 项目特征 根据《建设工程工程量清单计价规范》附录B中的项目特征内容要求，结合工程施工设计的具体内容描述填写。

(6) 计量单位 按《建设工程工程量清单计价规范》附录B的规定核定填写。

(7) 工程数量 按施工图样、《建设工程工程量清单计价规范》附录B的规定计算汇总填写。

(8) 综合单价 按工程量清单综合单价分析表的相应内容填写。

(9) 合计 按工程数量乘以综合单价所得填写。

在实际工程中，当现行预算定额的某个工程项目所列出的材料规格、型号与实际不一样，又允许换算时，应根据规定进行换算，再将单价列入工程预算中。如果用的是新材料，并且材料预算价格没有列入《材料预算价格取定表》中，可以参照相近的材料预算价格，作为暂时估算价格列入工程概预算中，工程完工后，再以实际价格进行结算。

凡是经过换算、补充或暂估的单位估价项目，均应在定额编号栏目内注明“补充”、“换算”、“暂估”，并将其换算、补充或暂估的工料分析及单价、合价等填写在综合单价分析表中，附在预算书后，以便核查。

(10) 其他项目　根据建设部、财政部发布的《建筑安装工程费用项目组成》（建标［2003］206号）的规定，为计取规费等的使用，可在表中增设：“直接费”、“人工费”或“人工费＋机械费”。

7.3.2　填写工程量清单综合单价分析表

1. 工程量清单综合单价分析表的内容

工程量清单综合单价分析表是一种能较直观地反映综合单价、人工单价和材料明细等的表格，它为工程量清单计价提供了依据，为工程统计、材料计划提供了理论依据，常见的工程量清单综合单价分析表的内容见表7-16。

表7-16　工程量清单综合单价分析表

工程名称：　　　　　　　　　　标段：　　　　　　　　　　第　页　共　页

项目编码		××××××××××		项目名称		×××		计量单位		××	
清单综合单价组成明细											
定额编号	定额名称	定额单位	数量	单价				合价			
				人工费	材料费	机械费	管理费和利润	人工费	材料费	机械费	管理费和利润
×××	×××	×××	×××	×××	×××	×××	××××	×××	×××	×××	×××
人工单价	小计						×××	×××	×××	×××	
××××元/工日	未计价材料费										
清单项目综合单价								×××			
材料费明细	主要材料名称、规格、型号					单位	数量	单价/元	合计/元	暂估单价/元	暂估合价/元
	××××××					×××	×××	×××	×××	×××	×××
	××××××					×××	×××	×××	×××	×××	×××
	×××××					×××	×××	×××	×××	×××	×××
	⋮					⋮	⋮	⋮	⋮	⋮	⋮
	其他材料费										
	材料费小计								×××		

2. 填写方法

1）根据设计施工图样、《建设工程工程量清单计价规范》附录B中的项目编码、项目名称及计量单位填写。

2）根据施工图样、装饰装修工程计价定额依次列出组成分项各子目定额编号、定额名称、定额单位及对应的人工费、材料费、机械费单价。

3）根据取费标准计算出管理费和利润填入相应的地方，计算人工费合价、材料费合价、机械费合价及管理费与利润合价。

4）把主要材料的单位、用量、单价、合计等填写在材料明细中以备查阅。

5）填写人工单价、未计价材料费等。

6）综合单价。合价中的人工费、材料费、机械费、管理费、利润及风险金之和与工程数量之商即得综合单价。

7.3.3 填写单位工程汇总表

单位工程汇总表的内容见表7-17，将分部分项工程费合计、措施项目费合计、其他项目费合计、规费合计和税金按表中规定的位置填好汇总。

表7-17 单位工程招标控制价/投标报价汇总表

工程名称：装饰装修工程　　　　标段：××　　　　第××页　共××页

序号	汇总内容	金额/元	其中：暂估价/元
1	分部分项工程	××××××	
1.1	人工费＋机械费	××××××	
1.2	⋮	⋮	
⋮	⋮	⋮	⋮
2	措施项目	××××××	
2.1	安全文明施工费	××××××	
3	其他项目	××××××	
3.1	暂列金额	××××××	
3.2	专业工程暂估价	××××××	
3.3	计日工	××××××	
3.4	总承包服务费	××××××	
4	规费	××××××	
5	税金	××××××	
招标控制价合计＝1＋2＋3＋4＋5		××××××	

7.3.4 填写单项工程招标控制价/投标报价汇总表和工程项目招标控制价/投标报价汇总表

单项工程招标控制价/投标报价汇总表的内容见表7-18，工程项目招标控制价/投标报价汇总表的内容见表7-19。

表7-18 单项工程招标控制价/投标报价汇总表

工程名称：×××装饰装修工程　　　　第××页　共××页

序号	单项工程名称	金额/元	其中		
			暂估价/元	安全文明施工费/元	规费/元
1	装饰装修工程	××××××	⋮	⋮	×××××
2	电气照明工程	××××××			××××××
3	排水工程	××××××			⋮
4	空调安装工程	⋮			
5	土建工程				
⋮					
合计		××××××	⋮	⋮	××××××

表 7-19　工程项目招标控制价/投标报价汇总表

工程名称：×××装饰装修工程　　　　　　　　　　　　　　　　第 1 页　共 1 页

序号	单项工程名称	金额/元	其中		
			暂估价/元	安全文明施工费/元	规费/元
1	办公楼	××××××	××××××	××××××	××××××
2	住宅楼	⋮	⋮	⋮	××××××
3	商场				××××××
⋮	⋮				⋮
合计		×××			×××

计算技术经济指标（元/m^2）

$$每平方米造价=\frac{工程总价}{建筑面积}$$

每平方米造价是指每平方米建筑面积所需要的相应等级装饰的费用。

例 7-1　某装饰装修工程建筑面积为 180m^2，装饰装修工程项目投标总价为 101956.08 元，其中人工费为 8654.60 元，试计算每平方米造价。

$$每平方米造价=\frac{工程总价}{建筑面积}=\frac{101956.08\text{ 元}}{180m^2}=566.42\text{ 元}/m^2$$

7.3.5　施工图预算的编制说明

预算书的编制说明由编制依据和其他需要说明的问题组成，没有统一的格式要求和标准。

1. 编制依据

编制依据主要包括：

1）所用的施工图样及相关文件，包括：设计单位、设计编号、图样编号，采用的标准图集、规范、工艺标准，设备安装图册等。

2）编制预算所采用的有关定额，单位估价表，材料预算价格及有关文件规定、解释、说明等。

3）工程承包合同、协议及技术交底中的设计变更。

2. 需要说明的问题

1）与概预算有关的工程情况说明，如需要采取的方法措施等。

2）编制缺项材料单价、暂估价项目的基础资料说明。

3）对预算参考的差价处理说明。

4）编制预算有关调价的文件等。

5）其他需要特殊说明的问题。

例如，某装饰装修工程预算书的编制总说明如下：

编制总说明

1）本预算是根据双方签订的工程合同和设计施工图样编制的。

2）工程量清单项目依据《建设工程工程量清单计价规范》GB 50500—2008 确定。

3）定额采用辽宁省建设工程计价依据《B 装饰装修工程计价定额》(2008)。

4）取费按辽宁省建设工程计价依据《建筑工程费用标准》规定计算。

5）材料预算价格按辽宁省建设工程计价依据《B 装饰装修工程计价定额》(2008) 材料预算价格取定表计算，部分材料未选定，暂按双方初定方案编制。

6）本预算中的遗漏及今后施工中发生的变更、增减、签证等，在竣工结算时一并调整。

7）本预算在编制过程中因天棚局部做法未定，暂按施工图设计编制，待确定后调整预算结算。

8）……

7.3.6 工程预算书封面签署页

预算书封面是根据工程概况、承包方式及预算的有关内容摘录设计的，见表 7-20，其中编制人、审核人签名是预算编制的严格规定和必要程序，单位盖章及法人代表签字栏表明了提供预算文件的严肃性。

各省、市有文件规定，未经审核或没加盖公章的预算书，主管部门不予进行审查公正，不能作为工程拨款的依据。

表 7-20 投标总价表

投标总价

招　标　人：________________

工 程 名 称：________________

投标总价（小写）：________________

（大写）：________________

投　标　人：________________

（单位盖章）

法定代表人

或其授权人：________________

（签字或盖章）

编　制　人：________________

（造价人员签字盖专用章）

编制时间：年　　月　　日

第8章　各种工程量计算实例

8.1　楼地面工程量计算实例

1. 花岗石石楼地面工程量的计算

如图8-1所示，以净尺寸面积计算，单位为$100m^2$。

(1) 工程量　依据GB 50500—2008中《附录B装饰装修工程工程量清单项目及计算规则》计算得

(6.00－0.24) × (6.00－0.24) m^2＝5.76×5.76m^2＝33.18m^2≈0.33×10^2m^2

(2) 直接工程费　套用辽宁省建设工程计价依据《B装饰装修工程计价定额》(辽建[2008]) 单位基价表，见附录楼地面工程，项目编码020102001008。

直接工程费　0.33×13175.44元＝4347.90元

其中：人工费　　0.33×1269.07元＝418.80元

　　　机械费　　0.33×50.32元＝16.61元

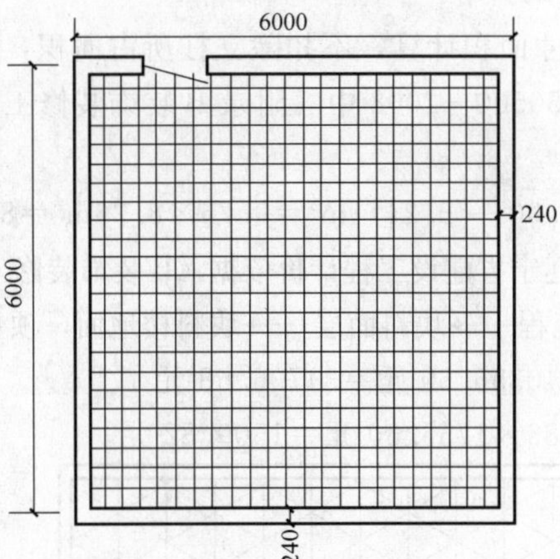

图8-1　花岗石楼地面示意图

2. 塑料板面楼地面工程量的计算

如图8-2所示，以净尺寸面积计算，单位为$100m^2$。

(1) 工程量　依据GB 50500—2008中《附录B装饰装修工程工程量清单项目及计算规则》计算得

(2.94－0.12) × (4－0.24) m^2×2＋ (4.00－0.24) × (6.00－0.24) m^2＋0.90×0.12m^2＋0.90×0.24m^2

＝2.82×3.76×2m^2＋3.76×5.76m^2＋0.108m^2＋0.216m^2

＝43.19m^2≈0.43×10^2m^2

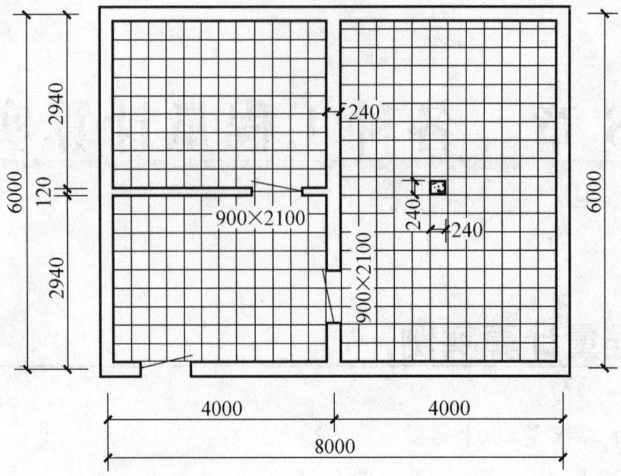

图 8-2 塑料板面楼地面示意图

(2) 直接工程费 套用辽宁省建设工程计价依据《B装饰装修工程计价定额》(辽建[2008])单位基价表，见附录楼地面工程──→橡塑面层──→塑料板楼地面，项目编码 020103003002。

直接工程费 0.43×7163.11 元=3080.14 元

其中：人工费 0.43×1539.90 元=662.16 元

机械费 0.43×36.47 元=15.68 元

3. 镭射玻璃地面工程量的计算

如图 8-3 所示，以净尺寸面积计算，不扣除立柱所占面积，单位为 $100m^2$。

(1) 工程量 依据 GB 50500—2008 中《附录 B 装饰装修工程工程量清单项目及计算规则》计算得

$(10.00-0.24)\times(9.00-0.24)\ m^2=9.76\times8.76m^2=85.50m^2\approx0.86\times10^2m^2$

(2) 直接工程费 套用辽宁省建设工程计价依据《B装饰装修工程计价定额》(辽建[2008])单位基价表，见附录楼地面工程──→块料面层──→块料楼地面，项目编码 020102002008。

直接工程费 0.86×40356.60 元=34706.68 元

其中：人工费 0.86×1755.60 元=1509.82 元

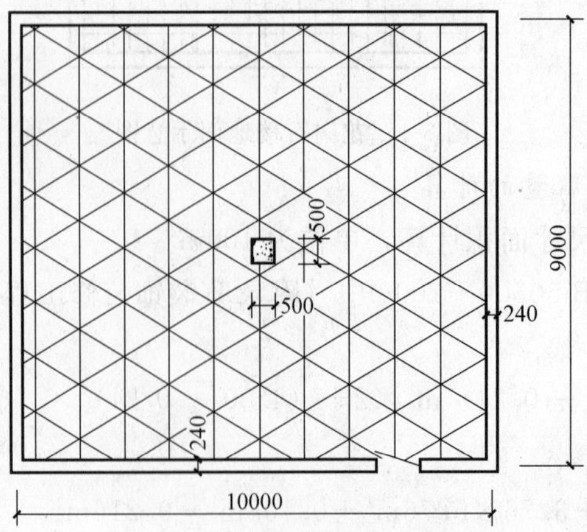

图 8-3 镭射玻璃地面示意图

4. 企口木地板楼地面工程量的计算

如图 8-4 所示，以净尺寸面积计算，单位为 $100m^2$。

（1）工程量　依据 GB 50500—2008 中《附录 B 装饰装修工程工程量清单项目及计算规则》计算得：

（6.00 — 0.24）×（6.00 — 0.24）m^2 = 5.76 × 5.76m^2 = 33.18m^2 ≈ 0.33 × 10^2m^2

（2）直接工程费　套用辽宁省建设工程计价依据《B 装饰装修工程计价定额》（辽建[2008]）单位基价表，见附录楼地面工程→其他材料面层→竹木地板，项目编码 020104002006。

直接工程费　　0.33 × 22437.92 元 = 7404.51 元

其中：人工费　　0.33 × 2450.47 元 = 808.66 元

　　　机械费　　0.33 × 285.43 元 = 94.19 元

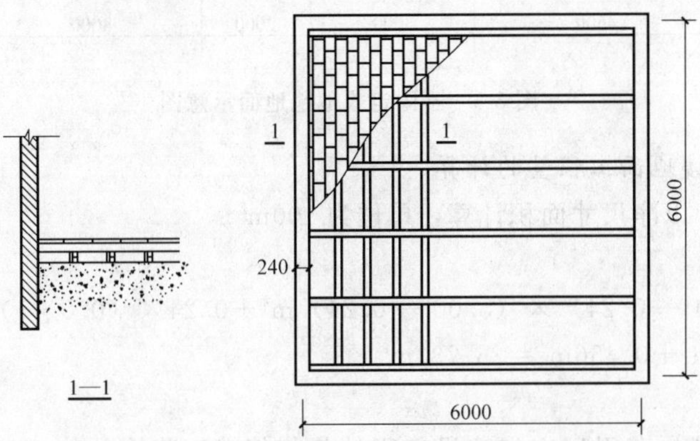

图 8-4　企口木地板楼地面示意图

5. 不固定式地毯地面工程量的计算

如图 8-5 所示，以净尺寸面积计算，单位为 $100m^2$。

（1）工程量　依据 GB 50500—2008 中《附录 B 装饰装修工程工程量清单项目及计算规则》计算得：

（7.00 — 0.24）×（4.5 — 0.24）m^2 +（3.50 — 0.24）×（5.00 — 0.24）m^2 +（3.00 — 0.24）×（3.50 — 0.24）m^2 +（4.00 — 0.24）×（7.00 — 0.24）m^2 + 0.24 ×（0.9 × 2 + 0.8 × 2 + 1）m^2

= 6.76 × 4.26m^2 + 3.26 × 4.76m^2 + 2.76 × 3.26m^2 + 3.76 × 6.76m^2 + 1.056m^2

= 78.73m^2 + 1.056m^2 = 79.786m^2

≈ 0.8 × 10^2m^2

（2）直接工程费　套用辽宁省建设工程计价依据《B 装饰装修工程计价定额》（辽建[2008]）单位基价表，见附录楼地面工程→其他材料面层→楼地面地毯，项目编码 020104001001。

直接工程费　　0.8 × 14523.07 元 = 11618.46 元

其中：人工费　　0.8 × 765.60 元 = 612.48 元

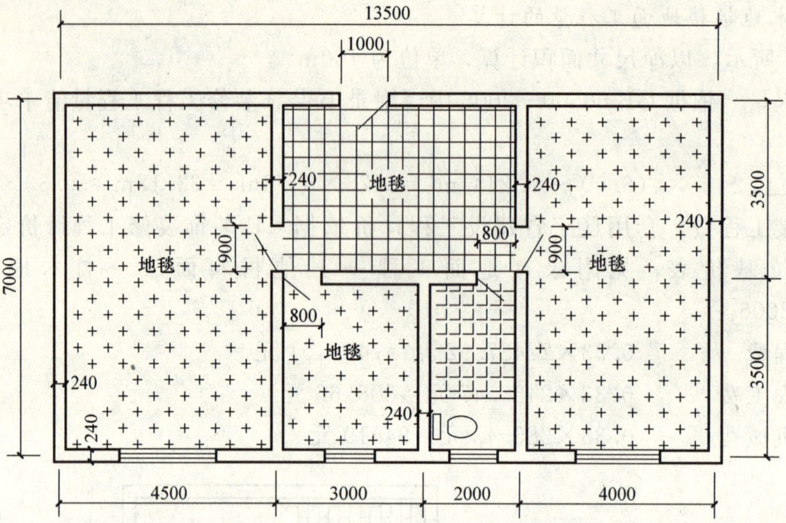

图 8-5　不固定式地毯地面示意图

6. 防静电铝质楼地面工程量的计算

如图 8-6 所示，以净尺寸面积计算，单位为 $100m^2$。

(1) 工程量

$(6.00-0.24-0.24)\times(5.00-0.24)m^2+0.24\times(0.9+1)m^2$

$=5.52\times4.76m^2+0.456m^2=26.731m^2$

$\approx0.27\times10^2m^2$

(2) 直接工程费　套用辽宁省建设工程计价依据《B装饰装修工程计价定额》（辽建[2008]）单位基价表，见附录楼地面工程——→其他材料面层——→防静电活动地板，项目编码 020104003001。

直接工程费　　　0.27×62459.03 元＝16863.94 元

其中：人工费　　0.27×3661.67 元＝988.65 元

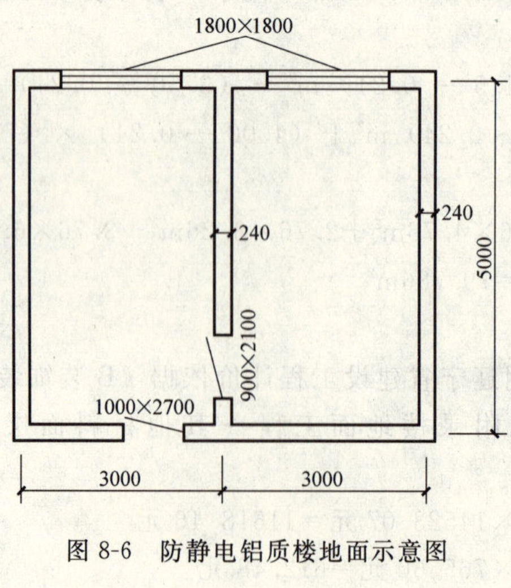

图 8-6　防静电铝质楼地面示意图

8.2　墙、柱面工程量计算实例

1. 花岗石柱工程量的计算

如图 8-7 所示，以设计图示展开计算，单位为 $100m^2$。

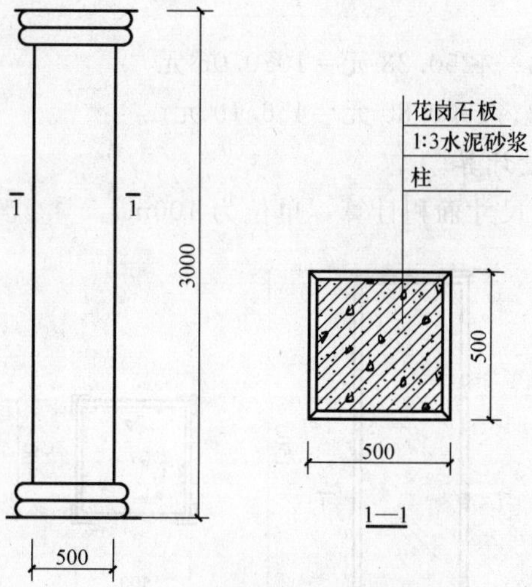

图 8-7　花岗石柱工程示意图

(1) 工程量　依据 GB 50500—2008 中《附录 B 装饰装修工程工程量清单项目及计算规则》计算得

$$0.50\times4\times3m^2=6m^2=0.06\times10^2m^2$$

(2) 直接工程费　套用辽宁省建设工程计价依据《B 装饰装修工程计价定额》(辽建[2008]) 单位基价表，见附录墙、柱面工程——→柱面镶贴块料——→石材柱面，项目编码 020205001013。

直接工程费　　0.06×24864.59 元＝1491.88 元

其中：人工费　　0.06×5285.64 元＝317.14 元

　　　机械费　　0.06×92.36 元＝5.54 元

2. 木墙裙工程量计算

如图 8-8 所示，以净尺寸面积计算，单位为 $100m^2$。

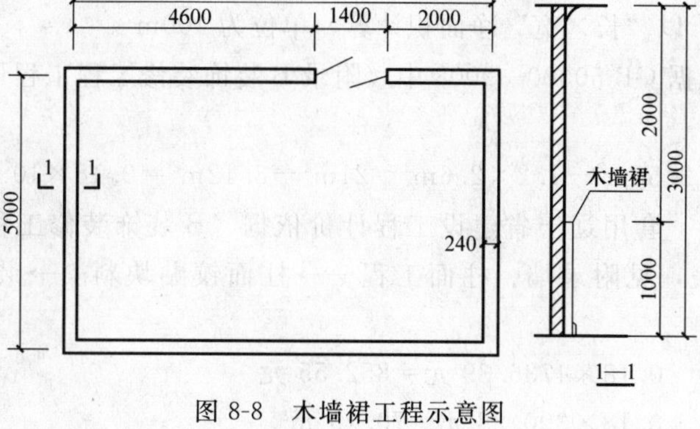

图 8-8　木墙裙工程示意图

（1）工程量　依据《附录B装饰装修工程工程量清单项目及计算规则》计算得

$$[(8.00-0.24)+(5.00-0.24)]\times 2\times 1m^2-1.40\times 1m^2$$
$$=25.04m^2-1.40m^2=23.64m^2\approx 0.24\times 10^2m^2$$

（2）直接工程费　套用辽宁省建设工程计价依据《B装饰装修工程计价定额》（辽建[2008]）单位基价表，见附录墙、柱面工程──→墙饰面──→装饰板墙面，项目编码020207001057。

直接工程费　　0.24×4250.23元=1020.06元

其中：人工费　　0.24×1900.80元=456.19元

3. 柱面镶贴镜片工程量计算

如图8-9所示，以外包尺寸面积计算，单位为$100m^2$。

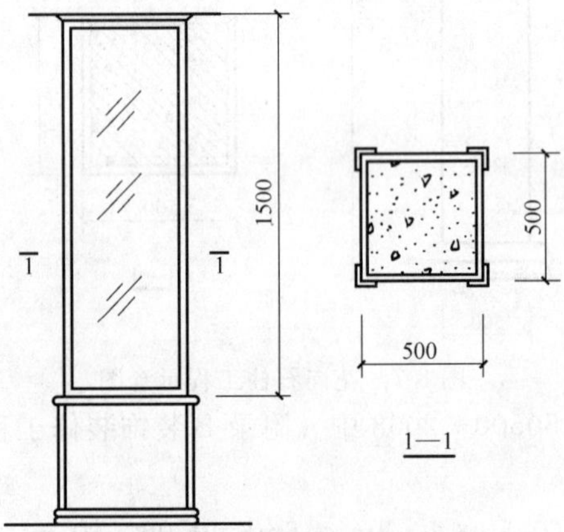

图8-9　柱面镶贴镜片工程示意图

（1）工程量

$$0.50\times 4\times 1.50m^2=3m^2=0.03\times 10^2m^2$$

（2）直接工程费　套用辽宁省建设工程计价依据《B装饰装修工程计价定额》（辽建[2008]）单位基价表，见附录墙、柱面工程──→柱面镶贴块料──→柱（梁）饰面，项目编码020208001001。

直接工程费　　0.03×10224.06元=306.72元

其中：人工费　　0.03×801.24元=24.04元

4. 细木工板隔墙基层工程量的计算

如图8-10所示，以“长×宽”净面积计算，单位为$100m^2$。

（1）工程量　依据GB 50500—2008中《附录B装饰装修工程工程量清单项目及计算规则》计算得

$$6\times 3.50m^2-1.2\times 2.6m^2=21m^2-3.12m^2=0.18\times 10^2m^2$$

（2）直接工程费　套用辽宁省建设工程计价依据《B装饰装修工程计价定额》（辽建[2008]）单位基价表，见附录墙、柱面工程──→柱面镶贴块料──→装饰板墙面，项目编码020207001025。

直接工程费　　0.18×4736.39元=852.55元

其中：人工费　　0.18×390.28元=70.25元

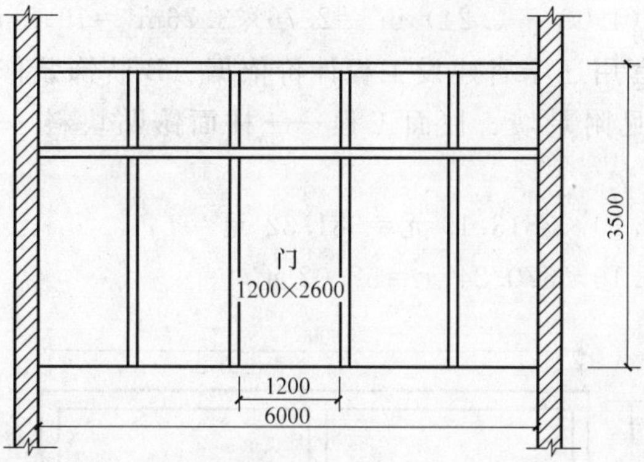

图 8-10　细木工板隔墙工程示意图

5. 塑钢全玻璃隔墙工程量的计算

如图 8-11 所示，以净面积计算，单位为 100m²。

（1）工程量　依据 GB 50500—2008 中《附录 B 装饰装修工程工程量清单项目及计算规则》计算得

$(2.9\times8)\ m^2-(2.1\times1.2\times2)\ m^2=23.2m^2-5.04m^2=18.16m^2\approx0.18\times10^2m^2$

（2）直接工程费　套用辽宁省建设工程计价依据《B 装饰装修工程计价定额》（辽建[2008]）单位基价表，见附录墙、柱面工程——→隔断——→隔断，项目编码 020209001014。

直接工程费　　0.18×31483.49 元＝5667.03 元

其中：人工费　　0.18×1806.64 元＝325.20 元

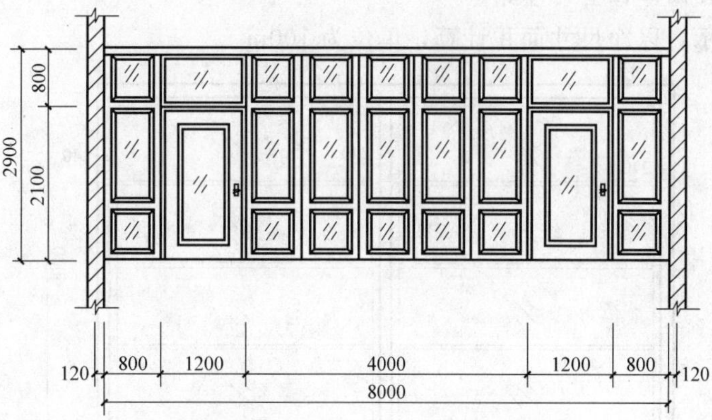

图 8-11　塑钢全玻璃隔墙工程示意图

8.3　天棚工程量计算实例

1. 卫生间塑料天棚工程量的计算

如图 8-12 所示，以净尺寸面积计算，单位为 100m²。

（1）工程量　依据 GB 50500—2008 中《附录 B 装饰装修工程工程量清单项目及计算规则》计算得

$(3.00-0.24)\times(4.00-0.24)\ m^2=2.76\times3.76m^2=10.38m^2\approx0.10\times10^2m^2$

（2）直接工程费　套用辽宁省建设工程计价依据《B装饰装修工程计价定额》（辽建［2008］）单位基价表，见附录墙、柱面工程——→柱面镶贴块料——→装饰板墙面，项目编码 020302001087。

直接工程费　　0.10×3813.19 元＝381.32 元

其中：人工费　0.10×570.24 元＝57.02 元

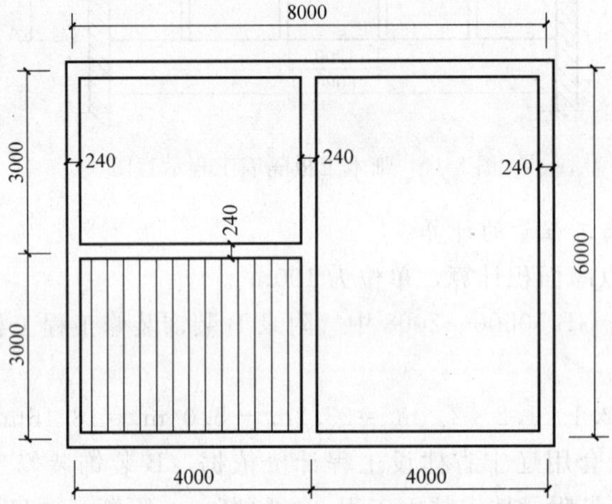

图 8-12　卫生间塑料天棚工程示意图

2. 镜面玻璃天棚工程量的计算

如图 8-13 所示，以净尺寸面积计算，单位为 $100m^2$。

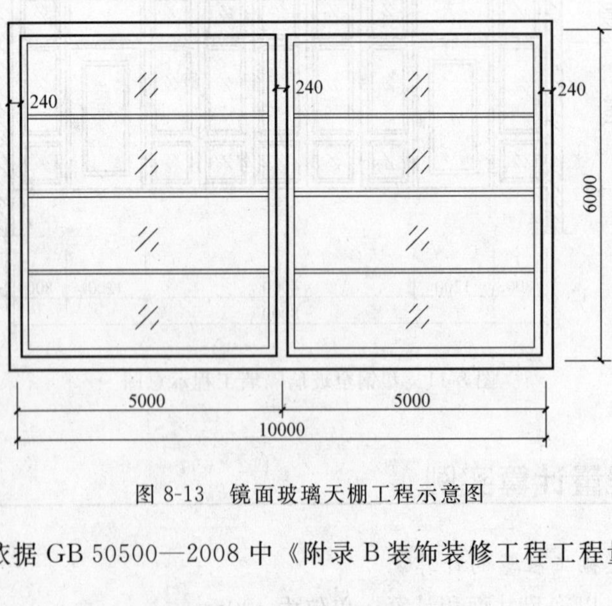

图 8-13　镜面玻璃天棚工程示意图

（1）工程量　依据 GB 50500—2008 中《附录 B 装饰装修工程工程量清单项目及计算规则》计算得

$(10.00-0.24-0.24)\times(6.00-0.24)\ m^2=9.52\times5.76m^2=54.84m^2\approx0.55\times10^2m^2$

（2）直接工程费　套用辽宁省建设工程计价依据《B装饰装修工程计价定额》（辽建［2008］）单位基价表，见附录天棚工程——→天棚吊顶——→天棚吊顶，项目编码 020302001132。

直接工程费　　　0.55×8201.82 元=4511.00 元

其中：人工费　　0.55×1615.67 元=888.62 元

8.4　门窗工程量计算实例

1. 平开铝合金门工程量的计算

如图 8-14 所示，以框外围面积计算，单位为 $100m^2$。

(1) 工程量　依据 GB 50500—2008 中《附录 B 装饰装修工程工程量清单项目及计算规则》计算得

$$2.70\times1.50m^2=4.05m^2\approx0.041\times10^2m^2$$

(2) 直接工程费　套用辽宁省建设工程计价依据《B 装饰装修工程计价定额》（辽建[2008]）单位基价表，见附门窗工程 ⟶ 金属门窗 ⟶ 金属平开门，项目编码 020402001001。

直接工程费　　　0.041×4224.86 元=173.22 元

其中：人工费　　0.041×1848.00 元=75.77 元

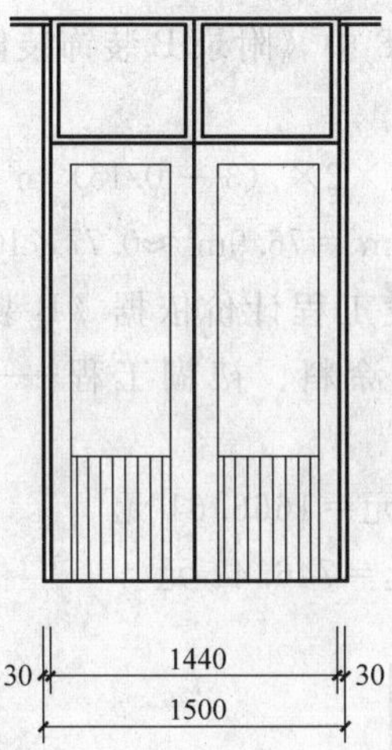

图 8-14　平开铝合金门工程示意图

2. 铝合金窗工程量的计算

如图 8-15 所示，以框外围面积计算，单位为 $100m^2$。

(1) 工程量　依据 GB 50500—2008 中《附录 B 装饰装修工程工程量清单项目及计算规则》计算得

$$2.50\times2m^2=5m^2=0.05\times10^2m^2$$

(2) 直接工程费　套用辽宁省建设工程计价依据《B 装饰装修工程计价定额》（辽建[2008]）单位基价表，见附录门窗工程 ⟶ 金属门窗 ⟶ 金属平开门，项目编码 020406001001。

直接工程费　　　0.05×4664.38 元=233.22 元

其中：人工费　　0.05×1811.04 元=90.55 元

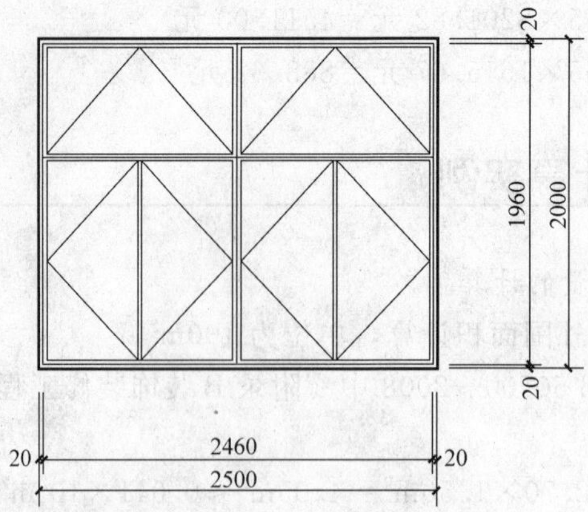

图 8-15 铝合金窗工程示意图

8.5 油漆、涂料和裱糊工程量计算实例

1. 墙面裱糊壁纸工程量的计算

如图 8-16 所示，以净尺寸面积计算，扣去踢脚板工程量和门窗口面积，单位为 100m²。

(1) 工程量　依据 GB 50500—2008 中《附录 B 装饰装修工程工程量清单项目及计算规则》计算得

[(6.00 − 0.24) + (9.00 − 0.24)] × 2 × (3 − 0.15) m² − 1.2 × (2.5 − 0.15) m² − 2 × 1.5m² = 29.04 × 2.85m² − 2.82m² − 3.00m² = 76.9m² ≈ 0.77 × 10² m²

(2) 直接工程费　套用辽宁省建设工程计价依据《B 装饰装修工程计价定额》(辽建[2008]) 单位基价表，见附录油漆、涂料、裱糊工程 ⟶ 裱糊 ⟶ 壁纸裱糊，项目编码 020509001001。

直接工程费　　0.77×2164.43 元＝1666.61 元

其中：人工费　　0.77×969.37 元＝746.41 元

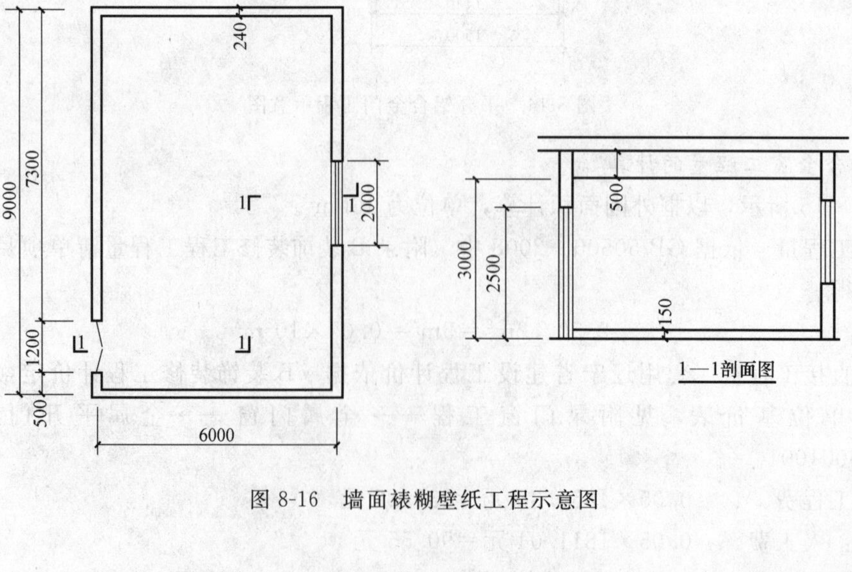

图 8-16 墙面裱糊壁纸工程示意图

2. 天花乳胶漆涂料工程量的计算

如图 8-17 所示，以净尺寸计算，单位为 $100m^2$。

(1) 工程量　依据 GB 50500—2008 中《附录 B 装饰装修工程工程量清单项目及计算规则》计算得

$$5.80\times3.80m^2=22.04m^2\approx0.22\times10^2m^2$$

(2) 直接工程费　套用辽宁省建设工程计价依据《B 装饰装修工程计价定额》（辽建[2008]）单位基价表，见附油漆、涂料、裱糊工程⟶抹灰面油漆⟶抹灰面油漆，项目编码 020506001002。

直接工程费　　0.22×478.57 元＝105.29 元

其中：人工费　　0.22×188.64 元＝41.50 元

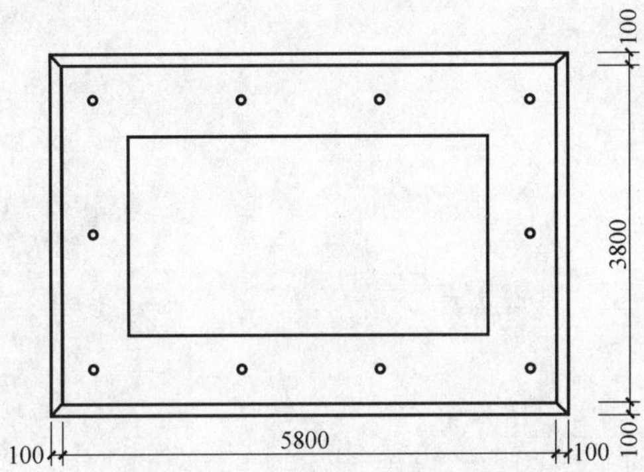

图 8-17　天花乳胶漆涂料工程示意图

8.6　玻璃幕墙工程量计算实例

铝合金玻璃幕墙工程示意图如图 8-18 所示，以长×宽净面积计算工程量，单位为 $100m^2$。

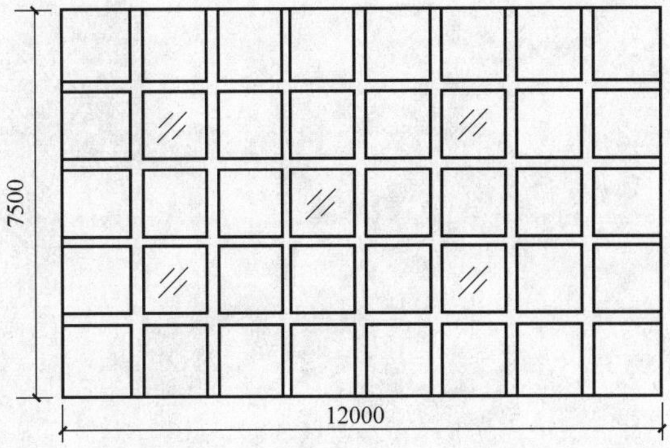

图 8-18　铝合金玻璃幕墙工程示意图

(1) 工程量　依据 GB 50500—2008 中《附录 B 装饰装修工程工程量清单项目及计算规则》计算得

$$7.50\times12.0m^2=90m^2=0.9\times10^2m^2$$

（2）直接工程费　套用辽宁省建设工程计价依据《B装饰装修工程计价定额》（辽建[2008]）单位基价表，见附录墙、柱面工程→幕墙→带骨架幕墙，项目编码020210001003。

直接工程费　　0.9×55134.63元＝49621.17元

其中：人工费　　0.9×7946.94元＝7152.25元

　　　机械费　　0.9×797.50元＝717.75元

第9章 工程量清单编制与工程量清单计价案例

某花园小区家居装饰装修工程，本工程为三室两厅两卫一厨的装饰装修工程项目，麻雀虽小，五脏俱全，以此案例达到举一反三的效果。设计方案见施工图样，工程量清单编制和工程量清单计价的编制如下。

编制依据为《建设工程工程量清单计价规范》（GB 50500—2008）、辽宁省建设工程计价《B装饰装修工程计价定额》[2008]、辽宁省《建设工程费用标准》[2008]、施工组织设计等资料。

9.1 工程量清单编制

9.1.1 装饰装修工程施工图

施工图样见图9-1～图9-12。

9.1.2 分部分项工程量清单项目

由图样和GB 50500—2008确定工程量清单项目。

1. 地面、天棚装饰装修工程量清单项目

（1）地面工程项目及特征

1）铺1900mm×190mm×15mm实木复合地板，底衬防潮垫；20mm厚1:3水泥砂浆找平层。

2）铺300mm×300mm×10mm奶白色地砖，结合层6mm，聚氨酯防水层1.5mm，1:3水泥砂浆找坡20mm。

（2）天花工程项目及特征

1）刮大白；涂饰白色乳胶漆两遍；木龙骨，防火涂料；9mm厚纸面石膏板。

2）白色铝塑板面层、防水垫层1.5mm；40mm×60mm木龙骨中距500mm。

2. 墙面装饰装修工程量清单项目

墙面工程项目及特征

1）刮大白，涂饰白色乳胶漆，装饰石膏线条，实木踢脚线涂饰硝基漆，安装双道塑钢窗帘轨道，局部彩色壁纸，手绘墙画，银色金属边，安装纸面石膏板。

2）镶贴150mm×150mm×10mm、150mm×300mm×10mm瓷板填缝剂填缝，水泥砂浆结合层6mm，聚氨酯防水层1.5mm，1:3水泥砂浆找平20mm。

3. 门窗及其他装饰装修工程量清单项目

（1）门窗及其他工程项目及特征　实木门900mm×2100mm×40mm共3樘，透明玻璃铝框金属门900mm×2000mm×40mm共2樘，磨砂玻璃铝框金属门900mm×2100mm×40mm共

3樘，防盗门1樘。

（2）其他工程项目及特征　大理石窗台板25mm，1:2.5水泥砂浆，客厅镜面木边框拉柜门，落地米黄色布窗帘，纱窗帘，门套。

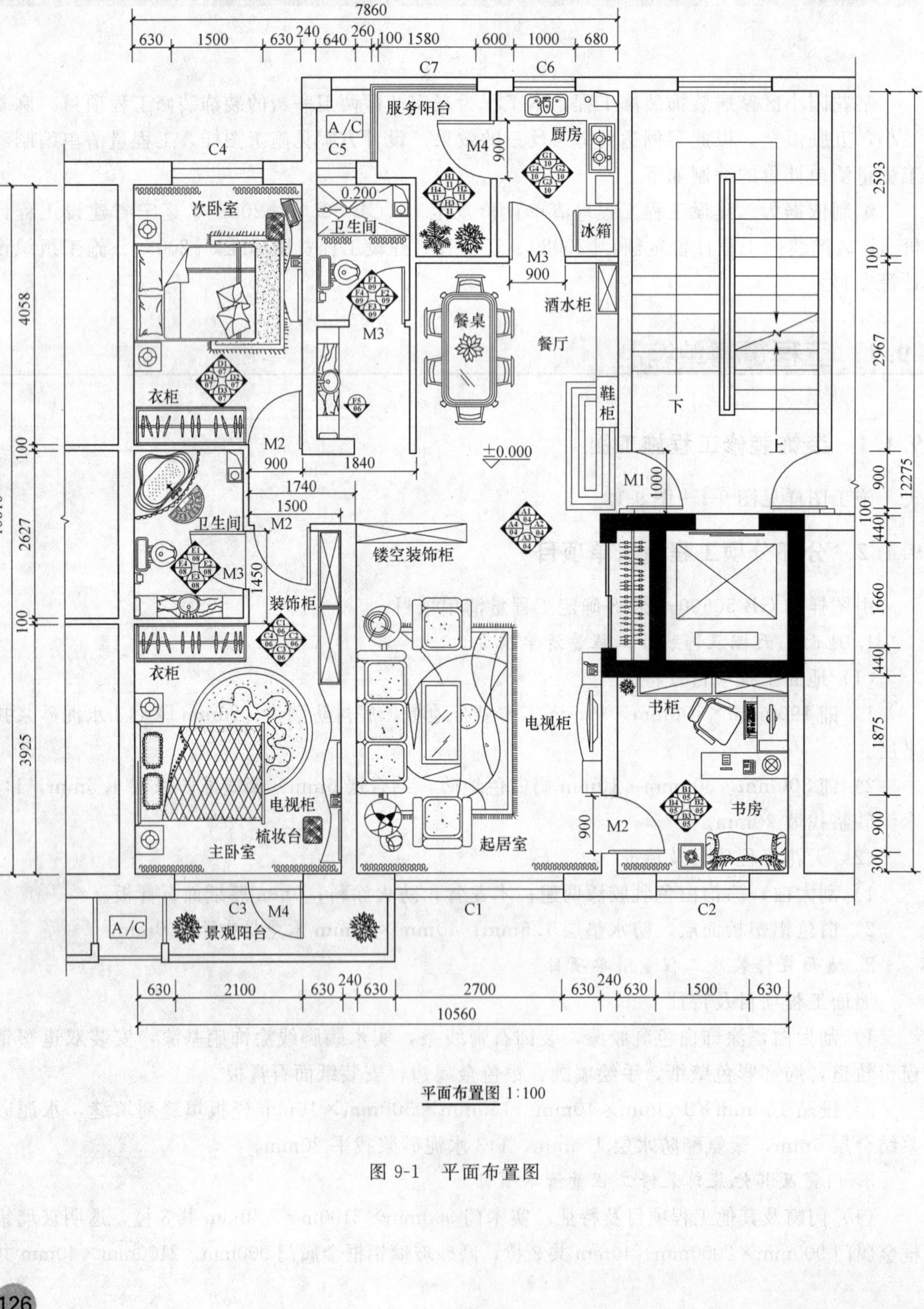

图 9-1　平面布置图

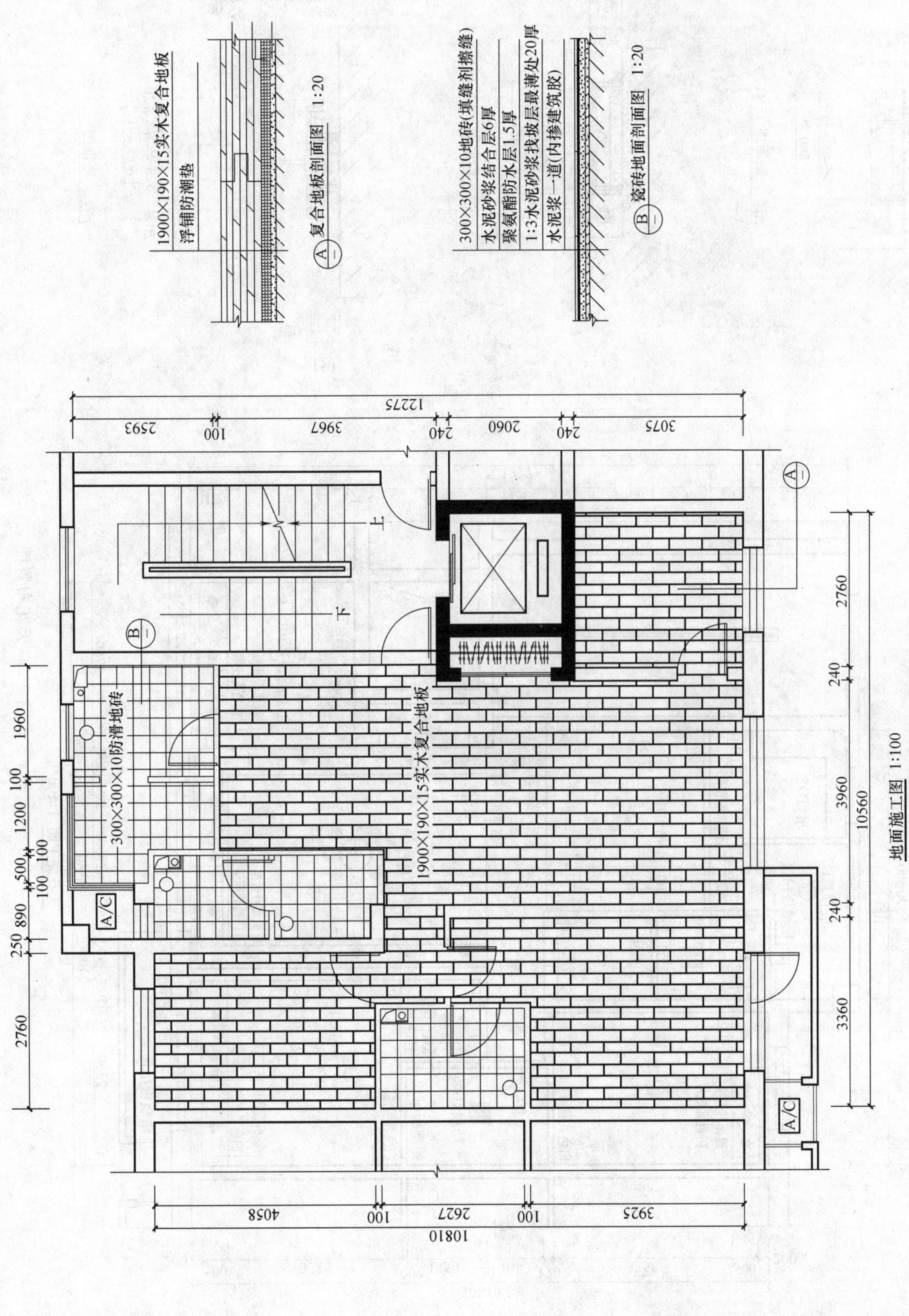

1900×190×15实木复合地板
浮铺防潮垫
A 复合地板剖面图 1:20
300×300×10地砖(填缝剂擦缝)
水泥砂浆结合层6厚
聚氨酯防水层1.5厚
1:3水泥砂浆找坡层最薄处20厚
水泥浆一道(内掺建筑胶)
B 瓷砖地面剖面图 1:20
12275
2593
100
3967
240
2060
240
3075
上
下
A/C
300×300×10防滑地砖
1900×190×15实木复合地板
2760
250
890
100
500
100
1200
100
1960
3360
240
3960
2760
10560
4058
100
2627
100
3925
10810
地面施工图 1:100

图 9-2　一层地面施工图

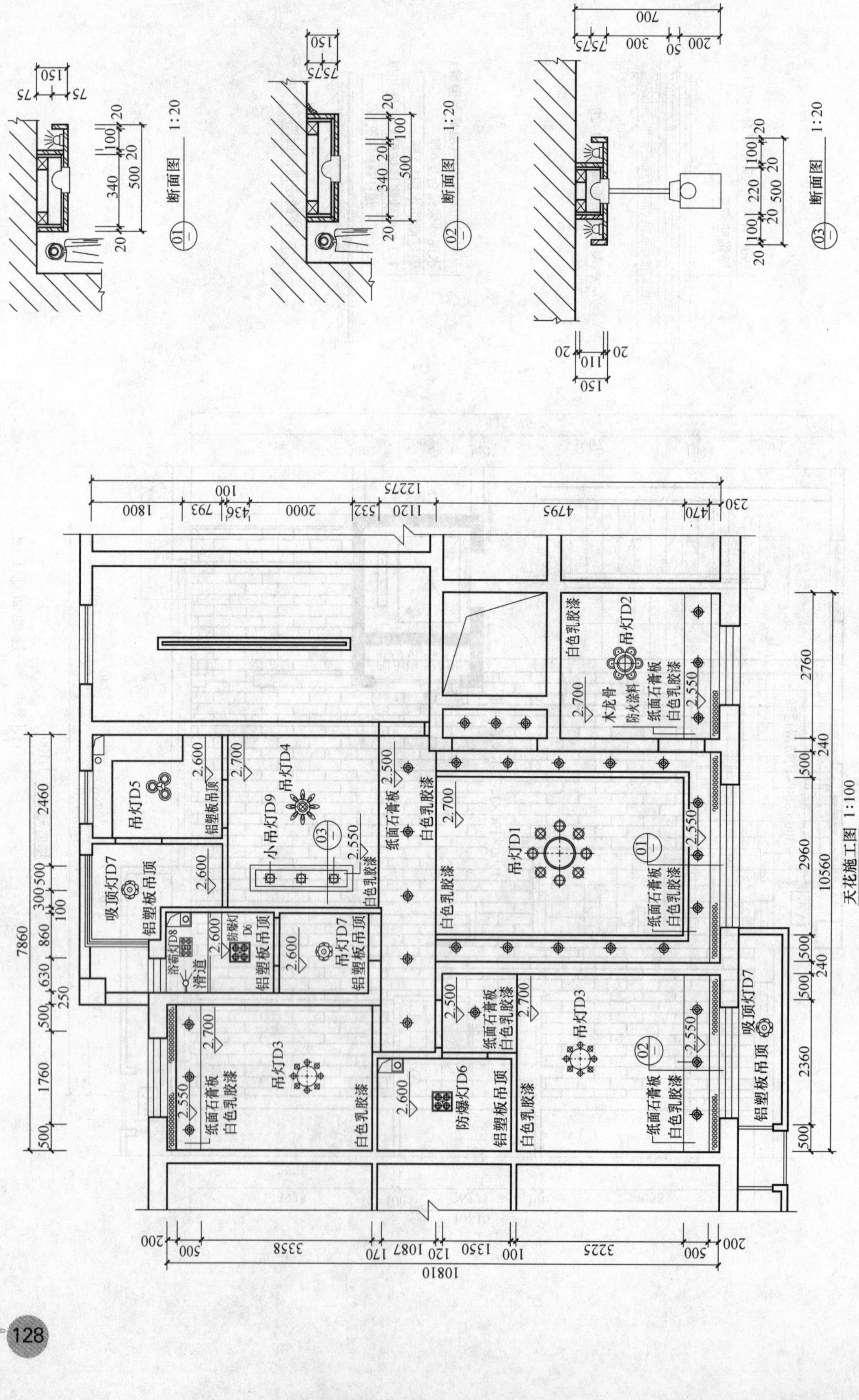
断面图 1:20
断面图 1:20
断面图 1:20
天花施工图 1:100
吊灯D1
吊灯D2
吊灯D3
吊灯D4
吊灯D5
防爆灯D6
吊灯D7
吸顶灯D7
浴霸灯D8
小吊灯D9
纸面石膏板
白色乳胶漆
铝塑板吊顶
木龙骨
防火涂料
10810
12275
10560
7860

图 9-3 天花布置图

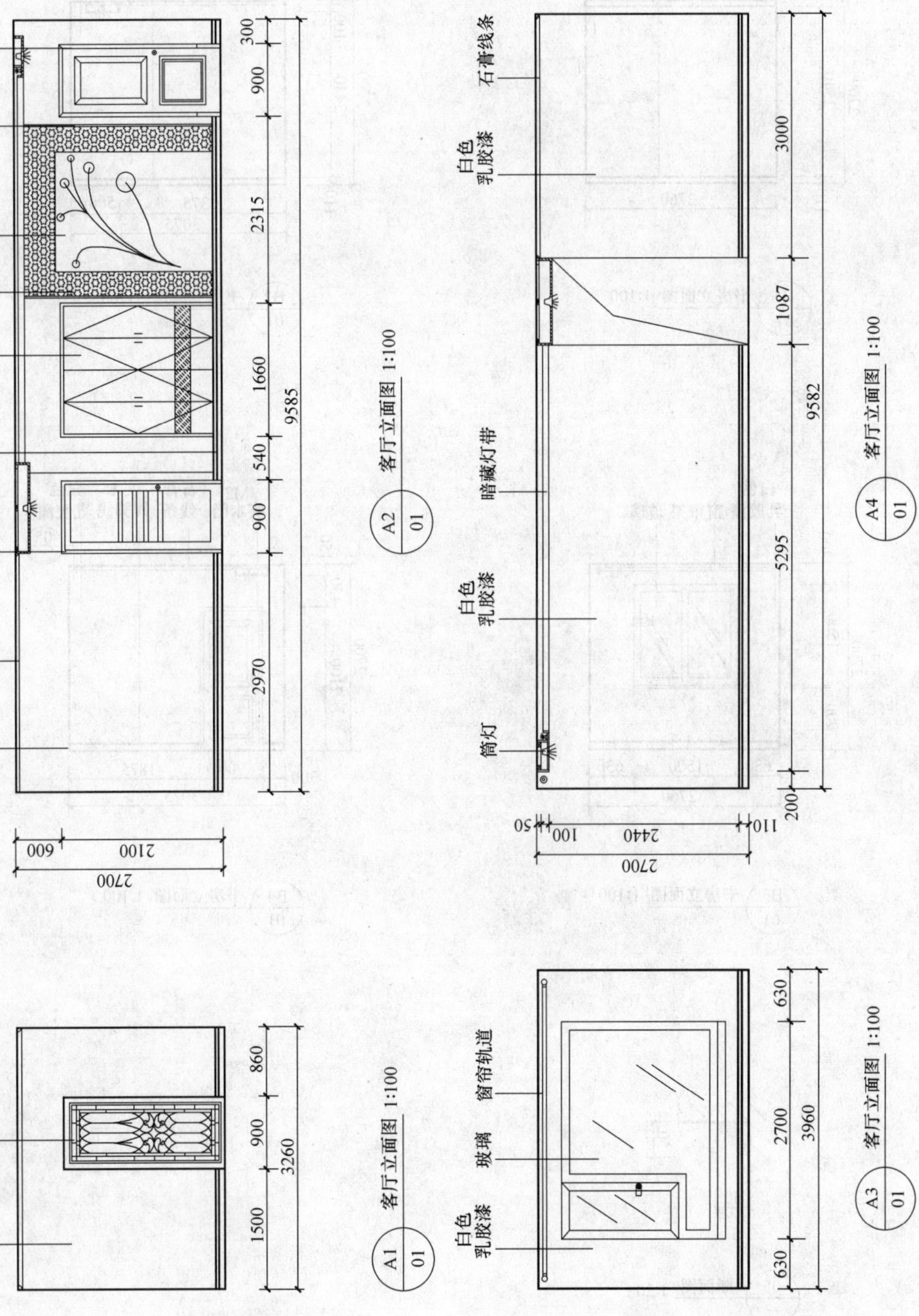
M2
实木复合门
银色
金属边
石膏板白
色乳胶漆
手绘墙画
浅色
壁纸
镜面
柜门
实木踢脚线
M1实木门
石膏线条
白色
乳胶漆
300
900
2315
1660
540
900
2970
9585
600
2100
2700
A2
01
客厅立面图 1:100
石膏线条
白色
乳胶漆
暗藏灯带
白色
乳胶漆
筒灯
3000
1087
5295
200
9582
50
100
2440
110
2700
A4
01
客厅立面图 1:100
白色
乳胶漆
M3磨砂玻璃门
1500
900
860
3260
50
550
1990
110
2700
A1
01
客厅立面图 1:100
白色
乳胶漆
玻璃
窗帘轨道
630
2700
630
3960
300
2100
300
2700
A3
01
客厅立面图 1:100

图 9-4　客厅立面墙图

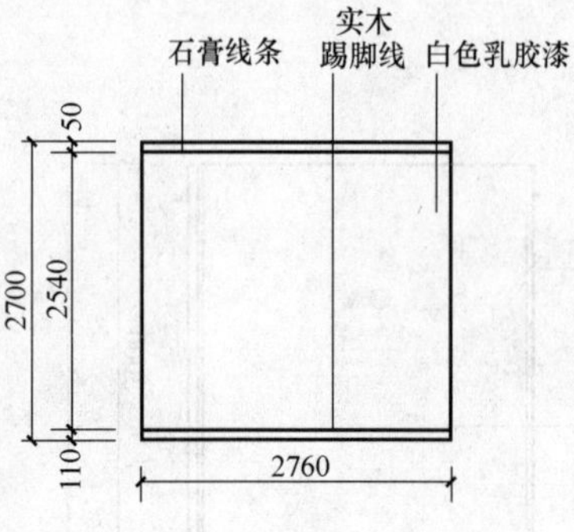

B1 书房立面图 1:100
01

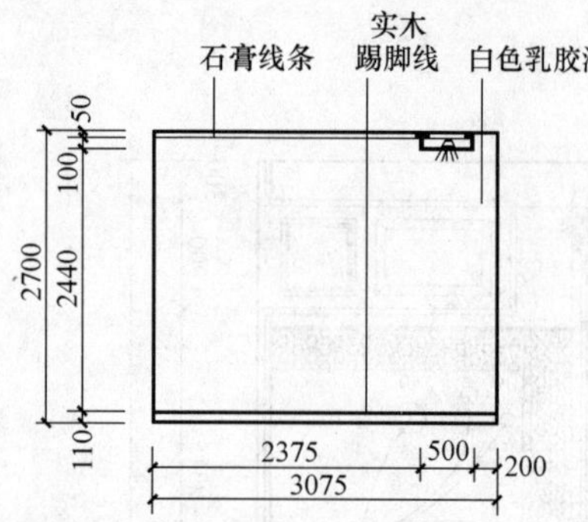

B2 书房立面图 1:100
01

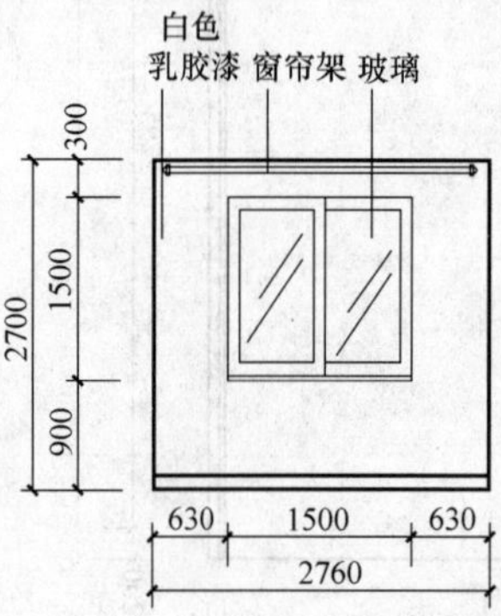

B3 书房立面图 1:100
01

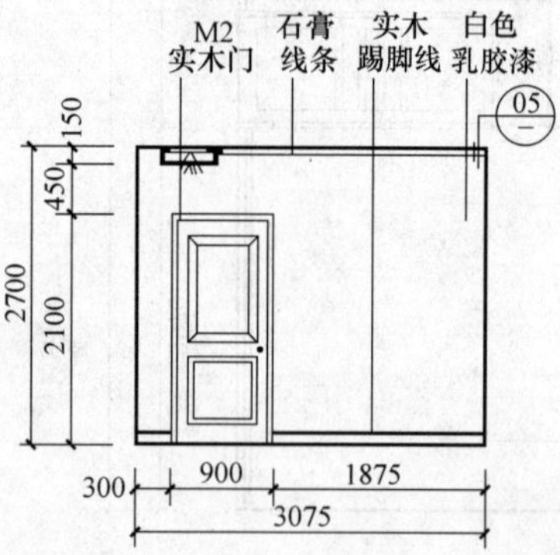

B4 书房立面图 1:100
01

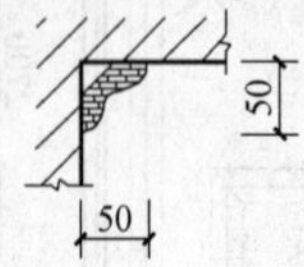

05 断面图 1:20

图 9-5 书房立面墙图

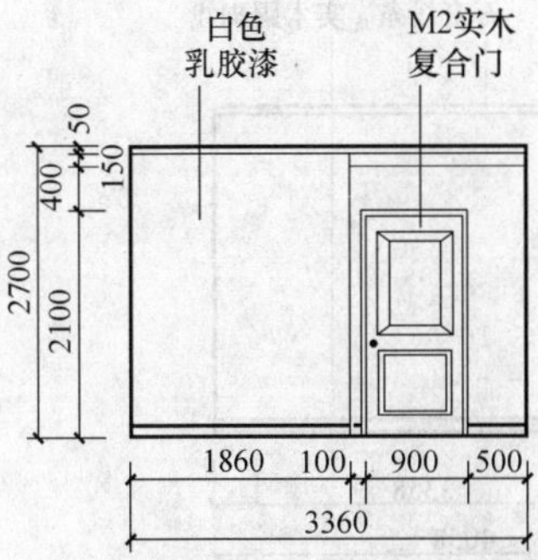

C1
01
主卧立面图 1:100

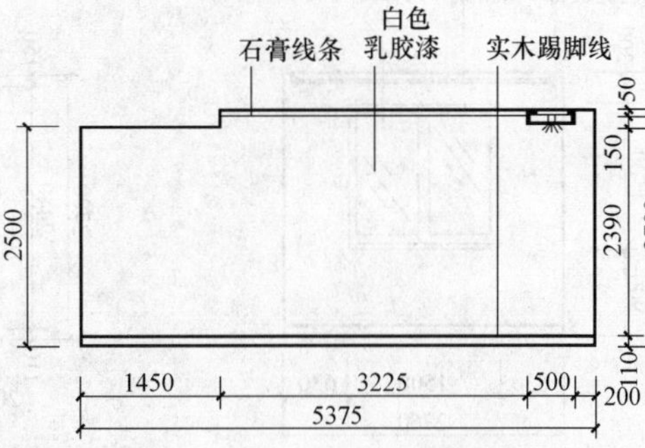

C2
01
主卧立面图 1:100

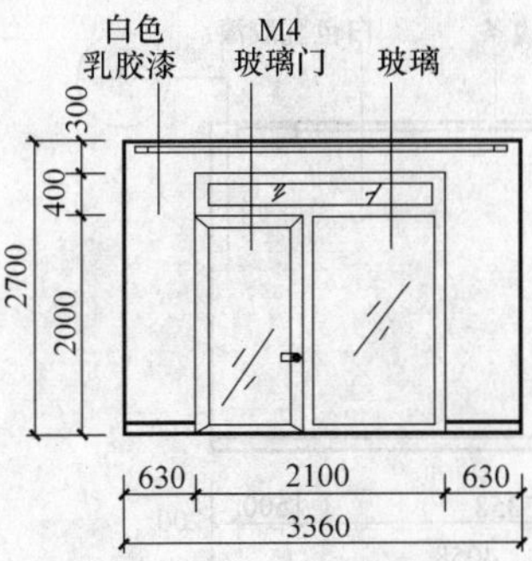

C3
01
主卧立面图 1:100

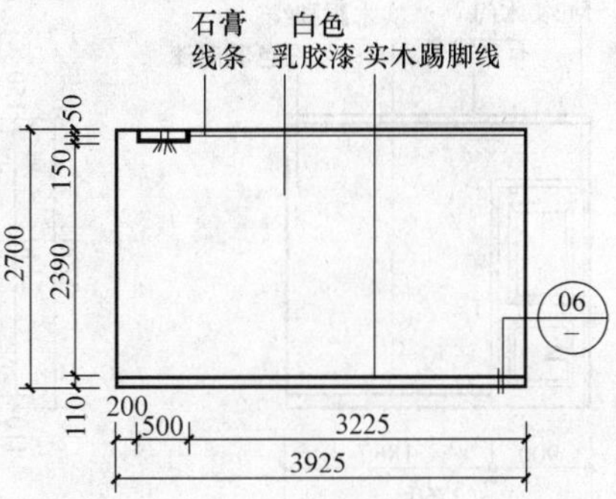

C4
01
主卧立面图 1:100

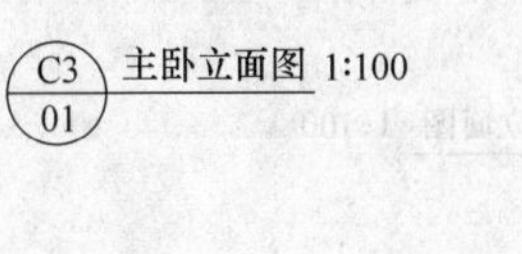

06
—
断面图 1:20

图 9-6　主卧立面墙图

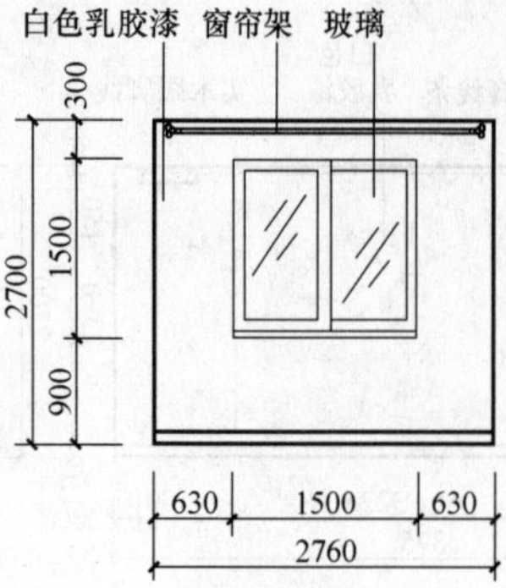

D1
01
次卧立面图 1:100

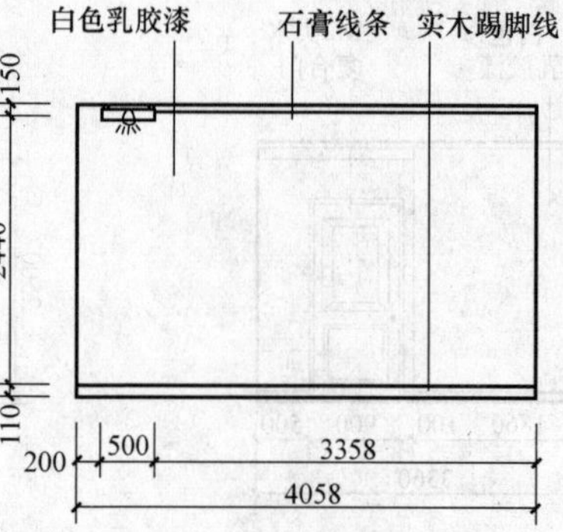

D2
01
次卧立面图 1:100

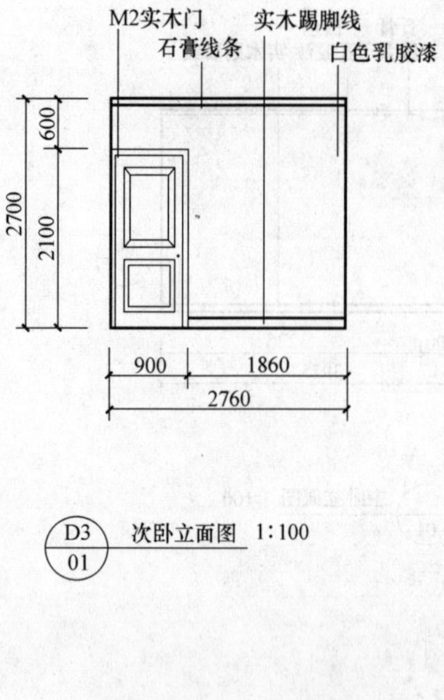

D3
01
次卧立面图 1:100

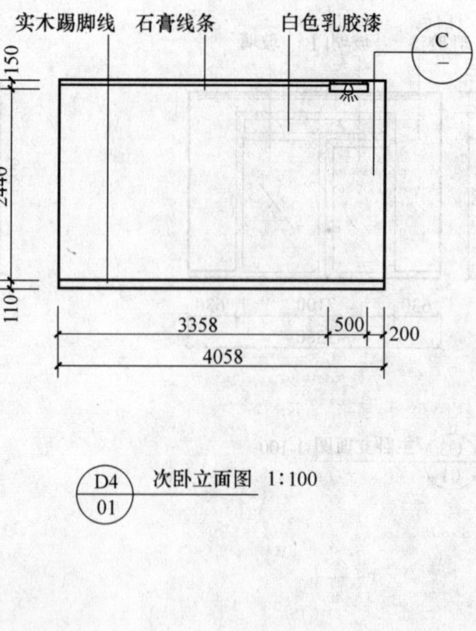

D4
01
次卧立面图 1:100

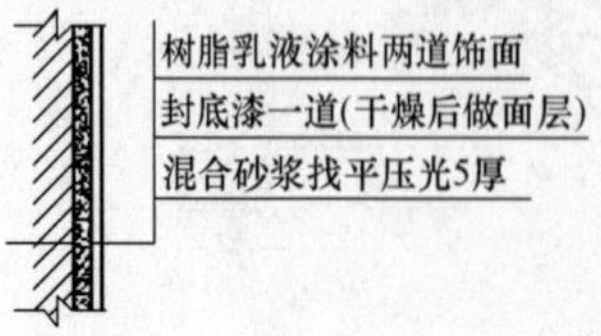

C
–
剖面图 1:20

图 9-7 次卧立面墙图

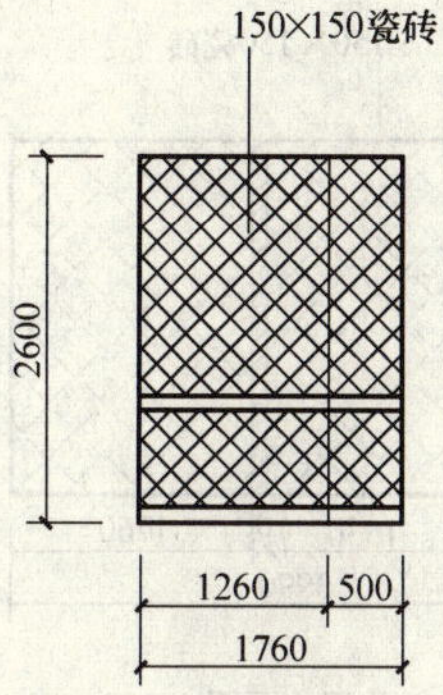

E1/01 主卫立面图 1:100

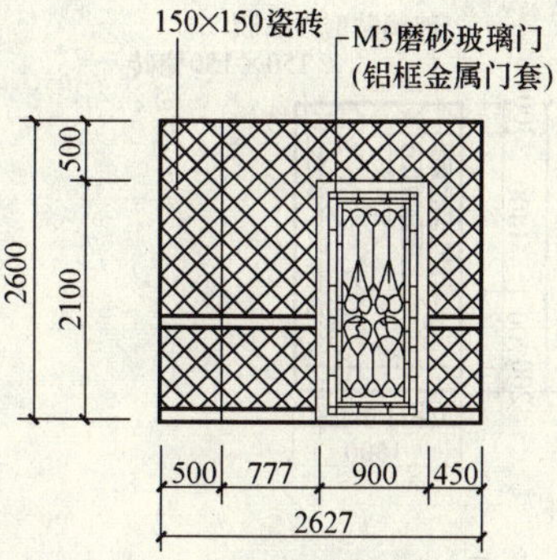

E2/01 主卫立面图 1:100

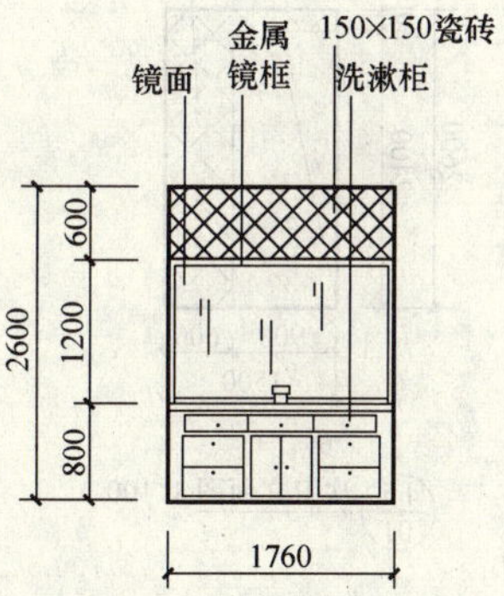

E3/01 主卫立面图 1:100

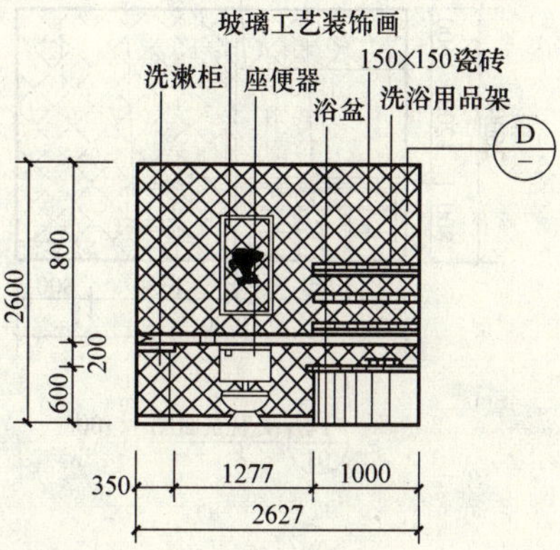

E4/01 主卫立面图 1:100

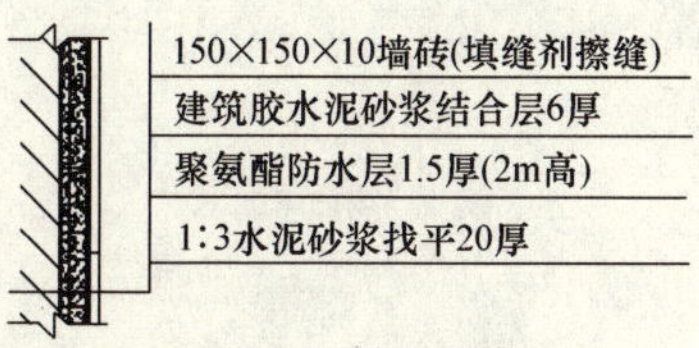

D/– 剖面图 1:20

图 9-8 主卧卫生间立面墙图

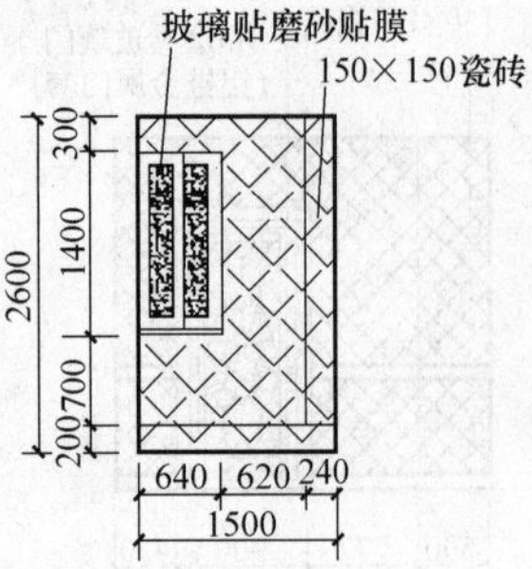

F1/01 次卫立面图 1:100

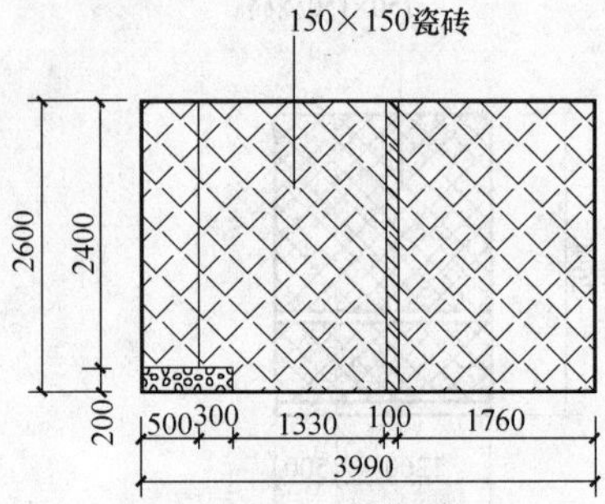

F2/01 次卫立面图 1:100

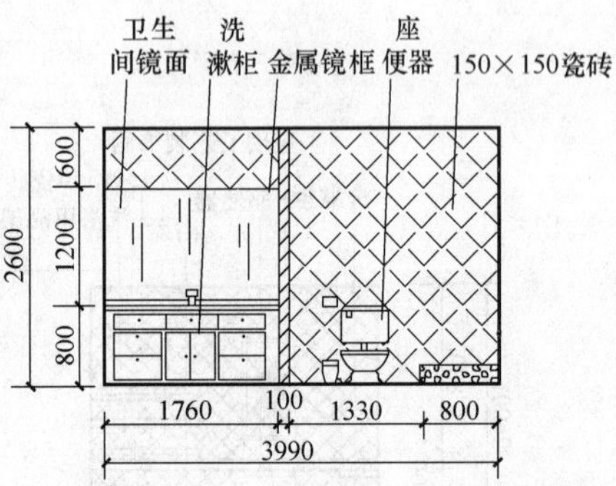

F4/01 次卫立面图 1:100

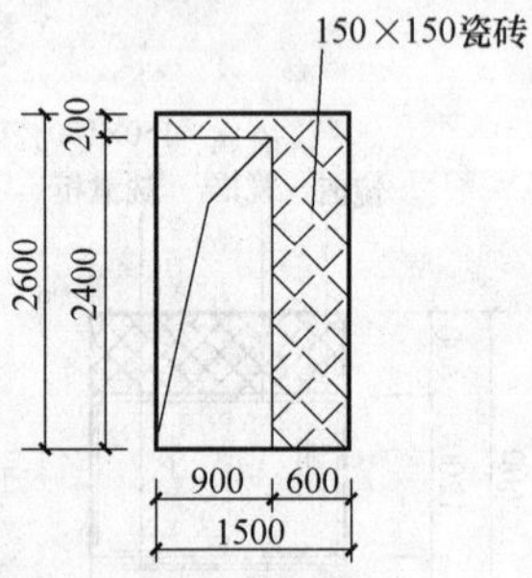

F5/01 次卫立面图 1:100

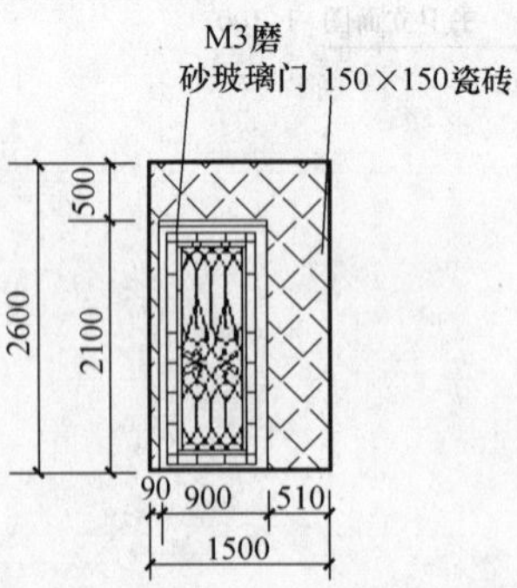

F3/01 次卫立面图 1:100

注明：洗手间暗门的立面与次卫生间(F4)立面镜像

图 9-9　次卫生间立面墙图

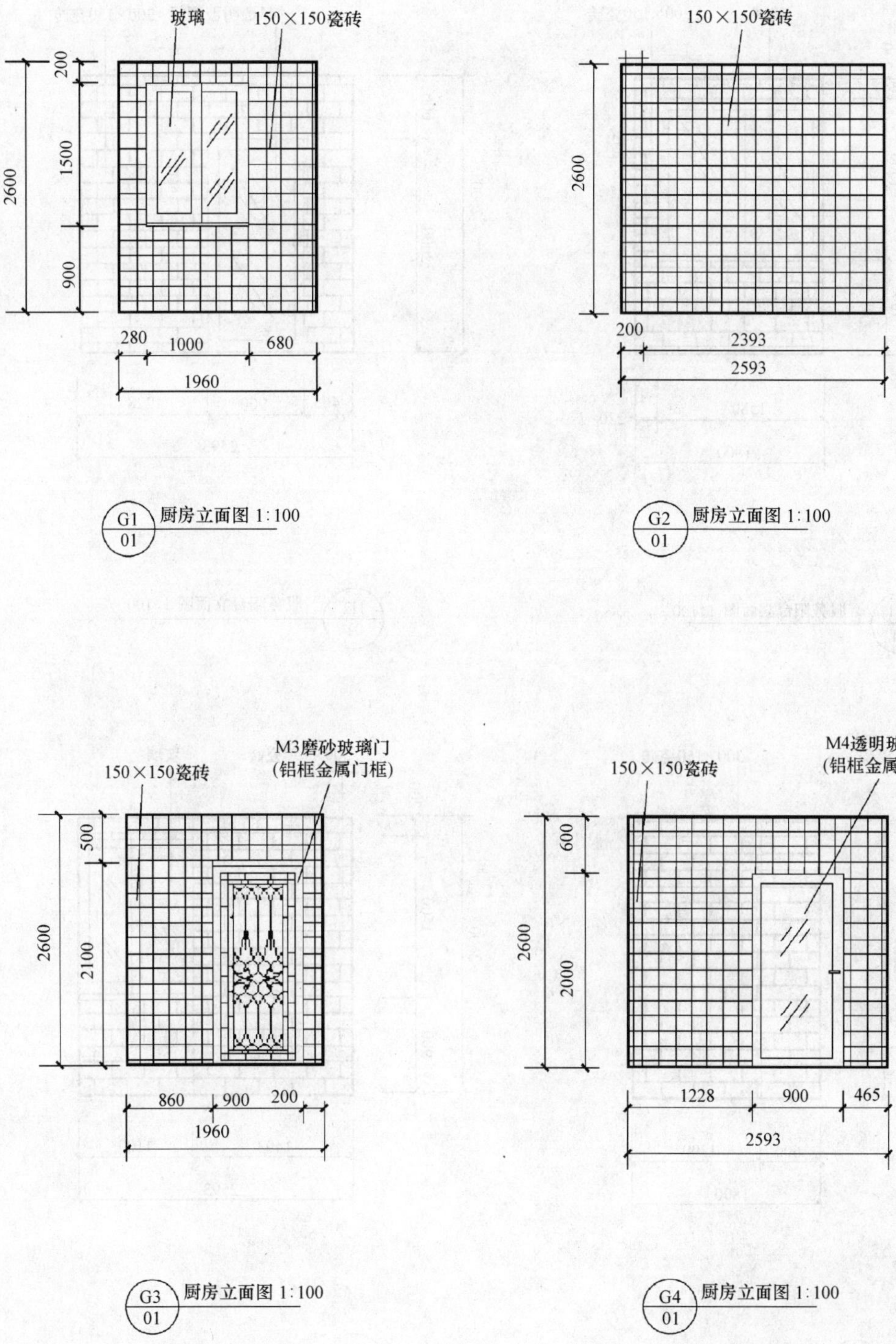
玻璃
150×150瓷砖
2600
200
1500
900
280
1000
680
1960
G1
01
厨房立面图 1:100
150×150瓷砖
2600
200
2393
2593
G2
01
厨房立面图 1:100
M3磨砂玻璃门
(铝框金属门框)
150×150瓷砖
2600
500
2100
860
900
200
1960
G3
01
厨房立面图 1:100
M4透明玻璃门
(铝框金属门框)
150×150瓷砖
2600
600
2000
1228
900
465
2593
G4
01
厨房立面图 1:100

图 9-10　厨房立面墙图

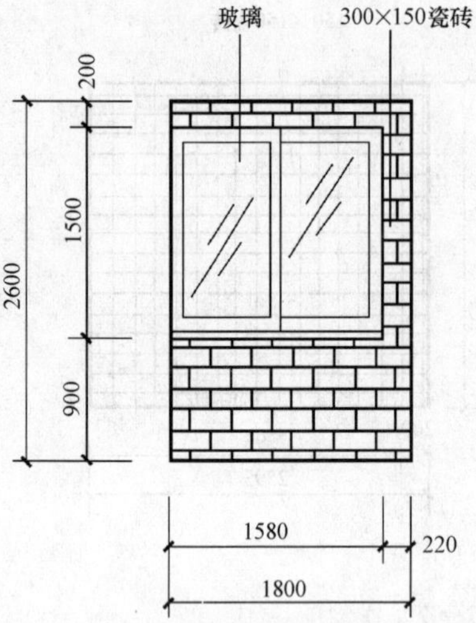

H1/01 服务阳台立面图 1:100

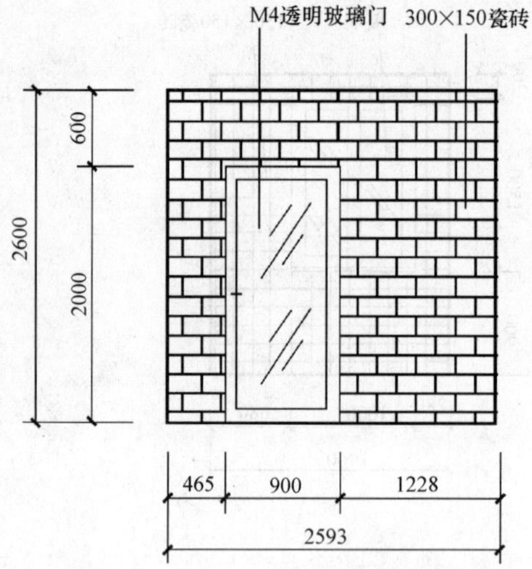

H2/01 服务阳台立面图 1:100

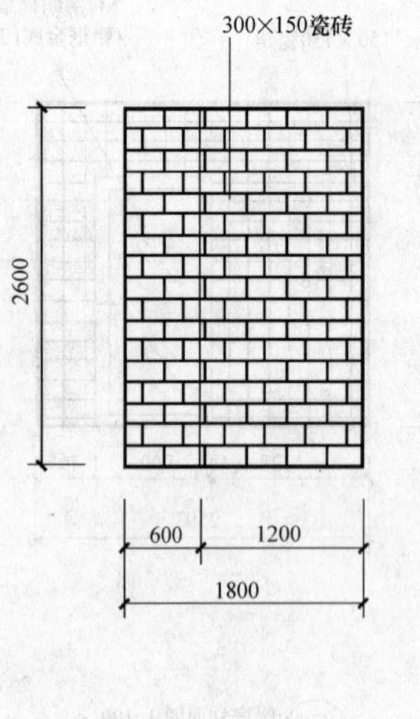

H3/01 服务阳台立面图 1:100

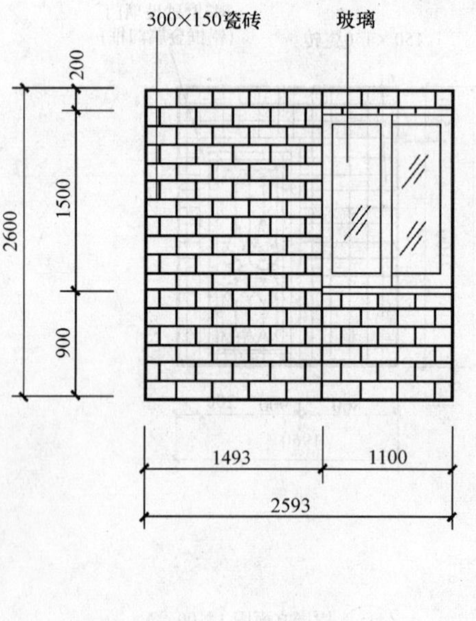

H4/01 服务阳台立面图 1:100

图 9-11 服务阳台立面墙图

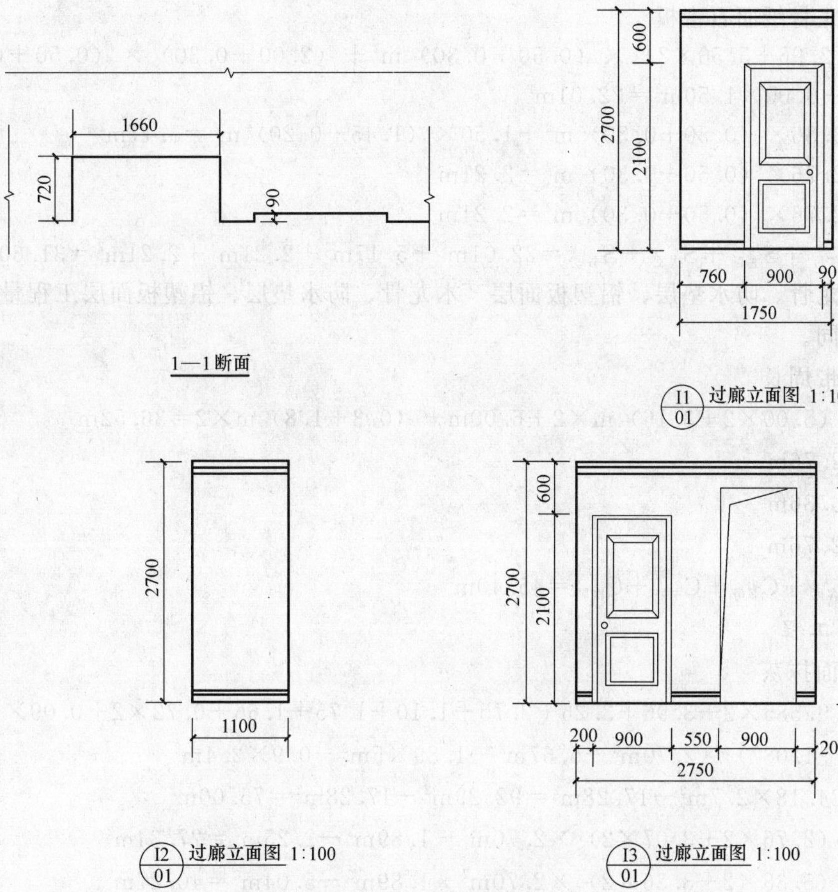

图 9-12 过廊立面墙图

9.1.3 分部分项工程量计算

1. 楼地面工程

(1) 镶铺实木复合地板

$S_{客厅}=3.96\times(3.925+0.10\times2+2.627)\text{m}^2+3.260\times2.97\text{m}^2=36.42\text{m}^2$

$S_{主卧}=3.36\times3.93\text{m}^2+1.45\times1.50\text{m}^2=13.20\text{m}^2+2.18\text{m}^2=15.38\text{m}^2$

$S_{次卧}=4.06\times2.76\text{m}^2=11.21\text{m}^2$

$S_{书房}=2.76\times3.08\text{m}^2=8.50\text{m}^2$

$S_{总}=S_{客厅}+S_{主卧}+S_{次卧}+S_{书房}=36.42\text{m}^2+15.38\text{m}^2+11.21\text{m}^2+8.50\text{m}^2$
$=71.51\text{m}^2$

(2) 铺地砖

$S_{主卫}=2.63\text{m}\times1.76\text{m}=4.63\text{m}^2$

$S_{次卫}=1.50\text{m}\times4.11\text{m}=6.17\text{m}^2$

$S_{厨房}=1.96\text{m}\times2.60\text{m}=5.10\text{m}^2$

$S_{阳台}=1.37\text{m}\times1.80\text{m}+1.23\text{m}\times1.20\text{m}=3.94\text{m}^2$

$S_{总}=S_{主卫}+S_{次卫}+S_{厨房}+S_{阳台}=19.84\text{m}^2$

2. 天棚工程

(1) 天棚抹灰　天棚抹灰工程量与地面铺实木复合地板工程量相同。

(2) 木龙骨纸面石膏板

$S_{客厅}=(2.96+5.50\times2)\times(0.50+0.30)\ m^2+(2.00+0.30)\times(0.50+0.30)\ m^2+6.00\times1.50m^2=22.01m^2$

$S_{主卧}=3.36\times(0.50+0.30)\ m^2+1.50\times(1.45+0.20)\ m^2=5.17m^2$

$S_{次卧}=2.76\times(0.50+0.30)\ m^2=2.21m^2$

$S_{书房}=2.76\times(0.50+0.30)\ m^2=2.21m^2$

$S_{总}=S_{客厅}+S_{主卧}+S_{次卧}+S_{书房}=22.01m^2+5.17m^2+2.21m^2+2.21m^2=31.60m^2$

(3) 木龙骨、防水垫层、铝塑板面层　木龙骨、防水垫层、铝塑板面层工程量与铺地砖的工程量相同。

(4) 灯带周长

$C_{客厅}=(5.00\times2+3.16)\ m\times2+6.00m+(0.3+1.8)\ m\times2=36.52m$

$C_{书房}=2.76m$

$C_{主卧}=3.36m$

$C_{次卧}=2.76m$

$C_{总}=C_{客厅}+C_{书房}+C_{主卧}+C_{次卧}=45.40m$

3. 墙面工程

(1) 墙面抹灰

$S_{客厅}=(9.585\times2+3.96+3.26+2.75+1.10+1.75+1.66+0.72\times2+0.09\times2-1.087)\times2.70m^2-5.67m^2-1.89\times5m^2-0.9\times2.4m^2$

$=34.18\times2.7m^2-17.28m^2=92.29m^2-17.28m^2=75.00m^2$

$S_{书房}=(2.76\times2+3.07\times2)\times2.70m^2-1.89m^2-2.25m^2=27.34m^2$

$S_{主卧}=(5.38\times2+3.36\times2)\times2.70m^2-1.89m^2-5.04m^2=40.27m^2$

$S_{次卧}=(2.76\times2+4.06\times2)\times2.70m^2-1.89m^2-2.25m^2=32.69m^2$

$S_{总}=S_{客厅}+S_{书房}+S_{主卧}+S_{次卧}=75.00m^2+27.34m^2+40.27m^2+32.69m^2$

$=175.30m^2$

(2) 墙面粘贴瓷砖

$S_{主卫}=(2.63\times2+1.76\times2)\times2.60m^2-1.89m^2=20.95m^2$

$S_{次卫}=(2.13\times2+1.76\times2+1.50\times4)\times2.60m^2-0.90\times2.40m^2-1.89\times2m^2-0.90m^2$

$=28.99m^2$

$S_{厨房}=(2.60\times2+1.96\times2)\times2.60m^2-1.80m^2-1.89m^2-1.5m^2=18.52m^2$

$S_{服务阳台}=(2.60\times2+1.80\times2)\times2.60m^2-1.80m^2-4.02m^2=17.06m^2$

$S_{总}=S_{主卫}+S_{次卫}+S_{厨房}+S_{服务阳台}=20.95m^2+28.99m^2+18.52m^2+17.06m^2$

$=85.52m^2$

(3) 实木踢脚线

$S_{客厅}=(9.585\times2+3.96+3.26+2.75+1.10+1.75+1.66+0.72\times2+0.09\times2-1.087-0.90\times5)\times0.11m^2$

$=(34.18-4.50)\times0.11m^2=3.26m^2$

$S_{书房}=(2.76\times2+3.07\times2-0.90)\times0.11m^2=1.18m^2$

$S_{主卧}=(5.38\times2+3.36\times2-0.90)\times0.11m^2=1.82m^2$

$S_{次卧}$＝（2.76×2＋4.06×2－0.90）×0.11m²＝1.40m²

$S=S_{客厅}+S_{书房}+S_{主卧}+S_{次卧}$＝3.26m²＋1.18m²＋1.82m²＋1.40m²＝7.66m²

（4）石膏装饰线周长

$C_{客厅}$＝（3.26＋3.00）×2m＝12.52m

$C_{书房}$＝（2.76＋2.38）×2m＝10.28m

$C_{主卧}$＝（3.36＋3.23）×2m＝13.18m

$C_{次卧}$＝（2.76＋3.36）×2m＝12.24m

$C_{总}=C_{客厅}+C_{书房}+C_{主卧}+C_{次卧}$＝48.22m

（5）客厅电视背景墙

S＝2.50×2.20m²＝5.5m²

（6）卫生间装饰镜

$S_{总}=S_{主卫}+S_{次卫}$

＝1.20×1.76m²＋1.20×1.76m²＝4.23m²

4. 门窗及其他工程

（1）门工程量

$S_{防盗门(M1)}$＝0.90×2.10m²＝1.89m²

$S_{实木门(M2)}$＝0.90×2.10m²＝1.89m²

$S_{透明玻璃金属门(M3)}$＝0.90×2.00m²＝1.80m²

$S_{磨砂玻璃金属门(M4)}$＝0.90×2.10m²＝1.89m²

$S_{客厅镜面装饰柜门}$＝1.66×2.00m²＝3.32m²

（2）窗工程量

$S_{客厅窗}$（C1）＝2.70×2.10m²＝5.67m²

$S_{书房窗}$（C2）＝1.50×1.50m²＝2.25m²

$S_{主卧窗}$（C3）＝2.10×2.40m²＝5.04m²

$S_{次卧窗}$（C4）＝1.50×1.50m²＝2.25m²

$S_{次卫窗}$（C5）＝0.64×1.40m²＝0.90m²

$S_{厨房窗}$（C6）＝1.00×1.50m²＝1.5m²

$S_{服务阳台窗}$（C7）＝（1.58＋1.10）×1.50m²＝4.02m²

$S_{总}=S_{客厅窗}+S_{书房窗}+S_{主卧窗}+S_{次卧窗}+S_{次卫窗}+S_{厨房窗}+S_{服务阳台窗}$

＝20.97m²

（3）窗台大理石板

$S_{客厅}$＝2.70×0.30m²＝0.81m²

$S_{书房}$＝1.50×0.30m²＝0.45m²

$S_{次卧窗}$＝1.50×0.30m²＝0.45m²

$S_{总}=S_{客厅}+S_{书房}+S_{次卧}$＝1.71m²

9.1.4 填写工程量清单

1. 填写工程量清单编制总说明

工程量清单编制的有关内容及需要说明的问题填写在总说明内，总说明如下：

工程名称：×××三室两厅两卫家居装饰装修工程　　　　第1页　共11页

1）工程概况：三室两厅两卫家居装饰装修工程，计划工期20天，现场水、电具备，前期工程以验收交工，项目地点距市区较近，交通便利。

2）招标范围：三室两厅两卫家居装饰装修工程。

3）编制依据：《建设工程工程量清单计价规范》GB 50500—2008标准，辽宁省建设工程计价依据《B装饰装修工程计价定额》（辽建［2008］），施工设计图文件，施工组织设计、企业、国家有关装饰装修工程相关定额等。

4）工程质量达到优良标准。

5）招标人自行采购家具，自行采购厨房厨具并安装到位。

6）考虑施工中可能发生的设计变更或清单有误，预留一千元，家具、窗帘购置、橱柜购置费2万元等。

7）投标人投标时，需按《建设工程工程量清单设计规范》规定的统一格式，提供“工程量清单综合单价分析表”。

8）未尽事宜根据工程实际情况填写工程变更表，工程竣工结算时一并计算。

9）……

2. 填写分部分项工程量清单表

将分部分项工程量清单项目和计算好的工程量填写在分部分项工程量清单表中，见表9-1和表9-2。

表9-1　分部分项工程量清单与计价表（一）

工程名称：×××三室两厅两卫家居装饰装修工程　　　　标段：1　　　　第2页　共11页

序号	项目编码	项目名称	项目特征描述	计量单位	工程量	金额/元		
						综合单价	合计	其中：暂估价
一		地面工程						
01	020101001	水泥砂浆楼地面	1:2.5水泥砂浆找平层20mm，1:3水泥砂浆20mm	m^2	71.51			
02	020104002	竹木地板	防潮垫1.5mm，1900mm×190mm×15mm长条复合地板	m^2	71.51			
03	020102002	块料楼地面	1:3水泥砂浆找坡20mm，聚氨酯防水层1.5mm，结合层6mm，300mm×300mm×10mm地砖白色	m^2	19.84			
二		天花工程						
04	020507001063	天棚刮大白	刮三遍	m^2	71.51			
05	020301001	天棚抹灰	混凝土面天棚抹1:2.5水泥砂浆找平压光5mm	m^2	71.51			
06	020507001011	天棚抹灰	封底漆（一道）	m^2	71.51			
07	020301001	天棚抹灰	乳胶漆两遍抹灰面	m^2	71.51			
08	020302002	格栅吊顶	40mm×60mm木龙骨中距500mm，防水垫层1.5mm，铝塑板面层白色	m^2	19.84			

（续）

序号	项目编码	项目名称	项目特征描述	计量单位	工程量	金额/元		
						综合单价	合计	其中：暂估价
09	020302001	天棚吊顶	40mm×60mm 木龙骨（吊在混凝土板下或梁下），小面积吊顶垫层 1.5mm，石膏板面层 20mm	m^2	31.60			
10	020303001	灯带	筒灯及天棚附加式暗藏灯带	m	45.40			
三		墙面工程						
11	020507001064	墙面刮大白	刮三遍	m^2	175.30			
12	020201001	墙面一般抹灰	1∶2.5 水泥砂浆找平压光 5mm	m^2	175.30			
13	020201001	墙面一般抹灰	封底漆一道	m^2	175.30			
14	020506001	抹灰面油漆	乳胶漆两遍	m^2	175.30			
15	020105006	木制踢脚线	成品木踢脚线 110mm	m^2	7.66			
16	020604005	石膏装饰线	墙面石膏装饰线 50mm×50mm	m	48.22			
			本页小计					
			合　　计					

表 9-2　分部分项工程量清单与计价表（二）

工程名称：×××三室两厅两卫家居装饰装修工程　　　　标段：1　　　　第 3 页　共 11 页

序号	项目编码	项目名称	项目特征描述	计量单位	工程量	金额/元		
						综合单价	合计	其中：暂估价
17	020204003	块料墙面	墙面 1∶3 水泥砂浆找平 20mm，聚氨酯防水层 1.5mm，水泥砂浆结合层 6mm，粘贴瓷板 150mm×300mm×10mm，填缝剂填缝	m^2	85.52			
18	020207001	装饰板墙面	纸面石膏板乳胶漆两道	m^2	5.50			
19	020509001	墙纸裱糊	墙面贴装饰纸墙纸（不对花）	m^2	5.50			
20	020408004	窗帘轨	塑钢窗帘轨道双道	m	13.00			
21	020409005001	窗帘	米黄色布窗帘	m^2	12.00			
22	020409005002	窗帘	米黄色纱窗帘	m^2	12.00			
四		门窗及其他工程						
23	020402006	防盗门	900mm×2100mm×60mm 金属防盗门	樘	1			
24	020401003	实木装饰门	实木门（3 樘）	m^2	5.67			
25	020402001	金属平开门	成品金属磨砂玻璃门 900mm×2100mm×40mm（3 樘）	m^2	5.67			

（续）

序号	项目编码	项目名称	项目特征描述	计量单位	工程量	金额/元		
						综合单价	合计	其中：暂估价
26	020402005	塑钢门	成品塑钢门 900mm×2000mm×40mm（2樘）	m^2	3.60			
27	020406001	金属推拉窗	次卫透明玻璃 8mm 厚	m^2	0.90			
28	020406007	塑钢窗	单层塑钢窗透明玻璃 8mm 厚	m^2	5.67			
29	020406007	塑钢窗	单层塑钢窗带纱窗	m^2	15.06			
30	020407002	金属门窗套	不锈钢窗套	m^2	17.00			
31	020401005	夹板装饰门	客厅镜面推拉装饰柜门	m^2	5.67			
32	020109001	石材零星项目	黑色大理石窗台板厚 25mm 1:2.5 水泥砂浆	m^2	1.71			
33	020603009003	带框镜面玻璃	铝合金边框，胶合板底层	m^2	4.23			
			本页小计					
			合　计					

3. 填写措施项目清单表

根据工程实际需要列出措施项目清单表（一）见表 9-3，措施项目清单表（二）见表 9-4，如不列项视为该项费用不计取。

表 9-3　措施项目清单与计价表（一）

工程名称：×××三室两厅两卫家居装饰装修工程　　标段：1　　第 4 页　共 11 页

序号	项目名称	计算基础	费率（%）	金额/元
1	安全文明施工措施费			
2	夜间施工增加费			
3	二次搬运费			
4	冬雨季施工费			
5	地下、地上设施、建筑物的临时保护设施			
6	已完工程及设备保护			
7	各专业工程的措施项目			
7.1	室内空气污染测试费			
7.2	脚手架费			
⋮	⋮			
	合　计			

表 9-4　措施项目清单与计价表（二）

工程名称：×××三室两厅两卫家居装饰装修工程　　标段：1　　第 5 页　共 11 页

序号	项目编码	项目名称	项目特征描述	计量单位	工程量	金额/元	
						综合单价	合计
			本页小计				
			合　计				

措施项目清单与计价表（二）适用于以综合单价计价的措施项目，本表没填视其没有或已在其他项目中计取。

4. 填写其他项目清单汇总表

根据工程内容需要填写其他项目清单汇总表，不填写的视为该项费用没有发生不计取，其他项目清单汇总表见表 9-5，暂列金额明细表见表 9-6，材料暂估单价表见表 9-7，专业工程暂估价表见表 9-8，计日工表见表 9-9。

表 9-5　其他项目清单汇总表

工程名称：×××三室两厅两卫家居装饰装修工程　　标段：1　　第 6 页　共 11 页

序号	项目名称	计算单位	金额/元	备注
1	暂列金额			
2	暂估价			
2.1	材料暂估价			
2.2	专业工程暂估价			
3	计日工			
4	总承包服务费			
合　计				

表 9-6　暂列金额明细表

工程名称：×××三室两厅两卫家居装饰装修工程　　标段：1　　第 7 页　共 11 页

序号	项目名称	计算单位	暂定金额/元	备注
1	橱柜	套	5000.00	1 套
2	灯具	个	1000.00	
2.1	吊顶灯	个	500.00	5 个
2.2	防爆灯	个	100.00	2 个
2.3	浴霸灯	个	100.00	1 个
2.4	小吊灯	个	60.00	3 个
2.5	筒灯	个	240.00	30 个
3	洗手间卫生器具	组	5500.00	
3.1	坐便	个	1000.00	2 个

（续）

序号	项目名称	计算单位	暂定金额/元	备注
3.2	洗面盆	个	500.00	2个
3.3	淋浴器	套	1000.00	2个
3.4	浴盆	个	3000.00	1个
4	家具	套	8500.00	
4.1	床	组	1000.00	2组
4.2	组合沙发	组	1500.00	2组
4.3	衣柜	套	1000.00	2套
4.4	书柜	套	1000.00	2套
4.5	装饰柜	套	1000.00	2套
4.6	电视柜	组	1500.00	3组
4.7	餐桌	组	700.00	1组
4.8	办公桌	组	800.00	1组
合　计			20000.00	

表 9-7　材料暂估单价表

工程名称：×××三室两厅两卫家居装饰装修工程　　标段：1　　第 8 页　共 11 页

序号	项目名称、规格、型号	计量单位	单价/元	备注
1	复合玻璃制品	m^2	800.00	
⋮	⋮	⋮	⋮	

投标人需将上述材料暂估单价计入工程量清单综合单价报价中，材料包括原材料、燃料、构配件以及按规定应计入建筑安装工程造价的设备。

表 9-8　专业工程暂估价表

工程名称：×××三室两厅两卫家居装饰装修工程　　标段：1　　第 9 页　共 11 页

序号	项目名称	工程内容	金额/元	备注
1	消防管道维修口		200.00	
合　计			200.00	

投标人应将上述专业工程暂估价计入投标总价中。

表 9-9　计日工表

工程名称：×××三室两厅两卫家居装饰装修工程　　标段：1　　第 10 页　共 11 页

序号	项目名称	单位	暂定数量	综合单价	合计
一	人工				
1	技工	工日	1		
2	普工	工日	2		
人工小计					

（续）

序号	项目名称	单位	暂定数量	综合单价	合计
二	材料				
1					
2					
3					
材料小计					
三	施工机械				
1					
2					
施工机械小计					
总　计					

5. 填写规费、税金项目清单表

根据工程项目需要和国家、省市级有关权力部门的规定填写，规费、税金项目清单表见表9-10。

表9-10　规费、税金项目清单表

工程名称：×××三室两厅两卫家居装饰装修工程　　标段：1　　第11页　共11页

序号	项目名称	计算基础	费率（%）	金额/元
1	规费			
1.1	工程排污费			
1.2	社会保障费			
(1)	养老保险费			
(2)	失业保险费			
(3)	医疗保险费			
(4)	生育保险费			
(5)	工伤保险费			
1.3	住房公积金			
1.4	危险作业意外伤害保险			
1.5	工程定额测定费			
2	税金			
合　计				

6. 填写工程量清单封面表

工程量清单封面表也叫封面签署页，是由相关责任人填写的，签署页样例如下：

×××三室两厅两卫家居装饰装修工程

工程量清单

招标人：×××	工程造价 咨询人：×××
（单位盖章）	（单位资质专用章）
法定代表人 或其授权人：×××	法定代表人 或其授权人：×××
（签字或盖章）	（签字或盖章）
编制人：×××	复核人：×××
（造价人员签字盖专用章）	（造价工程师签字盖专用章）
编制时间：×××年×××月××日	复核时间：×××年××月××日

7. 装订成册

装订顺序是封面、总说明、分部分项工程量清单、措施项目清单汇总表、其他项目清单汇总表、规费税金项目清单及封底。

9.2 工程量清单计价编制

9.2.1 综合单价的编制

1. 综合单价计算

依据招标文件、工程量清单项目，辽宁省建设工程计价依据《B 装饰装修工程计价定额》（辽建［2008］）及《建设工程费用标准》（辽建［2008］）编制综合单价。

（1）铺 1900mm×190mm×15mm 厚长条复合地板

1）人工费

人工费＝人工工日单价×人工工日消耗量

普工：40 元/工日×5.28 工日/100m^2×0.72×100m^2＝152.06 元

技工：65 元/工日×21.032 工日/100m^2×0.72×100m^2＝984.30 元

人工费合计＝普工＋技工

＝152.06 元＋984.30 元＝1136.36 元

人工工日消耗量合计＝（5.28 工日/100m^2＋21.032 工日/100m^2）×0.72×100m^2

＝18.94 工日

综合人工单价＝人工费合计÷人工工日消耗量合计

＝1136.36 元÷18.94 工日＝60.00 元/工日

2）材料费

材料费＝材料单价×材料消耗量

① 复合地板：70.00 元/m^2×105.00m^2/100m^2×0.72×100m^2＝5292.00 元

② 铁钉：4.50 元/kg×15.87kg/100m^2×0.72×100m^2＝51.42 元

③ 棉纱头：8.30 元/kg×1.00kg/100m^2×0.72×100m^2＝5.98 元

④ 不锈钢钉：21.50 元/kg×0.10kg/100m^2×0.72×100m^2＝1.55 元

⑤ XY401 胶：12.00 元/kg×11.00kg/100m^2×0.72×100m^2＝95.04 元

材料费小计＝①＋②＋③＋④＋⑤＝5445.99 元

3）机械费。没有发生，以零计入。

4）综合

直接工程费＝人工费＋材料费＋机械费＝1136.36 元＋5445.99 元＝6582.35 元

管理费＝（人工费＋机械费）×12.25％＝1136.36 元×12.25％＝139.20 元

利润＝（人工费＋机械费）×15.75％＝1136.36 元×15.75％＝178.98 元

总计＝直接工程费＋管理费＋利润＝6582.35 元＋139.20 元＋178.98 元

＝6900.53 元

综合单价＝总计÷工程数量＝6900.53 元÷72.00m^2＝95.84 元/m^2

（2）成品木踢脚线

1）人工费

普工：40 元/工日×0.599 工日/100m^2×0.08×100m^2＝1.92 元

技工：65 元/工日×2.394 工日/100m^2×0.08×100m^2＝12.45 元

人工费合计＝普工＋技工＝1.92 元＋12.45 元＝14.37 元

人工工日消耗量合计＝0.599 工日/100m^2×0.08×100m^2＋2.394 工日/100m^2

×0.08×100m^2＝0.24 工日

综合人工单价＝人工费合计÷人工工日消耗量合计

＝14.37 元÷0.24 工日＝59.88 元/工日

2）材料费

材料费＝材料单价×材料消耗量

① 木踢脚板（成品）：12.00 元/m^2×105.00m^2/100m^2×0.08×100m^2＝100.80 元

② 铁钉（圆钉）：4.50 元/kg×8.54kg/100m^2×0.08×100m^2＝3.07 元

③ 杉木锯材：1550.00 元/m^3×2.08m^3/100m^2×0.08×100m^2＝257.92 元

④ 胶合板 9mm：19.00 元/m^2×156.00m^2/100m^2×0.08×100m^2＝237.12 元

⑤ 粘结剂：2.60 元/kg×17.00kg/100m^2×0.08×100m^2＝3.54 元

小计＝①＋②＋③＋④＋⑤＝602.45 元

3）机械费

1.24 元/100m^2×0.08×100m^2＝0.10 元

4）综合

直接工程费＝人工费＋材料费＋机械费＝14.37 元＋602.45 元＋0.10 元＝616.92 元

管理费＝（人工费＋机械费）×12.25%＝14.47 元×12.25%＝1.77 元

利润＝（人工费＋机械费）×15.75%＝14.57 元×15.75%＝2.28 元

总计＝直接工程费＋管理费＋利润＝616.92 元＋1.77 元＋2.28 元＝620.97 元

综合单价＝总计÷工程数量＝620.97 元÷8.00m^2＝77.62 元/m^2

（3）金属门窗套

1）人工费

普工：40 元/工日×8.976 工日/100m^2×0.17×100m^2＝61.04 元

技工：65 元/工日×35.904 工日/100m^2×0.17×100m^2＝396.74 元

人工费合计＝普工＋技工＝61.04 元＋396.74 元＝457.78 元

人工工日消耗量合计＝8.976 工日/100m^2×0.17×100m^2＋35.904 工日/100m^2 ×0.17×100m^2＝7.63 工日

综合人工单价＝人工费合计÷人工工日消耗量合计 ＝457.78 元÷7.63 工日＝60.00 元/工日

2）材料费

材料费＝材料单价×材料消耗量

① 不锈钢片 1mm：182.00 元/m^2×110.00m^2/100m^2×0.17×100m^2＝3403.40 元

② 锯材：1200.00 元/m^3×1.64m^3/100m^2×0.17×100m^2＝334.56 元

③ 细木工板：40.32 元/m^2×105.00m^2/100m^2×0.17×100m^2＝719.71 元

④ 石材（云石）胶：2.90 元/kg×100.00kg/100m^2×0.17×100m^2＝49.30 元

⑤ 其他材料费：1060.00 元/100m^2×0.17×100m^2＝180.20 元

小计＝①＋②＋③＋④＋⑤＝4687.17 元

3）机械费。没发生，以零计取。

4）综合

直接工程费＝人工费＋材料费＋机械费 ＝457.78 元＋4687.17 元＝5144.95 元

管理费＝（人工费＋机械费）×费率＝457.78 元×12.25%＝56.08 元

利润＝（人工费＋机械费）×15.75%＝457.78 元×15.75%＝72.10 元

总计＝直接工程费＋管理费＋利润 ＝5144.95 元＋56.08 元＋72.10 元＝5273.13 元

综合单价＝总计÷工程数量＝5273.13 元÷17m^2＝310.18 元/m^2

（4）墙纸裱糊

1）人工费

普工：40 元/工日×3.231 工日/100m^2×0.06×100m^2＝7.75 元

技工：65元/工日×12.925工日/100m²×0.06×100m²=50.41元

人工费合计=普工+技工=7.75元+50.41元=58.16元

人工工日消耗量合计=3.231工日/100m²×0.06×100m²+12.925工日/100m²

×0.06×100m²=0.97工日

综合人工单价=人工费合计÷人工工日消耗量合计

=58.16元÷0.97工日=59.96元/工日

2）材料费

材料费=材料单价×材料消耗量

① 墙纸：8.00元/m²×110.00m²/100m²×0.06×100m²=52.80元

② 大白粉：0.16元/kg×23.50kg/100m²×0.06×100m²=0.23元

③ 酚醛清漆：14.3元/kg×7.00kg/100m²×0.06×100m²=6.01元

④ 油漆溶剂油：6.6元/kg×3.00kg/100m²×0.06×100m²=1.19元

⑤ 聚醋酸乙烯乳液：6.6元/kg×25.10kg/100m²×0.06×100m²=9.94元

⑥ 羧甲基纤维素：15.60元/kg×1.65kg/100m²×0.06×100m²=1.54元

小计=①+②+③+④+⑤+⑥=71.71元

3）机械费。没发生，不计费。

4）综合

直接工程费=人工费+材料费+机械费=58.16元+71.71元=129.87元

管理费=（人工费+机械费）×12.25%=58.16元×12.25%=7.12元

利润=（人工费+机械费）×15.75%=58.16元×15.75%=9.16元

总计=直接工程费+管理费+利润

=129.87元+7.12元+9.16元=146.15元

综合单价=总计÷工程数量=146.15元÷6.00m²=24.36元/m²

(5) 天棚吊顶（方木天棚龙骨，石膏板天棚基层）

1）人工费

① 方木天棚龙骨：

普工：40元/工日×2.693工日/100m²×0.32×100m²=34.47元

技工：65元/工日×10.771工日/100m²×0.32×100m²=224.04元

人工费小计=普工+技工=34.47+224.04=258.51元

人工工日消耗量小计=2.693工日/100m²×0.32×100m²

+10.771工日/100m²×0.32×100m²=4.31工日

② 石膏板天棚基层：

普工：40元/工日×1.742工日/100m²×0.32×100m²=22.30元

技工：65元/工日×6.970工日/100m²×0.32×100m²=144.98元

人工费小计=普工+技工=22.30+144.98=167.28元

人工工日消耗量小计=1.742工日/100m²×0.32×100m²+6.970工日/100m²

×0.32×100m²=2.79工日

③ 合计

人工费合计＝258.51 元＋167.28 元＝425.79 元

人工工日消耗量合计＝4.31 工日＋2.79 工日＝7.1 工日

综合人工单价＝人工费合计÷人工工日消耗量合计

＝425.79 元÷7.1 工日＝59.97 元/工日

2）材料费

材料费＝材料单价×材料消耗量

方木天棚龙骨：

① 锯材：1200.00 元/m^3×2.30m^3/100m^2×0.32×100m^2＝883.20 元

② 铁钉（圆钉）：4.50 元/kg×10.72kg/100m^2×0.32×100m^2＝15.44 元

③ 铁件：5.50 元/kg×9.84kg/100m^2×0.32×100m^2＝17.32 元

④ 焊条：5.00 元/kg×1.10kg/100m^2×0.32×100m^2＝1.76 元

⑤ 膨胀螺栓 M10：8.50 元/套×130.00 套/100m^2×0.32×100m^2＝353.60 元

⑥ 合金钢钻头：18.50 元/个×0.65 个/100m^2×0.32×100m^2＝3.85 元

⑦ 防腐油：0.50 元/kg×0.70kg/100m^2×0.32×100m^2＝0.11 元

石膏板天棚基层：

⑧ 石膏板：10.00 元/m^2×105.00m^2/100m^2×0.32×100m^2＝336.00 元

⑨ 自攻螺钉：0.04 元/个×2300.00 个/100m^2×0.32×100m^2＝29.44 元

小计＝①＋②＋③＋④＋⑤＋⑥＋⑦＋⑧＋⑨＝1640.72 元

3）机械费

方木天棚龙骨：4.26 元/100m^2×0.32×100m^2＝1.36 元

4）综合

直接工程费＝人工费＋材料费＋机械费

＝425.79 元＋1640.72 元＋1.36 元＝2067.87 元

① 方木天棚龙骨：

管理费＝（人工费＋机械费）×费率＝（258.51＋1.36）元×12.25%＝31.83 元

利润＝（人工费＋机械费）×费率＝（258.51＋1.36）元×15.75%＝40.93 元

② 石膏板天棚基层：

管理费＝（人工费＋机械费）×费率＝167.28 元×12.25%＝20.49 元

利润＝（人工费＋机械费）×费率＝167.28 元×15.75%＝26.35 元

总计＝直接工程费＋管理费＋利润

＝2067.87＋31.83＋40.93＋20.49＋26.35＝2187.47 元

综合单价＝总计÷工程数量

＝2187.47 元÷32m^2＝68.36 元/m^2

2. 填写工程量清单综合单价分析表

根据 9.2.1.1 综合单价计算所得各项指标的数据填写在工程量清单综合单价分析表内，见表 9-11～表 9-15。

表 9-11　工程量清单综合单价分析表（一）

工程名称：×××三室两厅两卫家居装饰装修工程　　　　标段：1　　　　第 1 页 共 5 页

项目编码	020104002			项目名称		竹木地板		计量单位		m²	
清单综合单价组成明细											
定额编号	定额名称	定额单位	数量	单价/元				合价/元			
				人工费	材料费	机械费	管理费和利润	人工费	材料费	机械费	管理费和利润
1-98	长条复合地板	100m²	0.72	1578.28	7563.88	—	613.78	1136.36	5445.99	—	318.18
人工单价		小计						1136.36	5445.99		318.18
60.00 元/工日		未计价材料费									
清单项目综合单价								95.84 元/m²			

	主要材料名称、规格、型号	单位	数量	单价/元	合计/元	暂估单价/元	暂估合价/元
材料费明细	复合地板（成品）	m²	75.60	70.00	5292.00		
	铁钉（圆钉）	kg	11.43	4.50	51.42		
	棉纱头	kg	0.72	8.30	5.98		
	不锈钢钉	kg	0.07	21.50	1.55		
	XY401 胶	kg	7.92	12.00	95.04		
	其他材料费			—		—	
	材料费小计			—	5445.99	—	

表 9-12　工程量清单综合单价分析表（二）

工程名称：三室两厅两卫家居装饰装修工程　　　　标段：1　　　　第 2 页　共 5 页

项目编码	020105006			项目名称		木质踢脚线		计量单位		m²	
清单综合单价组成明细											
定额编号	定额名称	定额单位	数量	单价/元				合价/元			
				人工费	材料费	机械费	管理费和利润	人工费	材料费	机械费	管理费和利润
1-141	成品木踢脚线	100m²	0.08	179.57	7530.63	1.24	50.75	14.37	602.45	0.10	4.06
人工单价		小计						14.37	602.45	0.10	4.06
59.88 元/工日		未计价材料费									
清单项目综合单价								77.62 元/m²			

	主要材料名称、规格、型号	单位	数量	单价/元	合计/元	暂估单价/元	暂估合价/元
材料费明细	木踢脚板（成品）	m²	8.40	12.00	100.80		
	铁钉（圆钉）	kg	0.68	4.50	3.07		
	杉木锯材	m³	0.1664	1550.00	257.92		
	胶合板 9mm	m²	12.48	19.00	237.12		
	粘结剂	kg	1.36	2.60	3.54		
	其他材料费			—		—	
	材料费小计			—	602.45	—	

表 9-13　工程量清单综合单价分析表（三）

工程名称：×××三室两厅两卫家居装饰装修工程　　标段：1　　第 3 页　共 5 页

项目编码	020407002	项目名称	金属门窗套	计量单位	m^2

清单综合单价组成明细

定额编号	定额名称	定额单位	数量	单价/元				合价/元			
				人工费	材料费	机械费	管理费和利润	人工费	材料费	机械费	管理费和利润
4-324	不锈钢窗套	$100m^2$	0.17	2692.8	27571.59	—	753.99	457.78	4687.17	—	128.18
人工单价		小计						457.78	4687.17		128.18
60.00 元/工日		未计价材料费									
清单项目综合单价								310.18 元/m^2			

	主要材料名称、规格、型号	单位	数量	单价/元	合计/元	暂估单价/元	暂估合价/元
材料费明细	不锈钢片 1mm	m^2	18.70	182.00	3403.40		
	锯材	m^3	0.28	1200.00	334.56		
	细木工板	m^2	17.85	40.32	719.71		
	石材（云石）胶	kg	17.00	2.90	49.30		
	其他材料费	$100m^2$	0.17	1060.00	180.20		
	其他材料费			—		—	
	材料费小计			—	4687.17	—	

表 9-14　工程量清单综合单价分析表（四）

工程名称：×××三室两厅两卫家居装饰装修工程　　标段：1　　第 4 页　共 5 页

项目编码	20509001	项目名称	墙纸裱糊	计量单位	m^2

清单综合单价组成明细

定额编号	定额名称	定额单位	数量	单价/元				合价/元			
				人工费	材料费	机械费	管理费和利润	人工费	材料费	机械费	管理费和利润
5-316	墙面贴装饰纸 墙纸不对花	$100m^2$	0.06	969.33	1195.17	—	271.33	58.16	71.71	—	16.28
人工单价		小计						58.16	71.71		16.28
59.96 元/工日		未计价材料费									
清单项目综合单价								24.36 元/m^2			

	主要材料名称、规格、型号	单位	数量	单价（元）	合计（元）	暂估单价（元）	暂估合价（元）
材料费明细	墙纸	m^2	6.6	8.00	52.80		
	大白粉	kg	1.44	0.16	0.23		
	酚醛清漆	kg	0.42	14.30	6.01		
	油漆溶剂油	kg	0.18	6.60	1.19		
	聚醋酸乙烯乳液	kg	1.51	6.60	9.94		
	羧甲基纤维素	kg	0.10	15.60	1.54		
	其他材料费			—		—	
	材料费小计			—	71.71	—	

表 9-15 工程量清单综合单价分析表（五）

工程名称：×××城三室两厅两卫家居装饰装修工程　　标段：1　　第 5 页　共 5 页

项目编码	020302001	项目名称	天棚吊顶	计量单位	m^2

清单综合单价组成明细

定额编号	定额名称	定额单位	数量	单价/元				合价/元			
				人工费	材料费	机械费	管理费和利润	人工费	材料费	机械费	管理费和利润
3-17	方木天棚龙骨	100m^2	0.32	807.84	3985.25	4.25	227.38	258.51	1275.28	1.36	72.76
3-77	石膏板天棚基层	100m^2	0.32	522.75	1142.00	—	146.38	167.28	365.44	—	46.84
人工单价		小计						425.79	1640.72	1.36	119.60
59.97 元/工日		未计价材料费									
清单项目综合单价								68.36 元/m^2			

	主要材料名称、规格、型号	单位	数量	单价/元	合计/元	暂估单价/元	暂估合价/元
材料费明细	锯材	m^3	0.74	1200.00	883.20		
	铁钉（圆钉）	kg	3.43	4.50	15.44		
	铁件	kg	3.15	5.50	17.32		
	电焊条	kg	0.35	5.00	1.76		
	膨胀螺栓 M10	10 套	41.60	8.50	353.60		
	合金钢钻头	个	0.21	18.50	3.85		
	防腐油	kg	0.22	0.50	0.11		
	石膏板	m^2	33.60	10.00	336.00		
	自攻螺钉	个	736.00	0.04	29.44		
	其他材料费			—		—	
	材料费小计			—	1640.72	—	

9.2.2 工程量清单计价编制

工程量清单计价按以下顺序和方法编制。

1）填写投标总价封页，投标总价封样如下：

投 标 总 价

招　　标　　人：　××××××（建设单位或业主）

工　程　名　称：　××××××三室两厅两卫家居装饰装修工程

投标总价(小写)：　127725.12元

　　　　(大写)：　拾贰万柒千柒百贰拾伍元壹角贰分整

投　标　人：　××××××　装饰装修工程公司

（单位盖章）

法定代表人

或其授权人：　××××××

（签字或盖章）

编　制　人：　××××××

（造价人员签字盖专用章）

编 制 时 间：20××年01月17日

2）编制总说明，样例如下：

总　说　明

工程名称：×××三室两厅两卫家居装饰装修工程　　　　第1页　共15页

1. 工程概况：三室两厅两卫家居装饰装修工程，计划工期20天，现场水、电具备，前期工程已验收交工，项目地点距市区较近，交通便利。

2. 招标范围：三室两厅两卫家居装饰装修工程。

3. 编制依据：

(1)《建设工程工程量清单计价规范》标准。

(2) 辽宁省建设工程计价依据《B装饰装修工程计价定额》（辽建［2008］）、《建设工程费用标准》（辽建［2008］）。

(3) 施工设计图文件，施工组织设计、企业、国家有关装饰装修工程相关定额等。

(4) 甲方提供的工程量清单。

4. 工程质量达到优良标准等

5. 招标人自行采购家具，自行采购厨房厨具并安装到位。

6. 考虑施工中可能发生的设计变更或清单有误，预留金一千元，家具、窗帘购置、橱柜购置费2万元等。

7. 投标人投标时，需按《建设工程工程量清单计价规范》GB 50500—2008规定的统一格式，提供“工程量清单综合单价分析表”。

8. 未尽事宜根据工程实际情况填写工程变更表，工程竣工结算时一并计算。

（下略）

3）编制工程项目投标报价汇总表，见表9-16。

表9-16　工程项目招标控制价/投标报价汇总表

工程名称：×××三室两厅两卫家居装饰装修工程　　　　第2页　共15页

序号	单项工程名称	金额/元	其中		
			暂估价/元	安全文明施工费/元	规费/元
1	装饰装修工程	120225.12	1000.00	2227.44	8668.58
2	电气照明工程（明细略）	5300.00			480.11
3	排水工程（明细略）	2200.00			180.13
合　计		127725.12	1000.00	2227.44	9328.82

4）编制单项工程投标报价汇总表，见表9-17。

表9-17　单项工程投标报价汇总表

工程名称：×××三室两厅两卫家居装饰装修工程　　　　第3页　共15页

序号	单项工程名称	金额/元	其中		
			暂估价/元	安全文明施工费/元	规费/元
1	装饰装修工程	120225.12	1000.00	2227.44	8668.58
2	电气照明工程（明细略）	5300.00			480.11
3	排水工程（明细略）	2200.00			180.13
合　计		127725.12	1000.00	2227.44	9328.82

5）编制单位工程投标报价汇总表，见表9-18。

表9-18　单位工程投标报价汇总表

工程名称：×××三室两厅两卫家居装饰装修工程　　标段：1　　第4页　共15页

序号	汇总内容	金额/元	其中：暂估价/元
1	分部分项工程	75116.05	
1.1	人工费＋机械费	21417.66	
⋮	⋮	⋮	
2	措施项目	6491.67	
2.1	安全文明施工费	2227.44	
⋮	⋮	⋮	
3	其他项目	25945.00	
3.1	暂列金额	20000.00	
3.2	专业工程暂估价	200.00	
3.3	计日工	145.00	
3.4	总承包服务费	4800.00	
⋮	⋮	⋮	
4	规费	8668.58	
5	税金	4003.82	
招标控制价合计＝1＋2＋3＋4＋5		120225.12	

6）编制分部分项工程量清单与计价表，见表 9-19～表 9-21。

表 9-19 分部分项工程量清单与计价表（一）

工程名称：×××三室两厅两卫家居装饰装修工程　　标段：1　　第 5 页 共 15 页

序号	项目编码	项目名称	项目特征描述	计量单位	工程量	金额/元		
						综合单价	合计	其中：暂估价
一		地面工程						
01	020101001	水泥砂浆楼地面	1:2.5 水泥砂浆找平层 20mm，1:3 水泥砂浆 20mm	m^2	71.51	30.15	2156.03	
02	020104002	竹木地板	防潮垫 1.5mm，1900mm×190mm×15mm 长条复合地板铺	m^2	71.51	95.84	6853.52	
			本页小计				9009.55	
			合　计					

表 9-20 分部分项工程量清单与计价表（二）

工程名称：×××三室两厅两卫家居装饰装修工程　　标段：1　　第 6 页 共 15 页

序号	项目编码	项目名称	项目特征描述	计量单位	工程量	金额/元		
						综合单价	合计	其中：暂估价
03	020102002	块料楼地面	1:3 水泥砂浆找坡 20mm，聚氨酯防水层 1.5mm，结合层 6mm，300mm×300mm×10mm 地砖白色	m^2	19.84	62.41	1238.21	
二		天花工程						
04	020507001063	天棚刮大白	刮三遍	m^2	71.51	8.00	572.08	
05	020301001	天棚抹灰	混凝土面天棚抹 1:2.5 水泥砂浆找平压光 5mm	m^2	71.51	11.11	794.48	
06	020507001011	天棚抹灰	封底漆（一道）	m^2	71.51	16.18	1157.03	
07	020301001	天棚抹灰	乳胶漆两遍抹灰面	m^2	71.51	28.59	2044.47	
08	020302002	格栅吊顶	40mm×60mm 木龙骨中距 500mm，防水垫层 1.5mm，铝塑板面层白色	m^2	19.84	965.49	19155.32	
09	020302001	天棚吊顶	40mm×60mm 木龙骨（吊在混凝土板下或梁下），小面积吊顶垫层 1.5mm，石膏板面层 20mm	m^2	31.60	68.36	2160.18	

（续）

序号	项目编码	项目名称	项目特征描述	计量单价	工程量	金额/元		
						综合单价	合计	其中：暂估价
10	020303001	灯带	筒灯及天棚附加式暗藏灯带	m	45.40	22.59	1025.59	
三		墙面工程						
11	020507001064	墙面刮大白	刮大白（三遍）	m^2	175.30	7.60	1332.28	
12	020201001	墙面一般抹灰	1:2.5水泥砂浆找平压光5mm	m^2	175.30	15.59	2732.93	
13	020201001	墙面一般抹灰	封底漆（一道）	m^2	175.30	34.36	6023.31	
14	020506001	抹灰面油漆	乳胶漆两遍抹灰面	m^2	175.30	7.14	1251.64	
15	020105006	木制踢脚线	成品木踢脚线110mm	m^2	7.66	77.62	594.57	
16	020604005	石膏装饰线	墙面石膏装饰线50mm×50mm	m	48.22	7.30	352.01	
17	020204003	块料墙面	墙面1:3水泥砂浆找平20mm，聚氨酯防水层1.5mm，水泥砂浆结合层6mm，粘贴瓷板150mm×300mm×10mm填缝剂填缝	m^2	85.52	63.96	5469.86	
			本页小计				45903.96	
			合　计				54913.51	

表9-21　分部分项工程量清单与计价表（三）

工程名称：×××三室两厅两卫家居装饰装修工程　　标段：1　　第7页　共15页

序号	项目编码	项目名称	项目特征描述	计量单价	工程量	金额/元		
						综合单价	合计	其中：暂估价
18	020207001	装饰板墙面	纸面石膏板乳胶漆（两道）	m^2	5.50	23.12	127.16	
19	020509001	墙纸裱糊	墙面贴装饰纸墙纸（不对花）	m^2	5.50	24.36	133.98	
20	020408004	窗帘轨	塑钢窗帘轨道双道	m	13.00	10.29	133.77	
21	020409005001	窗帘	米黄色布窗帘	m^2	12.00	12.96	155.52	
22	020409005002	窗帘	米黄色纱窗帘	m^2	12.00	11.91	142.92	
四		门窗及其他工程						
23	020402006	防盗门	900mm×2100mm×60mm金属防盗门	樘	1	1128.46	1128.46	
24	020401003	实木装饰门	实木门（3樘）	m^2	5.67	628.76	3565.07	
25	020402001	金属平开门	成品金属磨砂玻璃门900mm×2100mm×40mm（3樘）	m^2	5.67	372.96	2114.68	

（续）

序号	项目编码	项目名称	项目特征描述	计量单价	工程量	金额/元		
						综合单价	合计	其中：暂估价
26	020402005	塑钢门	成品塑钢门 900mm×2000mm×40mm（2樘）	m^2	3.60	317.98	1144.73	
27	020406001	金属推拉窗	次卫透明玻璃 8mm 厚	m^2	0.9	151.71	136.54	
28	020406007	塑钢窗	单层塑钢窗透明玻璃 8mm 厚	m^2	5.67	162.57	921.77	
29	020406007	塑钢窗	单层塑钢窗带纱窗	m^2	15.06	170.14	2562.31	
30	020407002	金属门窗套	不锈钢窗套	m^2	17.00	310.18	5273.06	
31	020401005	夹板装饰门	客厅镜面推拉装饰柜门	m^2	5.67	314.38	1782.53	
32	020109001	石材零星项目	黑色大理石窗台板厚 25mm，1:2.5 水泥砂浆	m^2	1.71	235.17	402.14	
33	020603009003	带框镜面玻璃	铝合金边框，胶合板底层	m^2	4.23	112.98	477.91	
本页小计							20202.55	
合　计							75116.06	

7）编制措施项目清单与计价表（一），见表 9-22。

表 9-22　措施项目清单与计价表（一）

工程名称：×××三室两厅两卫家居装饰装修工程　　标段：1　　第 8 页　共 15 页

序号	项目名称	计算基础	费率（%）	金额/元
1	安全文明施工措施费	人工费＋机械费	10.4	2227.44
2	夜间施工增加费	5 工日×13 元/工日		65.00
3	二次搬运费	按签证计算		100.00
4	冬雨季施工费	人工费＋机械费	7	1499.24
5	地下、地上设施、建筑物的临时保护设施	按签证计算		200.00
6	已完工程及设备保护	按签证计算		100.00
7	各专业工程的措施项目			2300.00
7.1	室内空气污染测试费	按签证计算		300.00
7.2	脚手架费	实际发生（租）		2000.00
合　计				6491.68

8）填写其他项目清单与计价汇总表，见表 9-23。

表 9-23　其他项目清单与计价汇总表

工程名称：×××三室两厅两卫家居装饰装修工程　　标段：1　　第 9 页　共 15 页

序号	项目名称	计算单位	金额/元	备注
1	暂列金额		20000.00	
2	暂估价		1000.00	
2.1	材料暂估价		800.00	
2.2	专业工程暂估价		200.00	
3	计日工		145.00	
4	总承包服务费		4800.00	
合　计			25945.00	

9）填写材料暂估单价表，见表 9-24。

表 9-24　材料暂估单价表

工程名称：×××三室两厅两卫家居装饰装修工程　　标段：1　　第 10 页　共 15 页

序号	项目名称、规格、型号	计量单位	单价（元）	备注
1	复合玻璃制品	m^2	800.00	
合　计			800.00	

投标人填写计入综合单价。

10）填写暂列金额明细表，见表 9-25。

表 9-25　暂列金额明细表

工程名称：×××三室两厅两卫家居装饰装修工程　　标段：1　　第 11 页　共 15 页

序号	项目名称	计算单位	暂定金额/元	备注
1	橱柜	套	5000.00	1 套
2	灯具	个	1000.00	
2.1	吊顶灯	个	500.00	5 个
2.2	防爆灯	个	100.00	2 个
2.3	浴霸灯	个	100.00	1 个
2.4	小吊灯	个	60.00	3 个
2.5	筒灯	个	240.00	30 个
3	洗手间卫生器具	组	5500.00	
3.1	坐便	个	1000.00	2 个
3.2	洗面盆	个	500.00	2 个
3.3	淋浴器	套	1000.00	2 套
3.4	浴盆	个	3000.00	1 个
4	家具	套	8500.00	
4.1	床	组	1000.00	2 组
4.2	组合沙发	组	1500.00	2 组

（续）

序号	项目名称	计算单位	暂定金额/元	备注
4.3	衣柜	套	1000.00	2套
4.4	书柜	套	1000.00	2套
4.5	装饰柜	套	1000.00	2套
4.6	电视柜	组	1500.00	3组
4.7	餐桌	组	700.00	1组
4.8	办公桌	组	800.00	1组
合　计			20000.00	

11）填写总承包服务费计价表，见表9-26。

表9-26　总承包服务费计价表

工程名称：×××三室两厅两卫家居装饰装修工程　　　　标段：1　　　　第12页　共15页

序号	项目名称	项目价值/元	服务内容	费率（%）	金额/元
1	发包人发包专业工程	1800.00	项		1800.00
2	发包人供应材料	3000.00	项		3000.00
合　计					4800.00

12）填写专业工程暂估价表，见表9-27。

表9-27　专业工程暂估价表

工程名称：×××三室两厅两卫家居装饰装修工程　　　　标段：1　　　　第13页　共15页

序号	项目名称	工程内容	金额/元	备注
1	消防管道维修口		200.00	
合　计			200.00	

13）填写计日工表，见表9-28。

表9-28　计日工表

工程名称：×××三室两厅两卫家居装饰装修工程　　　　标段：1　　　　第14页　共15页

编号	项目名称	单位	暂定数量	综合单价	合计
一	人　工				
1	技工	工日	1	65.00	65.00
2	普工	工日	2	40.00	80.00
人工小计					145.00
二	材　料				
材料小计					
三	施工机械				
施工机械小计					
总　计					145.00

14）编制规费、税金项目清单与计价表，见表 9-29。

表 9-29 规费、税金项目清单与计价表

工程名称：×××三室两厅两卫家居装饰装修工程　　标段：1　　第 15 页 共 15 页

序号	项目名称	计算基础	费率（%）	金额（元）
1	规费			8668.58
1.1	工程排污费	按工程所在地规定执行		1000.00
1.2	社会保障费	人工费＋机械费	26.19	5609.29
（1）	养老保险费	人工费＋机械费	16.36	3503.93
（2）	失业保险费	人工费＋机械费	1.64	351.25
（3）	医疗保险费	人工费＋机械费	6.55	1402.86
（4）	生育保险费	人工费＋机械费	0.82	175.62
（5）	工伤保险费	人工费＋机械费	0.82	175.62
1.3	住房公积金	人工费＋机械费	8.18	1751.96
1.4	危险作业意外伤害保险	按管理部门规定执行		100.00
1.5	工程定额测定费	按管理部门规定执行		207.33
2	税金	分部分项工程费＋措施项目费＋其他项目费＋规费	3.445	4003.82
合计				12672.40

15）装订。把以上写好的工程量清单计价表装订起来，一份家居装饰装修工程投标报价文件即工程预算书编制完成。

装饰装修工程工程量清单计价文件的排列顺序是：封面签署页、总说明、工程项目投标报价汇总表、单项工程投标报价汇总表、单位工程投标报价汇总表、分部分项工程量清单与计价表、工程量清单综合单价分析表、措施项目清单与计价表、其他项目清单与计价汇总表、暂列金额明细表、材料暂估单价表、专业工程暂估价表、计日工表、总承包服务费计价表、规费、税金项目清单与计价表、封底。

第 10 章　装饰装修工程招投标报价与工程合同的签订

10.1　招标与投标概述

工程招标投标是建设单位和施工单位（或买卖双方）交易的一种手段和方法。

招标是招标人（业主或建设单位）择优选择施工单位（承包方）的一种做法。在工程招标之前，将拟建的工程委托设计单位或顾问公司设计，编制概预算或估算，俗称编制标底。标底是个不公开的数字，它是工程招、投标中的机密，切不可泄露。招标单位准备好一切条件，发表招标公告或邀请几家施工单位来投标，利用投标企业之间的竞争，从中择优选定承包方（施工单位）。

投标是投标人（施工单位或承包方）根据招标人的标书条件和要求，在规定的期限内向招标人递交投标书（报价单）的过程。

招标投标的一般程序见图 10-1。

10.2　工程招标

10.2.1　招标形式

工程项目招标可分为两种形式，即公开招标和邀请招标。

1. 公开招标

公开招标是指招标人通过招标公告，邀请不特定的法人或其他组织投标的一种招标方式。招标公告应写明招标人的名称、地址、拟招标工程项目的性质、数量、地点、时间以及索取招标文件的办法等事宜。由于参与投标报名的企业很多，所以它属于一种“无限竞争”的招标。

公开招标有助于企业之间展开竞争，打破垄断，促使承包企业加强管理，提高工程质量，缩短工期，降低工程成本。

公开招标使招标人能更容易地选择报价合理、工期短、质量好、信誉高的施工单位承包，更好地达到招标的目的。

公开招标促进市场向健康发展，完善市场经营管理，力求公平、公正、合理的竞争。

2. 邀请招标

邀请招标是招标人向自己了解或他人介绍的承包企业发出邀请信，请他们参加某项工程的投标，被邀请的单位数目一般为 3～7 个。采用邀请招标的形式招标，招标单位对被邀请的施工单位一般是较为了解的，因此被邀请的单位不宜数目过多，以免浪费投标单位的人力、物力。这种招标形式，只有被邀请的施工单位才有资格参加投标，所以它是一种“有限竞争”的投标。

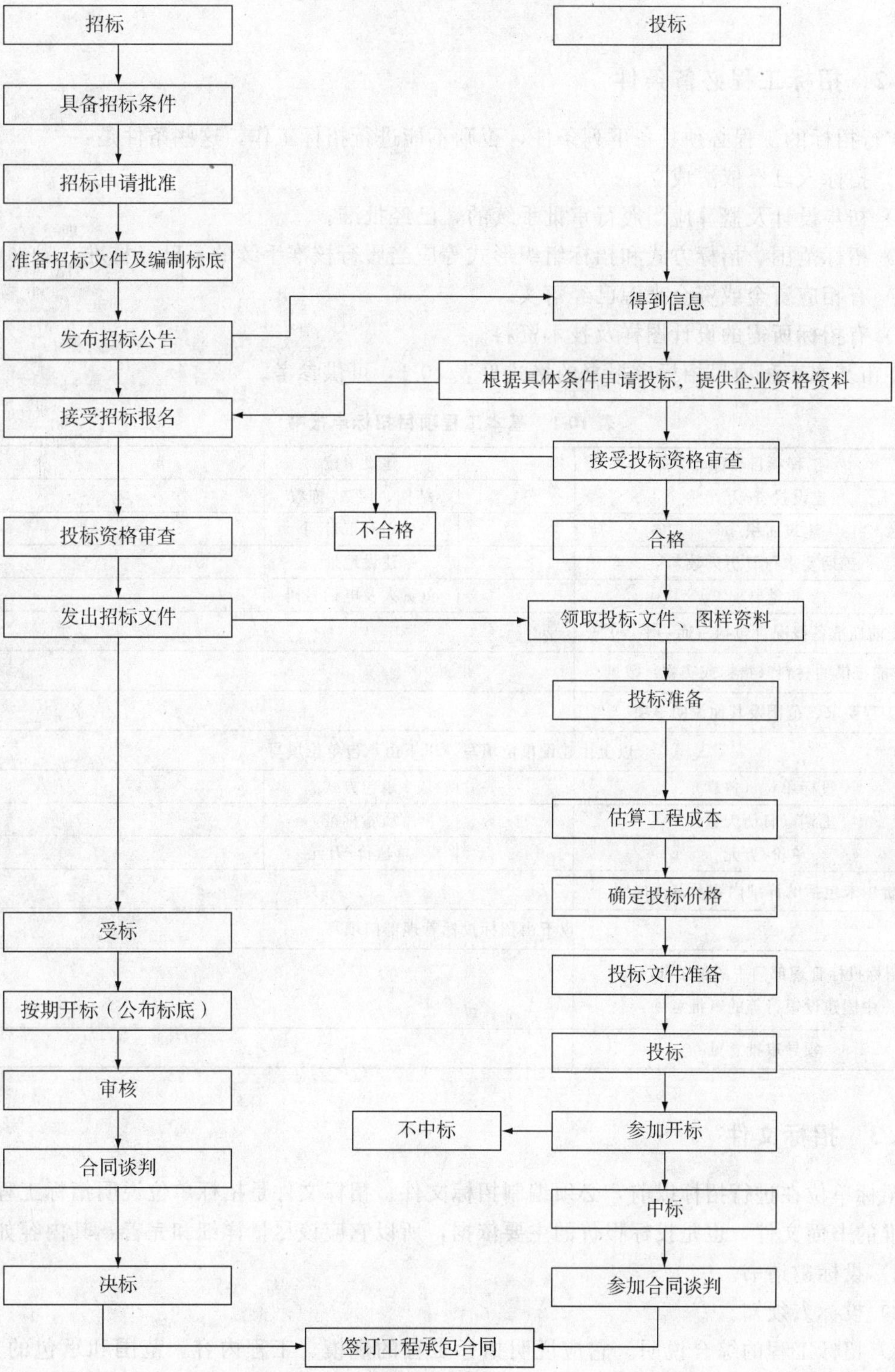

图 10-1　招标投标的一般程序

除国家《工程建设项目施工招标投标办法》规定中所列的公开招标和邀请招标两种形式外，家居装饰装修工程因其自身的特殊性，还可能会使用议标和指定招标两种方式，这里不再细述。

10.2.2 招标工程必备条件

实行招标的工程必须具备下列条件，否则不能进行招标工作，这些条件是：

1）招标人已经依法成立。

2）初步设计及概算应当履行审批手续的，已经批准。

3）招标范围、招标方式和招标组织形式等应当履行核准手续的，已经核准。

4）有相应资金或资金来源已经落实。

5）有招标所需的设计图样及技术资料。

某市基本工程项目招标申报书的格式见表10-1，可供参考。

表10-1 基本工程项目招标申报书

工程项目名称		建设单位	
建设投资/万元		结构、层数/栋数	
建筑面积/m^2		计划开工日期	
工期要求（日历天数）		建设地址	
质量要求		负责人及电话号码	
施工前期准备概况（包括三通一平等）			
甲方能提供的材料（指标或实物）数量			
工程要求、范围及其他说明事项			
以上由建设单位填写，以下由承包单位填写			
投标单位（盖章）		承包方式	
工期（日历天数）		质量标准	
单价/万元		总造价/万元	
报价中未包括的详细内容及其他说明			
以下由招标投标管理部门填写			
招标投标管理部门中的施工部门、中国建设银行等的审批意见			
领导审批意见			

10.2.3 招标文件

招标单位在进行招标以前，必须编制招标文件。招标文件是招标单位说明招标工程要求和标准的书面文件，也是投标报价的主要依据，所以它应该尽量详细和完善，其内容如下：

1）投标邀请书。

2）投标人须知。

3）招标工程的综合说明。它应说明招标工程的规模、工程内容、范围和承包的方式，对投标人施工能力和技术力量的要求、工程质量和验收规范、施工现场条件和建设地点等。

4）合同主要条款。

5）投标文件格式。

6）工程量清单。

7）设计图样和资料。如果是初步设计招标，应有主要结构图样、重要设备安装图样和装饰装修工程的技术说明。

8）技术规范和采用标准。

9）材料供应方式和材料、设备订货情况及价格说明。

10）计划开、竣工期限和延期罚款的决定。

11）特殊工程和特殊材料的要求及说明。

12）评标标准和方法。

13）辅助条款。招标文件交底时间、地点，投标的截止日期，开标日期、时间和地点，组织现场勘察的时间。投标保证的规定，不承担接受最低标的声明，投标的保密要求等。

10.2.4　招标标底的编制

（1）标底的分类　常用标底有以下几类：

1）按建筑安装工程量的单位造价包干的标底。

2）按施工图预算包干、包部分材料的标底。

3）按施工图预算加系数包干的标底。

4）按建设项目或单位工程总造价的标底。

（2）标底的作用

1）标底是建设单位确定工程总造价的依据。工程标底必须小于工程投资，也就是说工程标底总金额必须控制在工程计划投资以内。

2）标底是对投标单位的工程报价高低的衡量标准。投资单位编制了比较准确的工程标底后，就可以用来审核各投标单位工程报价的高低，并且判断其报价的合理程度。

3）投资单位编制的工程标底，要经过主管部门或各地招标管理部门和建设银行的审核，审核可以提高标底的准确性，更重要的是上级主管部门可以有效地代表国家控制基本建设投资，使之不突破国家或地方确定的计划。

（3）编制标底的依据

1）设计部门提出的施工图设计预算。

2）设计部门提供的设计概算。

3）现行的概算定额和取费标准（费用定额）。

4）地区材料设备预算价格、价差等。

5）现场施工条件、交通运输条件等。

（4）工程标底的编制方法　编制方法与编制装饰装修工程工程量清单投标报价的方法基本相同，但编制工程标底的弹性较大，相比编制工程投标报价有较大的灵活性，其方法参阅第 9 章“工程量清单编制与工程量清单计价案例”。

一项工程标底的总价可能有高有低，这是由于编制的工程标底要综合考虑建筑装饰市场和材料、设备市场的价格条件所致。

标底有高有低是正常的，但是标底过高或过低，都不利于顺利完成招标工程的建设任务。当标底过高时，虽然工程较容易发包出去，但往往会使工程造价增高，甚至突破工程投资计划或工程总概算，这样势必产生重新调整计划等一系列工程报批手续；当标底过低时，则往往不能将工程发包出去，延误工程的建设时间。所以在制定标底时，最好多做一两份，制定出上下限，最后选做出一个较科学合理的标底。

工程标底是投资单位提出的，它可以作为内部控制工程总造价的工程总概算，也称拦标价。工程标底可以由投资单位自己编制，也可以委托给技术咨询公司编制。但是，标底从编制开始到招标结束，都必须严格保密，绝对不得泄露和擅自修改，如有泄露或擅自修改，应立即停止招标，追究责任。

（5）标底的确定　标底须经审查之后才能确定。根据我国现行规定，工程标底要报经当地主管部门和中国建设银行审批。审查的主要内容有：

1）标底总费用是否超过该招标工程的总投资。

2）编制标底的依据是否符合国家和当地的现行规定。

3）标底总费用是否合理，有无过高或过低的情况。

10.2.5　开标

开标是招标单位根据招标文件中规定的开标时间和地点，召集所有参加本工程项目投标施工单位的代表参加，并由公证部门参与的一种当众启封标函、宣布投标单位投标报价，同时宣布标底即招标控制价的一种会议——开标会，它是一种法定活动。

招标一般都采用公开开标，个别情况也有采用秘密开标的。采用何种开标形式一定要在招标文件中明确说明，如没有特别说明的，投标单位可视为公开开标。

开标时，投标单位应委派代表参加开标会，一边了解其他投标人对工程的报价，一边掌握本单位的报价所处地位，从而研究下一步对策。公开招标不一定是当众定标，只是将投标情况公布于众。招标单位一般选择前两名，再进行分析比较、研究决定。

开标后，投标人无权要求修改投标文件的内容，尤其是工程报价。但当已被招标单位选为谈判对象时，则在合同条件谈判中可根据具体情况确定。

（1）标函要求　开标时对标函文件有一定要求，如有下列情况之一者标函视为无效：

1）标函未加密封。

2）标函未按标书要求填写和填写字迹不清楚。

3）修改原标书。

4）未加盖本单位公章和无负责人签字。

5）未按规定时间递交。

（2）开标程序　开标程序一般按照下列步骤：

1）宣布开标会开始。

2）介绍到会的各方代表。

3）招标方、投标方出示并宣读法人代表委托书。

4）宣读投标方的资格预审表。

5）投资（招标）单位代表讲话。

6）投资单位重申招标文件。

7）各投标方对招标文件确认与否表态。

8）宣布评标小组单位或人员。

9）抽签决定报价顺序。

10）评比小组成员检验标函是否符合要求。

11）投标方进行工程报价。

12）报价记录员收回标函并核对主要指标。

13）投标方退场。

14）评标小组评标。

10.2.6 审标

审标是指招标单位在开标以后，对参与的投标人提交的投标文件进行全面审查评定，也叫评标。

评标是招标单位在工程招标过程中的一个重要环节，它是选择和确定工程中标施工单位的基础，通过评标从众多的投标单位中评选出几个投标单位作为承包工程的基本对象，然后再进一步地评选。

（1）审标的主要任务　审标的主要任务是对各投标人提交的投标文件进行全面审核、评价，最后选出可以作为谈判代表的名单。

（2）审核内容

1）审核投标报价是否合理。

2）审核投标文件提出的施工方案，保证工程质量、工期等措施是否切实可行。

3）审核投标单位提出的各项承包条件和要求是否合理。

（3）审核方法

1）以标底为基础进行对照。

2）对各投标人的报价进行对比。

3）对某些分项工程的单价进行具体核实。

4）对投标书说明进行全面审核比较，比较出各投标报价中隐含费用的多少。

将以上四种方法结合对投标文件进行审核，就可以发现各投标人的报价是否合理，有哪些不合理的项目，从而对报价提出意见，降低价格，并且计算出各个报价与标底相差的百分比。

10.2.7 谈判

为了最后定标，招标单位在标底的基础上同选定的谈判单位分别进行承包条件的谈判。谈判的目的是针对投标单位提出的承包工程条件进行协商，以及对招标文件或投标文件中的问题进行确认，达成共识，以便最后写入合同协议书中，成为双方共同签订合同书的一部分。

工程价格可以进一步确定，在工程投标中投标单位提出的工程报价，是投标单位向招标单位的“要价”，招标单位可以根据审标的结果向投标单位“还价”。经过双方多次讨价还价，最后商定的并记入合同书中的工程价格成为工程合同价格，它是双方进行工程结算的基础。

谈判十分重要，是选定中标单位的依据，招、投标双方必须委派正式的授权人参加。

10.2.8 决标

决标是招标单位根据标书的要求，对投标单位报送的招标文件进行全面审查，对标价、工期、质量等条件进行全面分析，在前三标内进行评比，最后选定中标单位的全过程。招标单位在决标时，应遵守以下原则：

1）工程价格合理，工程造价不能过高，也不能过低，以接近标底造价为佳。

2）工期必须合理。

3）施工技术方案可行，必须保证工程质量、工期和安全施工。

4）施工单位必须具有符合工程要求的等级。

中标单位要在标书规定时间内同招标单位签订工程合同，并在合同签字后规定的时间内组织开工。

10.3 工程投标

工程投标是指施工单位根据招标文件的要求和规定，对招标工程提出承包的要求。

10.3.1 投标的条件和内容

1. 投标条件

1）必须持有工商行政管理部门核准发给的营业执照。

2）必须具备承包工程的许可证。

3）必须具有法人资格。

2. 提交投标申请书的内容

1）企业名称、地址、负责人姓名和开户银行账号。

2）企业的所有制性质和隶属关系。

3）营业执照或资格证书的复印件。

4）企业简况。

投标单位提交投标申请书后，经过招标单位的资格审查合格者，即可领取招标文件。

10.3.2 编制标书

领取招标文件后，须进行标书的编制工作，以确定投标报价。

1. 编制标书步骤

1）研究和熟悉招标文件。招标文件是工程报价的基础，研究和熟悉招标文件时应注意以下两点：

① 熟悉标书、图样、资料，对图样、资料不清楚、不理解的地方，可用书面或口头方式向招标单位询问、澄清。

② 了解招标工程的规模、结构类型、质量标准、工期要求、现场条件及建设单位可能提供的条件等。

2）现场踏勘。参加招标单位施工现场情况介绍和答疑会，主要包括以下内容：

① 工程现场范围、工程测量标记。

② 现场范围内的工程地貌条件。

③ 现场范围内的道路、交通运输条件，供电、供水条件。

④ 当地可供应的材料及价格情况。

⑤ 工程施工中可能存在的风险。

⑥ 参加本工程投标的其他单位及其实力。

3）初步拟定施工组织设计方案。施工组织设计方案应包括以下主要内容：

① 根据招标文件中工期要求，拟出一个合理的总的施工进度控制计划表。

② 对施工的主要内容，提出科学的方案，使其既能保证工期要求，又能保证工程质量和施工安全，保证施工费用最经济。

③ 确定施工所需的主要施工机械、设备的规格和数量。

④ 对关键工程提出施工工艺。

⑤ 提出主要材料资源的分期分批供应计划，以确保工程进度。

4）复查、计算图样工程量。

5）编制或套用有关定额。

6）计算取费标准或确定采用取费标准。

7）计算投标工程造价。

8）核对、调整投标造价。

9）决策投标报价。

10）根据标书的要求和条款填写标书内容，如采取的承包方式、工期、工程质量等级、单价、复价和工程总造价等。

11）标函加盖投标单位公章并由负责人签字。

2. 投标文件

投标文件是投标单位提送给招标单位供其审标和决标的书面文件。投标文件内容的完善和严谨程度，可以反映出一个施工单位的企业形象，以及该企业的经营管理水平和技术水平；而中标单位的投标文件是双方签订工程承包合同的基础。

投标文件一般包含下面主要文件：

1）投标函。

2）投标报价。

3）施工组织设计。

4）商务和技术偏差表。

5）投标人根据招标文件载明的项目实际情况，拟在中标后将中标项目的部分非主体、非关键性工作进行分包的，应当在投标文件中载明。

3. 投标策略

凡参加投标的单位都希望自己能够中标，以取得工程承包权。为了中标，投标者必须使自己的投标价尽量接近标底，而又略低于竞争对手的投标价，这是很困难而又不能放弃的目标。所以，投标前，首先要了解各方面的情况，做到知己知彼，以确定自己的投标策略。而投标的策略主要体现在工程报价上，确定报价的策略一般有以下几种：

1）免担风险、增大报价（中标机会小）。

2）活口报价（附加多项备注，留待施工中处理）。

3）多方案报价（中标机会大）。

4）薄利保本报价（中标机会大）。

5）亏本报价（特殊情况报价）。

10.4 工程承包合同

工程承包合同是经济合同的一种，是发包方与承包方为完成装饰装修工程任务而签订的具有法律效力的书面合约，以明确各自的权利和义务。

10.4.1 承包合同的性质

（1）合同的法律性　合同一经签订，就具有法律效力，对双方有法律的约束。

（2）合同的专一性　任何一份经济合同，只对某一具体经济事件有效。

（3）合同的协商一致性　任何一项条款，都必须是平等互利的，坚持协商一致的原则。

（4）合同的时间性　任何经济合同，从它正式生效之日起，至它终止的时间内才是有效的，否则无效。

10.4.2 承包合同的种类

1. 按承包建设的工作内容划分

1）勘察合同。

2）设计合同。

3）安装合同。

4）材料或设备订货合同。

5）机械设备租赁合同。

2. 按工程承包关系划分

（1）总包合同　就全部工程建设内容而签订的合同。

（2）分包合同　总包单位与分包单位之间签订的合同。

（3）联合承包合同　几个施工单位联合起来与建设单位签订的工程承包合同。

3. 按工程承包方式划分

1）包工包料合同。

2）包工不包料合同。

3）一次性包死和包定额单价等合同。

4. 按工程结算方式划分

（1）总价合同　即投资方与承包商按固定不变的工程投标报价进行结算，建设单位在合同总造价内支付工程进度款。如因工程质量、设备、材料价格等变动使工程费用超过合同总造价时，建设单位不负责支付超过部分的工程款。这种承包方式对承包单位来说风险较大，但有可能获得较高的利润。这种承包方式的优点是一次包死，简单省事，多用于有把握的工程。

（2）单价合同　即按实际完成的工程和双方议定的合同单价结算工程价款，也就是说量可变，单价不变的合同。对承包商来说，工程量可以按实际完成的数量进行调整，但是单价不变，仍担风险，但是比总价不变合同风险小。

（3）成本加酬金合同　即工程成本实报实销，另加一定额度的酬金（利润）。酬金额度按照工程规模和施工的难易程度确定，酬金的多少随工程成本的变化而变动。这种承包合同，对承包单位来说，企业赢利可能要少一些，但不承担施工中任何风险；对建设单位则相反，而且还要冒突破建设总投资的风险。

10.4.3　承包合同的签订

1. 装饰装修工程承包合同的主要条款

1）标底。合同标底（指货物、劳务、工程项目等）要明确，如合同中应明确工程项目、工程量、工期和质量等。

2）数量和质量。合同中的数量要明确计算单位，质量上要明确所采用标准及达到的等级。

3）价款和酬金。明确货币的名称、方式、单价、总价等。

4）履行的期限、地点和方式。

5）违约责任。有违约金和赔偿金等违约罚款。

2. 承包合同文件

1）工程承包协议书。

2）招标文件。

3）招标投标过程中以及工程施工过程中，双方往来的正式函件及图样。

3. 承包合同的签订与履行

工程承包合同的签订必须遵守国家法律，按照国家颁布的有关定额、取费标准、工期定额、质量验收规范等政策执行，并经双方的法人代表核定清楚后签字，方为有效。合同依法成立，有法律效力，从签字之日起生效。合同一经签字，双方都要无条件地履行合同规定的责任与义务，直至合同任务完成。

10.5　装饰装修工程索赔与现场签证

10.5.1　索赔

1. 索赔的概念

索赔是合同双方依据合同约定维护自身合法利益的行为，在施工合同履行过程中，合同一方不履行或者履行不当使另一方遭受损失时，受损失一方可向对方提出索赔要求。《中华人民共和国民法通则》规定："当事人一方不履行合同义务或履行合同义务不符合合同约定条件的，另一方有权要求履行或者采取补救措施，并有权要求补偿损失"。因此，它的性质属于经济补偿行为，而非惩罚。建设工程施工中的索赔是发包和承包双方行使正当权利的行为，承包人可向发包人索赔，发包人也可以向承包人索赔。

2. 索赔的作用

索赔可以保证合同的正确履行；索赔是落实、调整工程施工合同双方当事人权利和义务关系的有效手段；索赔是工程施工合同及有关法律赋予工程施工合同当事人的权利。

3. 索赔的内容

承包工程在施工过程中，施工企业只要不是自身责任，而是由于外界干扰造成工程延期或成本增加的，都可以提出索赔要求。索赔内容一般表现在以下两方面：一是工期索赔，二是价款索赔。

4. 索赔的时限

(1) 承包人向发包人的索赔　在索赔事件发生后，承包人持证明索赔事件发生的有效证据和依据正当的索赔理由，按合同约定的时间向发包人提出索赔。发包人应按合同约定的时间对承包人提出的索赔进行答复和确认。如果发包和承包双方在合同中对此没有作出具体约定，可按下面规定办理：

1) 承包人应在确认引起索赔的事件发生后28天内向发包人发出索赔通知，否则，承包人无权获得追加付款，竣工时间不得延长。

2) 承包人应在现场或发包人认可的其他地点，保留证明索赔可能需要的记录。发包人收到承包人的索赔通知后，未承认发包人责任前，可检查记录保持情况，并可指示承包人保留进一步的同期记录。

3) 承包人确认引起索赔事件的42天内，承包人应向发包人递交一份详细的索赔报告，包括索赔的依据、要求追加付款的全部资料。

如果引起索赔的事件具有连续影响，承包人应按月递交进一步的中间索赔报告，说明累计索赔的金额。

承包人应在索赔事件产生影响结束后28天内，递交一份最终索赔报告。

4) 发包人在收到索赔报告后28天内，应作出回应，表示批准或不批准并附具体意见。还可以要求承包人提供进一步的资料，但仍要在上述期限内对索赔作出回应。

5) 发包人在收到最终索赔报告后的28天内，未向承包人作出答复，视为该项索赔报告已经认可。

6) 索赔事件发生后，在造成费用损失时，往往会引起工期的变动。当索赔事件造成的费用损失与工期相关联时，承包人应根据发生的索赔事件，在向发包人提出费用索赔的同时提出工期延长的要求。

(2) 发包人向承包人提出索赔　发包人向承包人提出索赔的时间、程序和要求，如果合同中未作出具体约定的，可按以下规定办理：

1) 发包人应在确认引起索赔的事件发生后28天内向承包人发出索赔通知，否则，承包人免除该索赔的全部责任。

2) 承包人在收到发包人索赔报告后的28天内，应作出回应，表示同意或不同意并附具体意见，如在收到索赔报告后的28天内，未向发包人作出答复，视为该项索赔报告已经认可。

10.5.2 现场签证

现场签证是指发包人现场代表与承包人现场代表就工程施工过程中涉及的一些责任事件所作的签认证明。

承包人应发包人要求完成合同以外的零星工作，应进行现场签证，并填写统一格式的现场签证表（表10-2)，以作为工程现场签证计价费用结算的证明和依据。当合同对此没有作具体约定时，承包人应在发包人提出要求后7天内向发包人提出签证，发包人签证后方可施工。如果没用相应的计日工单价，签证中还应包括用工的数量和单价、机械台班的数量和单价、使用材料的数量和单价等。若发包人未签证同意，承包人在施工后发生争议的，责任由承包人自行负责。

表 10-2　现场签证表

工程名称：　　　　　　　　　　　　　标段：　　　　　　　日期：　　　　　　　　　编号：

施工部位		日　期	

致：____（发包人全称）

根据______（指令人姓名）　　年　月　日的口头指令或你方______（或监理人）　年　月　日的书面通知，我方要求完成此项工作应支付价款金额为（大写）______元，（小写）______元，请予核准。

附：1. 签证事由及原因：

2. 附图及计算式：

承包人（章）______

承包人代表______

日　　期______

复核意见： 你方提出的此项签证申请经复核： □不同意此项签证，具体意见见附件。 □同意此项签证，签证金额的计算由造价工程师复核。 监理工程师______ 日　　期______	复核意见： □此项签证按承包人中标的计日工单价计算，金额为（大写）______元，（小写）______元。 □此项签证因无计日工单价，金额为（大写）______元，（小写）______元。 造价工程师______ 日　　期______

审核意见：

□不同意此项签证。

□同意此项签证，价款与本期进度款同期支付。

发包人（章）______

发包人代表______

日　　期______

注：1. 在选择栏中的“□”内作标志“√”。

2. 本表一式四份，由承包人在收到发包人（监理人）的口头或书面通知后填写，发包人、监理人、造价咨询人、承包人各存一份。

发包人应在收到承包人的签证报告 48 小时内给予确认或提出修改意见，否则视为该签证报告已经认可。所以现场签证是承包人和发包人需共同履行的职责。

发包和承包双方确认的索赔与现场签证费用应与工程进度款同期支付，并需填写索赔与现场签证计价汇总表，见表 10-3。

表 10-3　索赔与现场签证计价汇总表

工程名称：　　　　　　　　　　　　　标段：　　　　　　　　　　　　　第　页　共　页

序号	签证及索赔项目名称	计量单位	数量	单价/元	合价/元	索赔及签证依据
	本页小计					—
	合　　计					—

注：签证及索赔依据是指经双方认可的签证单和索赔依据的编号。

第 11 章　家居装饰装修工程快速报价与快速估算方法

家居装饰装修工程联系着千家万户，影响着每个家庭的生活，每个准备装饰住房的家庭都希望装饰装修工程既要少花钱，又能多办事，快速地完成工程内容，这就需要快报价、快施工、早竣工。

第一快就是工程报价要快，它是承接工程的基础，那么如何做到快速报价呢？

11.1　快速报价方法

11.1.1　选择合适的参照工程

由于家居装饰装修千变万化，每个家庭对装饰的要求各不相同，但也有相同之处，那就是房屋建筑的户型是有统一标准可言的，可选择装饰过的工程作参照工程，进行比较、对号入座。在这个过程中，选什么样的工程作比较是关键之处，选择的已做过的工程要与现在准备装饰装修的工程相接近，选择时要注意以下几个方面：

（1）建筑面积相近　建筑面积相近就是要求总建筑面积大小相近、各不同功能房间的大小相近。

（2）空间功能分配相近　空间大小相近，功能相似，如都是洗手间，房间大小应相近。

（3）装饰子项工程相近　装饰子项工程相近是指各分项工程基本相同，如同是卧室的地面工程，都是镶铺地板等。

（4）材料选用相同　材料选用相同是指同一子项工程所选用的材料是一样的，如天花都采用轻钢龙骨吊顶。

（5）工程量基本相近　如相同的分项工程，已经装饰完工的楼地面工程，工程量是 $23m^2$，材料是印度红石材；准备装饰的地面工程量也大约为 $23m^2$，材料选用的也是印度红石材或者是与印度红石材基本相同，材料价格也基本一样。

如果以上几个方面基本符合要求，就可将此已装饰工程选为参照工程。参照工程选得越好，工程报价就越准确。

11.1.2　列出清单

要列出装饰装修工程的子项目、单位、工程量等，如楼地面工程、天花工程、墙面工程、门窗工程，见表 11-1 家居装饰装修工程项目明细表。

表11-1 家居装饰装修工程项目明细表

序号	工程项目	单位	工程量
一	楼地面工程		
1	镶贴印度红石材	m^2	18
2	镶铺榉木地板	m^2	26
3	铺纯毛地毯	m^2	20
⋮	⋮		
二	墙面工程		
1	裱糊壁纸	m^2	60
2	护墙板	m^2	30
3	涂饰乳胶漆	m^2	86
4	涂饰硝基清漆	m^2	60
⋮	⋮		
三	天棚工程		
1	铝合金龙骨吊顶	m^2	80
2	铝合金扣板安装工程	m^2	80
⋮	⋮		
四	门窗工程		
1	塑钢中空玻璃窗制作与安装	m^2	15
2	玻璃木门制作与安装	m^2	8
⋮	⋮		

11.1.3 报价中应注意的问题

1）子项工程要列清楚，避免漏项或重复计算。如何避免漏项或重复计算呢？要反复核查子项工程，对子项工程内容要熟悉，对工艺环节要清楚。如镶铺木地板分项工程，是指该分项工程全部，还是指地板面层子项或面层下的骨架子项等，如不是分项工程全部，就应分为两个子项来列，一是镶铺地板面层，另一项是地板龙骨骨架制作与安装，两个子项工程合在一起为镶铺木地板工程。

2）掌握目前材料的市场价格。对材料价格需做市场调查，以最新价格来进行工程预算报价。

3）掌握目前市场的人工费用情况。这样可以避免人工费计算不准，使工程报价缺少可行性。

4）合理地计取其他费用，如临时设施费及有关管理费。在工程中没有发生的费用，不应计取。

11.1.4 人工费劳务承包的报价方法

人工费劳务承包的报价方法是根据工程量，按人工日工作量计算出工日，并与人工日工资标准相乘，完成该工程所需的各分项人工费用合计提取的人工劳务承包费用为基价进行报价的。

这种报价是由装饰家庭的成员提供材料，装饰装修工程人员承做，工程只做劳务支出的方法。

11.2 快速估算方法

11.2.1 实算

(1) 列表　列出分项工程及主要材料表，见表11-2。

表11-2　分项工程及主要材料表

序号	子目内容	成品面积/m^2	实际材料用量/m^2	单价/元	合价/元
1	木门	2	2.6	38.00	98.80
2	石材地面	30	34	126.00	4284.00
3	纸面石膏板	100	110	11.00	1210.00
⋮	⋮	⋮	⋮	⋮	⋮
A	合　计				

(2) 计算工程量并填入表中　成品面积以施工图为依据计算，实际用量以实际发生的材料用量计取。因为材料在使用过程中有损耗，这种损耗有材料利用率的问题，也有材料自然损耗的问题，但不论何种问题都需计入实际用量中。

(3) 市场询价　到材料市场了解各种材料的市场价格，切记不要只走一家一口价，而要多走几家，做到货比三家，这样才能选到物美价廉的商品。同时也要到家居装饰市场，以便了解、掌握市场行情，做到心中有数。

(4) 算出合价　对照询价与表中对应材料实际消耗相乘之积，计算出合价。

通过对照询价，了解市场，将所了解的材料价格与对应的装饰材料消耗进行对照，计算实际所消耗材料的价格。然后，再将每种材料消耗的合价汇总，就得到整个工程材料消耗费用，即材料费。

11.2.2 估算

(1) 辅助材料费　无法列入子目的材料消耗费，叫做辅助材料费，如钉、胶等材料消耗，按占实算材料费用的10%计算，即

$$辅助材料=实算材料费\times 10\%$$

(2) 人工、机械使用费　对材料以外的人工、机械使用费用按所占材料费用的80%计算，即

$$人工费+机械使用费=实算材料费\times 80\%$$

11.2.3 工程报价

(1) 工程估算报价　通过以上的计算，将实算部分的费用与估算部分的费用相加，即得到装饰装修工程估算报价，即

工程估算报价＝实算部分费用＋估算费用

＝实算材料费＋辅助材料费＋人工费＋机械使用费

＝实算材料费＋实算材料费×10%＋实算材料费×80%

＝实算材料费×190%

(2) 单位工程造价估算报价　这项报价以居住面积每平方米装饰造价估算报价。

当前，市场比较流行以每平方米居住（或使用）面积进行室内装饰时所投入的资金来估算装饰装修工程造价，这是一种最简易、快捷的估算方法，以不同档次的装饰所投的资金不同等来估算工程费用。

下面根据目前市场情况介绍几种参考价格，单位居住面积不同等级装饰装修工程报价见表 11-3。

表 11-3　单位居住面积不同等级装饰装修工程报价表

装饰等级	装饰费用/（元/m^2）	装饰等级	装饰费用/（元/m^2）
一般	360	高档	1180 以上
中档	580	豪华	1600 以上
中高档	860		

采用表 11-3 中的数据标准计算住宅装饰装修工程造价就方便多了，只要知道室内居住面积，准备装饰的档次，就可以很快计算出工程的大致使用资金情况。

例 11-1　现有一住宅，建筑面积为 150m^2，室内居住面积为 108m^2，按中高档装饰，请报出该装饰装修工程的估算。

先查表 11-3，中高档装饰的费用为 860 元/m^2，然后进行计算。

860 元/m^2 ×108m^2 ＝92880 元

进行室内装饰时，可以参照表 11-3，结合实际情况，确定装饰等级，也可根据装饰等级准备资金，做到计划投资、减少盲目、避免浪费、达到住宅室内装饰投资科学化、合理化、经济化。

附　录

本附录中摘录了2008年辽宁省建设工程计价依据《B装饰装修工程计价定额》单位基价表，以方便读者查阅参考。

因为各地区的情况不同，材料价格、人工价格、机械台班价格会发生变化，但基础定额是一样的，计算方法也是一致的，所以工程报价时要选择合适的地区单位基价表（单位估价表），以保证报价的合理性、准确性和可行性。

1. 楼地面工程

附表1　楼地面工程（编码：0201）

项目编码		项　目	单位	预算单价/元			
				基价	其中		
					人工费	材料费	机械费
020101		一、整体面层					
020101001		1. 自流平楼地面					
001	1-1	自流平楼地面	100m²	1091.67	401.27	690.40	—
020101002		2. 现浇水磨石楼地面					
001	1-2	水磨石楼地面带嵌条	100m²	4611.06	2954.40	1384.00	272.66
002	1-3	水磨石楼地面带艺术型嵌条分色	100m²	5031.06	3200.17	1558.23	272.66
003	1-4	彩色镜面水磨石楼地面带嵌条	100m²	8865.96	4935.73	3257.21	673.02
004	1-5	彩色镜面水磨石楼地面带艺术型嵌条分色	100m²	9096.70	5166.47	3257.21	673.02
005	1-6	水磨石地面打磨	100m²	1379.09	983.10	234.14	161.85
006	1-7	水泥豆石浆地面	100m²	1579.74	899.40	656.15	24.19
020101003		3. 分隔嵌条、防滑条、打蜡					
001	1-8	楼地面水磨石、铜嵌条分隔（2mm×12mm）	100m	1229.57	40.14	1138.66	50.77
002	1-9	楼地面水磨石、铜嵌条分隔（1.5mm×12mm）	100m	1102.37	40.14	1011.46	50.77
003	1-10	块料地面铜分隔条（3mm×12mm）	100m	2022.79	45.13	1448.00	529.66
004	1-11	块料地面铜分隔条（T型5mm×10mm）	100m	1916.79	45.13	1342.00	529.66
005	1-12	楼梯、台阶踏步防滑条铜嵌条（4mm×6mm）	100m	1588.14	290.94	1297.20	—

（续）

项目编码		项 目	单位	预算单价/元			
				基价	其中		
					人工费	材料费	机械费
006	1-13	楼梯、台阶踏步防滑条铜嵌条(4mm×10mm)	100m	2092.37	371.17	1721.20	—
007	1-14	楼梯、台阶踏步防滑条青铜板(5mm×50mm)	100m	6756.03	371.17	5855.20	529.66
008	1-15	楼梯、台阶踏步防滑条青铜板(4mm×50mm)	100m	6226.03	371.17	5325.20	529.66
009	1-16	楼梯、台阶踏步防滑条铸铜板(6mm×110mm)	100m	8043.73	280.87	7233.20	529.66
010	1-17	楼梯、台阶踏步防滑条金刚砂 100m	100m^2	219.40	115.37	104.03	—
011	1-18	酸洗打蜡楼梯台阶	100m^2	411.03	331.07	79.96	—
012	1-19	酸洗打蜡楼地面	100m^2	286.32	230.70	55.62	—
020102		二、块料面层					
020102001		1. 石材楼地面					
001	1-20	大理石楼地面周长 3200mm 以内（多色）	100m^2	15618.44	1167.32	14400.80	50.32
002	1-21	大理石楼地面周长 3200mm 以外（单色）	100m^2	15612.72	1161.60	14400.80	50.32
003	1-22	大理石楼地面周长 3200mm 以内（单色）	100m^2	15700.09	1248.97	14400.80	50.32
004	1-23	大理石楼地面周长 3200mm 以外（多色）	100m^2	15795.42	1344.30	14400.80	50.32
005	1-24	大理石楼地面拼花	100m^2	28439.77	1524.90	26864.55	50.32
006	1-25	大理石楼地面点缀（100 个）	100m^2	2981.18	1389.43	1591.75	—
007	1-26	大理石楼地面、碎拼大理石	100m^2	6290.00	1569.97	4677.45	42.58
008	1-27	花岗石楼地面周长 3200mm 以内（单色）	100m^2	13175.44	1269.07	11856.05	50.32
009	1-28	花岗石楼地面周长 3200mm 以内（多色）	100m^2	13220.61	1314.24	11856.05	50.32
010	1-29	花岗石楼地面周长 3200mm 以外（单色）	100m^2	13220.61	1314.24	11856.05	50.32
011	1-30	花岗石楼地面周长 3200mm 以外（多色）	100m^2	13265.67	1359.30	11856.05	50.32
012	1-31	花岗楼地面拼花	100m^2	23474.56	1605.13	21819.11	50.32
013	1-32	花岗石楼地面点缀（100 个）	100m^2	3163.53	1409.47	1754.06	—
014	1-33	花岗石楼地面、碎拼花岗石	100m^2	6178.33	1650.30	4485.45	42.58
020102002		2. 块料楼地面					
001	1-34	陶瓷地砖楼地面地砖周长 800mm 以内	100m^2	5778.16	1620.17	4124.12	33.87
002	1-35	陶瓷地砖楼地面地砖周长 1200mm 以内	100m^2	5814.09	1433.10	4347.12	33.87
003	1-36	陶瓷地砖楼地面地砖周长 1600mm 以内	100m^2	5912.23	1326.24	4552.12	33.87
004	1-37	陶瓷地砖楼地面地砖周长 2000mm 以内	100m^2	5909.78	1272.54	4603.37	33.87
005	1-38	陶瓷地砖楼地面地砖周长 2400mm 以内	100m^2	6447.21	1399.97	5013.37	33.87

（续）

项目编码		项　　目	单位	预算单价/元			
				基价	其中		
					人工费	材料费	机械费
006	1-39	陶瓷地砖楼地面地砖周长 3200mm 以内	100m²	11822.13	1456.14	10332.12	33.87
007	1-40	陶瓷地砖楼地面地砖周长 3200mm 以外	100m²	19693.06	2262.24	17092.12	33.87
008	1-41	镭射玻璃地砖 8mm 厚单层钢化砖周长 2000mm 以内	100m²	40356.60	1755.60	38601.00	—
009	1-42	镭射玻璃地砖 8mm 厚单层钢化砖周长 2400mm 以内	100m²	40188.97	1805.77	38383.20	—
010	1-43	镭射玻璃地砖 8mm 厚单层钢化砖周长 3200mm 以内	100m²	42082.68	1825.80	40256.88	—
011	1-44	镭射玻璃地砖（8＋5）mm 厚夹层钢化玻璃周长 2000mm 以内	100m²	40152.54	1670.34	38482.20	—
012	1-45	镭射玻璃地砖（8＋5）mm 厚夹层钢化玻璃周长 2400mm 以内	100m²	41035.38	1705.44	39329.94	—
013	1-46	镭射玻璃地砖（8＋5）mm 厚夹层钢化玻璃周长 3200mm 以内	100m²	44130.48	1740.54	42389.94	—
014	1-47	幻影玻璃地砖 8mm 厚单层钢化玻璃周长 2000mm 以内	100m²	4525.60	1755.60	43497.00	—
015	1-48	幻影玻璃地砖 8mm 厚单层钢化玻璃周长 2400mm 以内	100m²	45084.97	1805.77	43279.20	—
016	1-49	幻影玻璃地砖 8mm 厚单层钢化玻璃周长 3200mm 以内	100m²	44938.68	1825.80	43112.88	—
017	1-50	幻彩玻璃地砖（8＋5）mm 厚夹层钢化玻璃周长 2000mm 以内	100m²	70548.54	1670.34	68878.20	—
018	1-51	幻彩玻璃地砖（8＋5）mm 厚夹层钢化玻璃周长 2400mm 以内	100m²	70411.38	1705.44	68705.94	—
019	1-52	幻彩玻璃地砖（8＋5）mm 厚夹层钢化玻璃周长 3200mm 以内	100m²	70446.48	1740.54	68705.94	—
020	1-53	缸砖楼地面勾缝	100m²	4436.25	1414.50	2987.88	33.87
021	1-54	缸砖楼地面不勾缝	100m²	4515.06	1238.94	3243.22	32.90
022	1-55	陶瓷锦砖楼地面不拼花	100m²	5814.18	2302.33	3477.98	33.87
023	1-56	陶瓷锦砖楼地面拼花	100m²	6395.82	2808.97	3552.98	33.87
024	1-57	水泥花砖楼地面	100m²	6130.17	1098.54	4998.73	32.90
025	1-58	广场砖地面拼图案	100m²	7743.49	1790.70	5903.44	49.35
026	1-59	广场砖地面不拼图案	100m²	6238.93	1615.14	4574.44	49.35

（续）

项目编码		项　　目	单位	预算单价/元			
				基价	其中		
					人工费	材料费	机械费
020102003		3. 石材底面刷养护液					
001	1-60	光面石材花岗石深色	100m²	316.52	250.80	65.72	—
002	1-61	光面石材花岗石浅色	100m²	319.00	250.80	68.20	—
003	1-62	光面石材大理石深色	100m²	336.05	250.80	85.25	—
004	1-63	光面石材大理石浅色	100m²	345.66	250.80	94.86	—
005	1-64	亚光石材花岗石	100m²	336.05	250.80	85.25	—
006	1-65	亚光石材大理石	100m²	381.93	250.80	131.13	—
007	1-66	粗面石材剁斧板	100m²	440.06	250.80	189.26	—
008	1-67	粗面石材火烧板	100m²	405.80	250.80	155.16	—
009	1-68	粗面石材蘑菇石	100m²	463.93	250.80	213.13	—
010	1-69	石材表面刷防护液光面石	100m²	289.55	250.80	38.75	—
020103		三、橡塑地面					
020103001		1. 橡胶板楼地面					
001	1-70	楼地面橡胶板	100m²	3992.60	907.87	3084.73	—
020103002		2. 塑胶楼地面					
001	1-71	塑胶楼地面	100m²	15408.13	1108.13	14300.00	—
020103003		3. 塑料板楼地面					
001	1-72	塑料板平口板	100m²	3870.05	1544.94	2325.11	—
002	1-73	塑料板企口装配板	100m²	7163.11	1539.90	5586.74	36.47
020103004		4. 塑料卷材楼地面					
001	1-74	楼地面塑料卷材	100m²	3241.61	772.50	2469.11	—
020104		四、其他材料楼地面					
020104001		1. 楼地面地毯					
001	1-75	羊毛地毯不固定	100m²	14523.07	765.60	13757.47	—
002	1-76	羊毛地毯固定不带垫	100m²	16222.33	1947.88	14274.45	—
003	1-77	羊毛地毯固定带垫	100m²	18629.22	2924.68	15704.54	—
004	1-78	化纤地毯不固定	100m²	4223.07	765.60	3457.47	—
005	1-79	化纤地毯固定不带垫	100m²	5922.33	1947.88	3974.45	—
006	1-80	化纤地毯固定带垫	100m²	8329.22	2924.68	5404.54	—

（续）

项目编码		项　　目	单位	预算单价/元			
				基价	其中		
					人工费	材料费	机械费
007	1-81	防静电地毯	100m²	24294.22	2924.68	21369.54	—
020104002		2. 竹木地板					
001	1-82	硬木不拼花地板铺在水泥地面上　平口	100m²	13803.96	1813.14	11990.82	—
002	1-83	硬木不拼花地板铺在水泥地面上　企口	100m²	15738.06	2172.24	13565.82	—
003	1-84	硬木不拼花地板铺在木楞上　单层平口	100m²	15195.16	1849.07	13340.88	5.21
004	1-85	硬木不拼花地板铺在木楞上　单层企口	100m²	16999.02	2077.93	14915.88	5.21
005	1-86	硬木不拼花地板铺在毛地板　双层平口	100m²	20593.08	2221.57	18127.02	244.49
006	1-87	硬木不拼花地板铺在毛地板　双层企口	100m²	22437.92	2450.47	19702.02	285.43
007	1-88	硬木拼花地板铺在水泥地面上　平口	100m²	13234.19	2293.37	10940.82	—
008	1-89	硬木拼花地板铺在水泥地面上　企口	100m²	15262.49	2746.67	12515.82	—
009	1-90	硬木拼花地板铺在木楞上　单层平口	100m²	15564.49	3020.40	12538.88	5.21
010	1-91	硬木拼花地板铺在木楞上　单层企口	100m²	17601.79	3482.70	14113.88	5.21
011	1-92	硬木地板铺在毛地板　双层平口	100m²	21168.25	3388.44	17325.02	454.79
012	1-93	硬木地板铺在毛地板　双层企口	100m²	23289.22	3850.74	18900.02	538.46
013	1-94	硬木地板砖铺在水泥地面上　平口	100m²	9948.62	1579.80	8368.82	—
014	1-95	硬木地板砖铺在水泥地面上　企口	100m²	11837.72	1893.90	9943.82	—
015	1-96	硬木地板砖铺在毛地板　双层平口	100m²	15209.75	2235.00	12657.02	317.73
016	1-97	硬木地板砖铺在毛地板　双层企口	100m²	17192.65	280.60	14232.02	380.03
017	1-98	长条复合地板铺在混凝土面上	100m²	9143.15	1563.87	7563.87	—
018	1-99	长条复合地板铺在毛地板　双层	100m²	16479.10	1895.08	14584.02	—
019	1-100	长条杉木地板铺在木龙骨上　单层平口	100m²	14605.97	1188.84	13332.58	84.55
020	1-101	长条杉木地板铺在木龙骨上　单层企口	100m²	16337.39	1329.24	14907.58	100.57
021	1-102	长条杉木地板铺在毛地板　双层平口	100m²	19701.94	1484.70	18118.72	98.52
022	1-103	长条杉木地板铺在毛地板　双层企口	100m²	21782.75	1961.27	19693.72	127.76
023	1-104	长条松木地板铺在木龙骨上　平口	100m²	7993.97	1188.84	6720.58	84.55
024	1-105	长条松木地板铺在木龙骨上　企口	100m²	9680.22	1284.07	8295.58	100.57
025	1-106	树脂软木地板铺在毛地板上（双层）	100m²	21108.44	2450.02	18652.02	5.95
026	1-107	软木橡胶地板铺在毛地板上（双层）	100m²	22683.44	2450.47	20227.02	5.95
027	1-108	竹地板胶粘	100m²	15456.54	1458.16	13565.82	432.56

（续）

项目编码		项 目	单位	预算单价/元			
				基价	其中		
					人工费	材料费	机械费
028	1-109	木楞铺在楼地面上	$100m^2$	1614.14	528.00	1061.83	24.31
029	1-110	细木工板铺在木楞上	$100m^2$	6297.49	976.8	5296.38	24.31
030	1-111	轻钢地龙骨	$100m^2$	11385.22	1604.68	9780.54	—
020104003		3. 防静电地板					
001	1-112	防静电活动地板安装铝质	$100m^2$	62459.03	3661.67	58797.36	—
002	1-113	防静电活动地板安装木质	$100m^2$	41398.39	3661.67	37736.72	—
003	1-114	塑料防静电地板	$100m^2$	1327.20	1003.20	324.00	—
020104004		4. 金属复合地板					
001	1-115	金属复合地板	$100m^2$	40243.50	1093.50	39150.00	—
020105		五、踢脚线					
020105002		1. 石材踢脚线					
001	1-116	直线形踢脚线大理石水泥砂浆	$100m^2$	9242.51	2222.10	6999.12	21.29
002	1-117	直线形踢脚线大理石粘结剂	$100m^2$	9299.40	2101.74	7197.66	—
003	1-118	直线形踢脚线花岗石水泥砂浆	$100m^2$	9843.56	2312.40	7509.87	21.29
004	1-119	直线形踢脚线花岗石粘结剂	$100m^2$	9900.45	2192.04	7708.41	—
005	1-120	弧形踢脚线大理石水泥砂浆	$100m^2$	42718.98	2553.13	40144.56	21.29
006	1-121	弧形踢脚线大理石粘结剂	$100m^2$	42765.36	2417.70	40347.66	—
007	1-122	弧形踢脚线花岗石水泥砂浆	$100m^2$	50781.07	2658.47	48101.31	21.29
008	1-123	弧形踢脚线花岗石粘结剂	$100m^2$	50827.48	2523.07	48304.41	—
009	1-124	成品踢脚线大理石水泥砂浆	$100m^2$	3746.82	407.34	3335.61	3.87
010	1-125	成品踢脚线大理石粘结剂	$100m^2$	3714.15	387.24	3326.91	—
011	1-126	成品踢脚线花岗石水泥砂浆	$100m^2$	2028.85	423.37	1601.61	3.87
012	1-127	成品踢脚线花岗石粘结剂	$100m^2$	1995.68	402.77	1592.91	—
020105003		2. 块料踢脚线					
001	1-128	陶瓷地砖踢脚线	$100m^2$	10131.83	2146.87	7963.67	21.29
002	1-129	缸砖踢脚线	$100m^2$	6536.52	3310.57	3204.66	21.29
003	1-130	陶瓷锦砖踢脚线	$100m^2$	6590.58	3232.80	3336.49	21.29
004	1-131	水磨石板踢脚线水泥砂浆	$100m^2$	7061.85	2022.47	5018.09	21.29
020105004		3. 现浇水磨石板踢脚线					
001	1-132	水磨石踢脚线	$100m^2$	1550.78	1385.40	159.57	5.81

（续）

项目编码		项目	单位	预算单价/元			
				基价	其中		
					人工费	材料费	机械费
020105005		4. 塑料板踢脚线					
001	1-133	踢脚线　塑料板　装配式	100m²	16325.95	1538.40	14751.08	36.47
002	1-134	踢脚线　塑料板　粘贴	100m²	13861.99	1705.44	12120.08	36.47
020105006		5. 木质踢脚线					
001	1-135	直线形木踢脚线杉木板	100m²	13985.03	1800.73	12170.90	13.40
002	1-136	直线形木踢脚线榉木夹板	100m²	8897.51	1800.73	7083.38	13.40
003	1-137	直线形木踢脚线橡木夹板	100m²	9942.53	1800.73	8128.40	13.40
004	1-138	直线形榉木、实木踢脚线	100m²	18220.83	1800.73	26406.70	13.40
005	1-139	弧形木踢脚线榉木夹板	100m²	9053.07	1961.27	7078.40	13.40
006	1-140	弧形木踢脚线橡木夹板	100m²	10103.07	1961.27	8128.40	13.40
007	1-141	成品木踢脚线	100m²	7711.44	179.57	7530.63	1024
020105007		6. 金属踢脚线					
001	1-142	踢脚线金属板	100m²	20045.74	2101.74	17944.00	—
020105008		7. 防静电踢脚线					
001	1-143	踢脚线　复合板	100m²	4235.74	2101.74	1234.00	—
002	1-144	踢脚线　防静电	100m²	41261.74	2101.74	39160.00	—
020106		六、楼梯装饰					
020106001		1. 石材楼梯面层					
001	1-145	楼梯大理石水泥砂浆	100m²	30019.70	3235.33	26739.86	44.51
002	1-146	楼梯大理石粘结剂	100m²	29968.12	3079.80	26888.32	—
003	1-147	楼梯花岗石水泥砂浆	100m²	25770.65	3305.53	22420.61	44.51
004	1-148	楼梯花岗石粘结剂	100m²	25704.07	3135.00	22569.07	—
005	1-149	弧形楼梯大理石	100m²	36038.44	3882.37	32089.30	66.77
020106002		2. 块料楼梯面层					
001	1-150	陶瓷地砖楼梯	100m²	14577.34	2984.53	11546.36	46.45
002	1-151	缸砖楼梯	100m²	8077.65	3365.70	4667.44	44.51
020106004		3. 现浇水磨石楼梯面					
001	1-152	水磨石楼梯不分色	100m²	9753.81	7777.44	1904.76	71.61
002	1-153	水磨石楼梯分色	100m²	10690.32	8283.44	2335.27	71.61

（续）

项目编码		项　目	单位	预算单价/元			
				基价	其中		
					人工费	材料费	机械费
020106005		4. 地毯楼梯面					
001	1-154	楼梯化纤地毯不带垫	100m²	8092.86	2908.40	5184.46	—
002	1-155	楼梯化纤地毯带垫	100m²	11494.38	4357.32	7137.06	—
003	1-156	楼梯羊毛地毯不带垫	100m²	22152.86	2908.40	19244.46	—
004	1-157	楼梯羊毛地毯带垫	100m²	25554.38	4357.32	21197.06	—
005	1-158	楼梯地毯配件铜质压棍	套	5811.64	722.34	5089.30	—
006	1-159	楼梯地毯配件铜质压板	100m	6745.76	361.14	6384.62	—
007	1-160	楼梯地毯配件不锈钢压棍	套	2990.96	722.34	2268.62	—
008	1-161	楼梯地毯配件不锈钢压板	100m	1721.36	361.14	1360.22	—
020106006		5. 木板楼梯面					
001	1-162	楼梯铺普通实木地板	100m²	21154.01	4718.04	16426.29	9.68
020107		七、扶手、栏杆、栏板装饰					
020107001		1. 金属扶手带栏杆、栏板					
001	1-163	铝合金扶手带栏杆、栏板 10mm 厚有机玻璃栏板（半玻璃）	10m	1428.25	284.17	1107.34	36.74
002	1-164	铝合金扶手带栏杆、栏板 10mm 厚有机玻璃栏板（全玻璃）	10m	1667.57	338.64	1292.19	36.74
003	1-165	铝合金扶手带栏杆、栏板 10mm 厚钢化玻璃栏板（半玻璃）	10m	1483.45	339.37	1107.34	36.74
004	1-166	铝合金扶手带栏杆、栏板 10mm 厚钢化玻璃栏板（全玻璃）	10m	1683.83	354.90	1292.19	36.74
005	1-167	铝合金扶手带栏杆、栏板 10mm 厚茶色玻璃栏板（半玻璃）	10m	1445.27	269.34	1139.19	36.74
006	1-168	铝合金扶手带栏杆、栏板 10mm 厚茶色玻璃栏板（全玻璃）	10m	1651.33	281.40	1333.19	36.74
007	1-169	铝合金扶手带栏杆	10m	1146.93	153.77	974.27	18.89
008	1-170	不锈钢扶手带不锈钢管栏杆直线形竖	10m	1988.64	149.77	1793.37	45.50
009	1-171	不锈钢扶手带不锈钢管栏杆直线形其他	10m	2733.33	159.67	2511.73	61.93
010	1-172	不锈钢扶手带不锈钢管栏杆圆弧形竖	10m	5187.57	198.97	4939.02	49.58
011	1-173	不锈钢扶手带不锈钢管栏杆圆弧形其他	10m	5834.77	214.67	5554.09	66.01
012	1-174	不锈钢扶手带不锈钢管栏杆螺旋形竖	10m	5148.90	254.70	4844.62	49.58

（续）

项目编码		项　目	单位	预算单价/元			
				基价	其中		
					人工费	材料费	机械费
013	1-175	不锈钢扶手带不锈钢管栏杆螺旋形其他	10m	5800.67	274.97	5459.69	66.01
014	1-176	不锈钢扶手带栏杆、有机玻璃板栏板10mm厚半玻璃37mm×37mm方钢	10m	2171.32	319.07	1771.23	81.02
015	1-177	不锈钢扶手带栏杆、有机玻璃板栏板10mm厚半玻璃ϕ50mm圆管	10m	2150.45	304.37	1765.06	81.02
016	1-178	不锈钢扶手带栏杆、有机玻璃板栏板10mm厚全玻璃37mm×37mm方钢	10m	2507.23	333.54	2092.67	81.02
017	1-179	不锈钢扶手带栏杆、有机玻璃板栏板10mm厚全玻璃ϕ50mm圆管	10m	2485.81	318.30	2086.49	81.02
018	1-180	不锈钢扶手带栏杆、钢化玻璃板栏板10mm厚半玻璃37mm×37mm方钢	10m	1666.20	335.34	1260.91	69.95
019	1-181	不锈钢扶手带栏杆、钢化玻璃板栏板10mm厚半玻璃ϕ50mm圆管	10m	1644.56	319.87	1254.74	69.95
020	1-182	不锈钢扶手带栏杆、钢化玻璃板栏板10mm厚全玻璃37mm×37mm方钢	10m	1856.67	350.77	1435.95	69.95
021	1-183	不锈钢扶手带栏杆、钢化玻璃板栏板10mm厚全玻璃ϕ50mm圆管	10m	1834.29	334.57	1429.77	69.95
022	1-184	ϕ50mm不锈钢扶手带不锈钢管栏杆、10mm厚钢化玻璃全玻璃栏板（弧形）	10m	5124.56	464.04	4575.42	85.10
023	1-185	ϕ50mm铜管扶手带栏杆、钢化玻璃栏板半玻璃（直形）	10m	6025.67	265.37	5675.20	85.10
024	1-186	ϕ50mm铜管扶手带栏杆、钢化玻璃栏板半玻璃（弧形）	10m	6298.57	350.47	5863.00	85.10
025	1-187	ϕ50mm铜管扶手带栏杆、钢化玻璃栏板全玻璃（直形）	10m	6212.61	277.27	5850.24	85.10
026	1-188	ϕ50mm铜管扶手带栏杆、钢化玻璃栏板全玻璃（弧形）	10m	6489.14	366.00	6038.04	85.10
020107002		2. 硬木扶手带栏杆、栏板					
001	1-189	硬木扶手铁艺栏杆（钢筋）	10m	2469.76	142.44	2316.25	11.07
002	1-190	硬木扶手铁艺栏杆（型钢）	10m	2237.29	148.50	2077.72	11.07
003	1-191	硬木扶手铁艺栏杆（铸铁）	10m	2522.38	154.57	2356.74	11.07
004	1-192	硬木扶手木栏杆直形（车花）	10m	5101.43	166.80	4934.63	—
005	1-193	硬木扶手木栏杆直形（不车花）	10m	4015.30	160.67	3854.63	—

（续）

项目编码		项　目	单位	预算单价/元			
				基价	其中		
					人工费	材料费	机械费
006	1-194	硬木扶手木栏杆弧形（车花）	10m	7045.41	175.63	6869.78	—
007	1-195	硬木扶手木栏杆弧形（不车花）	10m	5894.61	170.83	5723.78	—
020107003		3. 塑料扶手带栏杆、栏板					
001	1-196	塑料扶手铁艺栏杆（钢筋）	10m	894.96	119.64	764.25	11.07
002	1-197	塑料扶手铁艺栏杆（型钢）	10m	662.49	125.70	525.72	11.07
003	1-198	塑料扶手铁艺栏杆（铸铁）	10m	947.57	131.77	804.73	11.07
020107004		4. 金属靠墙扶手					
001	1-199	金属靠墙扶手（铝合金）	10m	505.75	97.33	401.58	6.84
002	1-200	金属靠墙扶手（钢管）	10m	378.10	97.33	262.87	17.90
003	1-201	金属靠墙扶手（不锈钢管）	10m	630.03	158.94	464.09	7.00
020107005		5. 硬木靠墙扶手					
001	1-202	硬木	10m	2108.56	114.07	1976.59	17.90
020107006		6. 塑料靠墙扶手					
001	1-203	塑料	10m	359.85	84.90	252.60	22.35
020107007		7. 大理石扶手带栏杆					
001	1-204	大理石扶手带栏板（直形）	10m	8104.03	451.87	7652.16	—
002	1-205	大理石扶手带栏杆（弧形）	10m	17633.00	607.74	17025.26	—
020107008		8. 弯头					
001	1-206	不锈钢弯头 ϕ60mm	10个	338.11	70.97	129.13	138.01
002	1-207	不锈钢弯头 ϕ75mm	10个	412.64	74.34	179.63	158.67
003	1-208	铜管弯头 ϕ60mm	10个	1678.83	70.97	1490.45	117.41
004	1-209	铜管弯头 ϕ75mm	10个	2152.30	74.34	1939.90	138.06
005	1-210	硬木弯头 100mm×60mm	10个	1398.51	84.97	1313.54	—
006	1-211	硬木弯头 150mm×60mm	10个	1603.87	88.33	1515.54	—
007	1-212	硬木弯头 60mm×65mm	10个	1192.84	81.30	1111.54	—
008	1-213	大理石弯头	10个	2627.32	92.40	2534.92	—
020108		八、台阶装饰					
020108001		1. 石材台阶面					
001	1-214	台阶大理石水泥砂浆	100m²	31595.74	2563.20	28982.22	50.32

（续）

项目编码		项目	单位	预算单价/元			
				基价	其中		
					人工费	材料费	机械费
002	1-215	台阶大理石粘结剂	100m²	31525.01	2382.60	29142.41	—
003	1-216	台阶花岗石水泥砂浆	100m²	27155.51	2808.97	24296.22	50.32
004	1-217	台阶花岗石粘结剂	100m²	26984.51	2528.10	24456.41	—
005	1-218	弧形台阶大理石	100m²	44232.99	3586.44	40575.91	70.64
006	1-219	弧形台阶花岗石	100m²	38018.53	3932.53	34015.36	70.64
020108002		2. 块料台阶面					
001	1-220	陶瓷台阶	100m²	14875.48	2317.72	12507.72	50.32
002	1-221	缸砖台阶	100m²	7526.33	2427.73	5050.21	48.39
003	1-222	陶瓷锦砖台阶	100m²	10225.35	4915.67	5259.36	50.32
004	1-223	水泥花砖台阶	100m²	10167.99	2387.64	7731.96	48.39
020108004		3. 现浇水磨石台阶面					
001	1-224	水磨石台阶	100m²	9778.91	7661.28	2040.21	77.42
002	1-225	水磨石台阶（每增减5mm）	100m²	333.60	82.80	242.09	8.71
020108005		4. 剁假石台阶面					
001	1-226	台阶底20mm面15mm	100m²	1989.65	3511.20	1402.97	75.48
002	1-227	台阶每增减5mm	100m²	272.32	70.20	193.41	8.71
020109		九、零星装饰项目					
020109001		1. 石材零星项目					
001	1-228	零星项目大理石水泥砂浆	100m²	22680.35	2954.40	19693.05	32.90
002	1-229	零星项目大理石粘结剂	100m²	22474.33	2834.04	19640.29	—
003	1-230	零星项目花岗石水泥砂浆	100m²	19593.12	3024.67	16535.55	32.90
004	1-231	零星项目花岗石粘结剂	100m²	19382.06	2899.27	16482.79	—
005	1-232	镶边大理石	100m²	20778.49	1374.37	19353.80	50.32
006	1-233	镶边花岗石	100m²	17739.72	1449.60	16239.80	50.32
020109002		2. 碎拼石材零星项目					
001	1-234	零星项目碎拼大理石水泥砂浆	100m²	8497.23	3395.83	5063.66	37.74
002	1-235	零星项目碎拼花岗石水泥砂浆	100m²	8365.50	3476.10	4851.66	37.74
020109003		3. 块料零星项目					
001	1-236	零星项目陶瓷地砖	100m²	12755.46	4208.40	8513.19	33.87
002	1-237	零星项目缸砖	100m²	6285.64	2793.90	3457.87	33.8

2. 墙、柱面工程

墙、柱面工程见附表2。

附表2 墙、柱面工程（编码：0202）

项目编码		项 目	单位	预算单价/元			
				基价	其中		
					人工费	材料费	机械费
020201		一、墙面装饰抹灰					
020201001		墙面装饰抹灰					
		（1）水刷石					
001	2-1	水刷豆石（砖、混凝土墙面12＋12）	100m²	2824.59	1949.40	829.71	45.48
002	2-2	水刷豆石（毛石墙面18＋12）	100m²	3039.11	2034.37	950.55	54.19
003	2-3	水刷白石子（砖、混凝土墙面12＋10）	100m²	2882.14	1937.23	904.27	40.64
004	2-4	水刷白石子（毛石墙面20＋10）	100m²	3139.24	2015.94	1067.17	56.13
005	2-5	水刷玻璃碴（砖、混凝土墙面12＋12）	100m²	3627.52	2489.53	1092.51	45.48
006	2-6	水刷玻璃碴（毛石墙面18＋12）	100m²	3765.35	2495.87	1213.35	56.13
		（2）干粘石					
007	2-7	干粘白石子（砖、混凝土墙面18）	100m²	2068.15	1469.40	564.88	33.87
008	2-8	干粘白石子（毛石墙面30）	100m²	2340.20	1475.77	808.30	56.13
009	2-9	干粘玻璃碴（砖、混凝土墙面18）	100m²	2387.58	1785.17	568.54	33.87
010	2-10	干粘玻璃碴（毛石墙面30）	100m²	2671.77	1803.67	811.97	56.13
		（3）斩假石					
011	2-11	斩假石（砖、混凝土墙面12＋10）	100m²	5573.91	4633.20	899.10	41.61
012	2-12	斩假石（毛石墙面18＋10）	100m²	5707.36	4633.20	1019.97	54.19
		（4）拉条灰、甩毛灰					
013	2-13	墙面拉条（砖墙面14＋10）	100m²	1803.33	1099.27	659.60	44.51
014	2-14	墙面拉条（混凝土墙面10＋4）	100m²	1867.64	1160.04	663.09	44.51
015	2-15	墙面拉条（砖墙面12＋6）	100m²	1608.91	1009.27	470.93	38.71
016	2-16	墙面拉条（混凝土墙面10＋6）	100m²	1732.99	1147.87	550.28	34.84
		（5）墙面刮石英砂水泥胶泥					
017	2-17	墙面刮石英砂水泥胶泥	100m²	2244.28	596.64	1607.00	40.64
		（6）装饰抹灰分格嵌缝					
018	2-18	玻璃嵌缝	100m²	457.02	425.04	31.98	—
019	2-19	分格	100m²	316.80	316.80	—	

（续）

项目编码		项　目	单位	预算单价/元			
				基价	其中		
					人工费	材料费	机械费
		（7）装饰线条					
020	2-20	装饰线（三道内）	100m	579.05	536.47	38.71	3.87
021	2-21	装饰线（五道内）	100m	1032.29	908.70	111.01	12.58
020202		二、柱面装饰抹灰					
020202001		柱面装饰抹灰					
		（1）水刷石					
001	2-22	水刷豆石	100m^2	3437.85	2598.84	796.43	42.58
002	2-23	水刷白石子	100m^2	3499.26	2586.67	872.91	39.68
003	2-24	水刷玻璃碴	100m^2	4296.58	3206.64	1047.96	42.58
		（2）干粘石					
004	2-25	干粘白石子	100m^2	2668.04	2082.97	553.14	31.93
005	2-26	干粘玻璃碴	100m^2	3256.94	2561.87	563.14	31.93
		（3）斩假石	100m^2	6827.86	5920.50	867.68	39.68
006	2-27	斩假石柱面					
020203		三、零星装饰抹灰					
020203001		零星项目装饰抹灰					
001	2-28	水刷豆石	100m^2	5630.08	4791.07	796.43	42.58
002	2-29	水刷白石子	100m^2	5953.55	4778.94	1134.93	39.68
003	2-30	水刷玻璃碴	100m^2	7059.58	5969.04	1047.96	42.58
004	2-31	干粘白石子	100m^2	4642.50	4062.43	548.14	31.93
005	2-32	干粘玻璃碴	100m^2	5629.52	5039.77	557.82	31.93
006	2-33	斩假石	100m^2	7374.29	6466.93	867.68	39.68
020204		四、镶贴块料面层					
020204001		1. 石材墙面					
		（1）大理石					
001	2-34	挂贴大理石（砖墙面）	100m^2	24903.42	4218.37	20603.60	81.45
002	2-35	挂贴大理石（混凝土墙面）	100m^2	25523.75	4292.47	21149.83	81.45
003	2-36	砖墙面粘贴大理石（水泥砂浆粘贴）	100m^2	22424.63	2713.44	19679.26	31.93
004	2-37	混凝土墙面粘贴大理石（水泥砂浆粘贴）	100m^2	22825.25	2903.47	19891.78	30.00
005	2-38	墙面粘贴大理石（干粉型粘贴剂贴）	100m^2	22754.47	2805.60	19916.94	31.93

（续）

项目编码		项 目	单位	预算单价/元			
				基价	其中		
					人工费	材料费	机械费
006	2-39	墙面干挂大理石（密缝）	100m^2	25982.35	3973.14	22009.21	—
007	2-40	墙面干挂大理石（勾缝）	100m^2	28473.34	5016.67	23456.67	—
		（2）花岗石					
008	2-41	挂贴花岗石（砖墙面）	100m^2	21946.03	4218.37	17646.21	81.45
009	2-42	挂贴花岗石（混凝土墙面）	100m^2	22566.53	4292.47	18192.61	81.45
010	2-43	砖墙面粘贴花岗石（水泥砂浆粘贴）	100m^2	19364.63	2713.44	16619.26	31.93
011	2-44	混凝土墙面粘贴花岗石（水泥砂浆粘贴）	100m^2	19764.28	2903.47	16831.78	29.03
012	2-45	墙面粘贴花岗石（干粉型粘贴剂粘贴）	100m^2	19694.47	2805.60	16856.94	31.93
013	2-46	墙面干挂花岗石（密缝）	100m^2	23092.45	4029.24	19063.21	—
014	2-47	墙面干挂花岗石（勾缝）	100m^2	25667.29	5070.37	20596.92	—
020204002		2. 碎拼石材墙面					
		（1）大理石					
001	2-48	砖墙面碎拼大理石	100m^2	10435.50	5090.83	5299.19	45.48
002	2-49	混凝土墙面碎拼大理石	100m^2	10436.61	5090.83	5307.07	38.71
		（2）花岗石					
003	2-50	砖墙面碎拼花岗石	100m^2	10231.50	5090.83	5095.19	45.48
004	2-51	混凝土墙面碎拼花岗石	100m^2	10232.61	5090.83	5103.07	38.71
		（3）凹凸假麻石					
005	2-52	凹凸假麻石块（水泥砂浆粘贴）	100m^2	10577.39	2300.47	8243.05	33.87
006	2-53	凹凸假麻石块（干粉型粘贴剂粘贴）	100m^2	11311.83	2582.70	8697.20	31.93
020204003		3. 块料墙面					
		（1）陶瓷锦砖					
001	2-54	陶瓷锦砖（水泥砂浆粘贴）	100m^2	6702.85	3210.90	3465.82	26.13
002	2-55	陶瓷锦砖（干粉型粘贴剂粘贴）	100m^2	7599.99	3573.00	4000.86	26.13
003	2-56	玻璃马赛克（水泥砂浆粘贴）	100m^2	5432.28	3157.20	2235.40	39.68
004	2-57	玻璃马赛克（干粉型粘贴剂粘贴）	100m^2	6121.54	3515.53	2566.33	39.68
		（2）瓷板、文化石					
005	2-58	瓷板 152mm×152mm（水泥砂浆粘贴）	100m^2	5541.58	3021.84	2488.77	30.97
006	2-59	瓷板 152mm×152mm（干粉型粘贴剂粘贴）	100m^2	6279.48	3345.37	2915.72	18.39
007	2-60	瓷板 200mm×150mm（水泥砂浆粘贴）	100m^2	6146.46	2214.43	3895.26	36.77

（续）

项目编码		项　目	单位	预算单价/元			
				基价	其中		
					人工费	材料费	机械费
008	2-61	瓷板200mm×150mm（干粉型粘贴剂粘贴）	100m²	6876.70	2471.04	4378.56	27.10
009	2-62	内墙瓷板200mm×200mm（水泥砂浆粘贴）	100m²	6198.47	2214.43	3947.27	36.77
010	2-63	内墙瓷板200mm×200mm（干粉型粘贴剂粘贴）	100m²	6928.71	2471.04	4430.57	27.10
011	2-64	内墙瓷板200mm×250mm（水泥砂浆粘贴）	100m²	6149.21	2113.74	3998.70	36.77
012	2-65	内墙瓷板200mm×250mm（干粉型粘贴剂粘贴）	100m²	6866.58	2357.47	4482.01	27.10
013	2-66	内墙瓷板200mm×300mm（水泥砂浆粘贴）	100m²	6071.74	2013.43	4021.54	36.77
014	2-67	内墙瓷板200mm×300mm（干粉型粘贴剂粘贴）	100m²	6804.80	2243.94	4533.76	27.10
015	2-68	内墙文化石（水泥砂浆粘贴）	100m²	11222.30	2869.74	8311.92	40.64
016	2-69	内墙文化石（干粉型粘贴剂粘贴）	100m²	12061.69	3210.47	8824.12	27.10
		（3）面砖					
017	2-70	面砖灰缝5mm，95mm×95mm面砖（水泥砂浆粘贴）	100m²	19680.18	2929.57	16713.84	36.77
018	2-71	面砖灰缝10mm内，95mm×95mm面砖（水泥砂浆粘贴）	100m²	18764.63	2922.97	15802.95	38.71
019	2-72	面砖灰缝20mm内，95mm×95mm面砖（水泥砂浆粘贴）	100m²	16909.27	2910.13	13957.53	41.61
020	2-73	面砖灰缝5mm，95mm×95mm面砖（干粉型粘贴剂粘贴）	100m²	20500.15	3286.50	17190.43	23.22
021	2-74	面砖灰缝10mm内，95mm×95mm面砖（干粉型粘贴剂粘贴）	100m²	19709.57	3279.84	16404.57	25.16
022	2-75	面砖灰缝20mm内，95mm×95mm面砖（干粉型粘贴剂粘贴）	100m²	17942.34	3267.00	14647.28	28.06
023	2-76	面砖灰缝5mm，150mm×75mm面砖（水泥砂浆粘贴）	100m²	16036.14	2919.17	13080.20	36.77
024	2-77	面砖灰缝10mm内，150mm×75mm面砖（水泥砂浆粘贴）	100m²	15365.37	2913.90	12412.76	38.71
025	2-78	面砖灰缝20mm内，150mm×75mm面砖（水泥砂浆粘贴）	100m²	14020.25	2902.50	11076.14	41.61
026	2-79	面砖灰缝5mm，150mm×75mm面砖（干粉型粘贴剂粘贴）	100m²	16856.03	3276.00	13556.81	23.22

（续）

项目编码		项　目	单位	预算单价/元			
				基价	其中		
					人工费	材料费	机械费
027	2-80	面砖灰缝 10mm 内，150mm×75mm 面砖（干粉型粘贴剂粘贴）	$100m^2$	16309.86	3270.30	13014.40	25.16
028	2-81	面砖灰缝 20mm 内，150mm×75mm 面砖（干粉型粘贴剂粘贴）	$100m^2$	15052.40	3258.43	11765.91	28.06
029	2-82	面砖灰缝 5mm，194mm×94mm 面砖（水泥砂浆粘贴）	$100m^2$	16768.40	2456.34	14275.29	36.77
030	2-83	面砖灰缝 10mm 内，194mm×94mm 面砖（水泥砂浆粘贴）	$100m^2$	16166.61	2452.50	13675.40	38.71
031	2-84	面砖灰缝 20mm 内，194mm×94mm 面砖（水泥砂浆粘贴）	$100m^2$	14941.40	2442.54	12457.25	41.61
032	2-85	面砖灰缝 5mm，194mm×94mm 面砖（干粉型粘贴剂粘贴）	$100m^2$	17527.85	2752.80	14751.83	23.22
033	2-86	面砖灰缝 10mm 内，194mm×94mm 面砖（干粉型粘贴剂粘贴）	$100m^2$	17049.76	2747.64	14276.96	25.16
034	2-87	面砖灰缝 20mm 内，194mm×94mm 面砖（干粉型粘贴剂粘贴）	$100m^2$	15913.10	2738.10	13146.94	28.06
035	2-88	面砖灰缝 5mm，240mm×60mm 面砖（水泥砂浆粘贴）	$100m^2$	15985.88	2454.90	13494.21	36.77
036	2-89	面砖灰缝 10mm 内，240mm×60mm 面砖（水泥砂浆粘贴）	$100m^2$	15464.44	2450.64	12975.09	38.71
037	2-90	面砖灰缝 20mm 内，240mm×60mm 面砖（水泥砂浆粘贴）	$100m^2$	13869.88	2437.27	11391.00	41.61
038	2-91	面砖灰缝 5mm，240mm×60mm 面砖（干粉型粘贴剂粘贴）	$100m^2$	16743.54	2749.50	13970.82	23.22
039	2-92	面砖灰缝 10mm 内，240mm×60mm 面砖（干粉型粘贴剂粘贴）	$100m^2$	16347.44	2745.67	13576.61	25.16
040	2-93	面砖灰缝 20mm 内，240mm×60mm 面砖（干粉型粘贴剂粘贴）	$100m^2$	14841.23	2732.40	12080.77	28.06
041	2-94	周长 800mm 以内，面砖（水泥砂浆粘贴）	$100m^2$	17707.81	2211.60	15460.41	35.80
042	2-95	周长 1200mm 内，面砖（水泥砂浆粘贴）	$100m^2$	10590.16	2112.30	8442.06	35.80
043	2-96	周长 1600mm 内，面砖（水泥砂浆粘贴）	$100m^2$	8721.90	2012.04	6674.06	35.80
044	2-97	周长在 800mm 以内，面砖（干粉型粘贴剂粘贴）	$100m^2$	18407.58	2469.13	15916.19	22.26

（续）

项目编码		项　　目	单位	预算单价/元			
				基价	其中		
					人工费	材料费	机械费
045	2-98	周长在1200mm以内，面砖（干粉型粘贴剂粘贴）	$100m^2$	11293.59	2354.64	8916.69	22.26
046	2-99	周长在1600mm以内，面砖（干粉型粘贴剂粘贴）	$100m^2$	9412.49	2241.54	7148.69	22.26
047	2-100	周长在2000mm以内，面砖（水泥砂浆粘贴）	$100m^2$	8093.67	1909.37	6148.50	35.80
048	2-101	周长在2400mm以内，面砖（水泥砂浆粘贴）	$100m^2$	9937.70	1985.40	7916.50	35.80
049	2-102	周长在3200mm以内，面砖（水泥砂浆粘贴）	$100m^2$	10849.50	2065.20	8748.50	35.80
050	2-103	周长在2000mm以内，面砖（干粉型粘贴剂粘贴）	$100m^2$	8773.36	2127.97	6623.13	22.26
051	2-104	周长在2400mm以内，面砖（干粉型粘贴剂粘贴）	$100m^2$	10626.43	2213.04	8391.13	22.26
052	2-105	周长在3200mm以内，面砖（干粉型粘贴剂粘贴）	$100m^2$	11546.76	2301.37	9223.13	22.26
053	2-106	面砖1000mm×800mm（膨胀螺栓干挂）	$100m^2$	13912.72	4193.17	9719.55	—
054	2-107	面砖1000mm×800mm（钢丝网挂贴）	$100m^2$	15358.86	3960.84	11308.02	90.00
055	2-108	面砖1000mm×800mm（型钢龙骨干挂）	$100m^2$	27395.26	3525.97	23869.29	—
056	2-109	面砖1200mm×1000mm（膨胀螺栓干挂）	$100m^2$	15463.37	4193.17	11270.20	—
057	2-110	面砖1200mm×1000mm（钢丝网挂贴）	$100m^2$	16918.86	3960.84	12868.02	90.00
058	2-111	面砖1200mm×1000mm（型钢龙骨干挂）	$100m^2$	26236.77	3508.87	22727.90	—
059	2-112	面砖灰缝5mm，50mm×50mm面砖（水泥砂浆粘贴）	$100m^2$	20340.09	3326.40	16976.92	36.77
060	2-113	墙面瓷砖腰线	100m	11661.05	199.57	11461.48	—
061	2-114	块料磨45°边	100m	435.53	169.84	57.59	208.10
020204004		4. 钢骨架、干挂石材					
001	2-115	花岗石板（墙面）	$100m^2$	27480.99	3806.70	23674.29	—
002	2-116	花岗石板（柱面）	$100m^2$	27404.43	4133.64	23270.79	—
003	2-117	花岗石板（零星项目）	$100m^2$	22548.57	4419.97	18128.60	—
004	2-118	钢骨架（t）	$100m^2$	6905.28	1128.60	5258.12	518.56
005	2-119	不锈钢骨架（t）	$100m^2$	37644.87	1199.77	35811.50	633.60

（续）

项目编码		项 目	单位	预算单价/元			
				基价	其中		
					人工费	材料费	机械费
020205		五、柱面镶贴块料					
020205001		1. 石材柱面					
		（1）大理石					
001	2-120	挂贴大理石（砖柱面）	100m^2	26189.11	4664.10	21443.72	81.29
002	2-121	挂贴大理石（混凝土柱面）	100m^2	27941.81	5285.64	22563.81	92.36
003	2-122	干挂大理石（柱面）	100m^2	29341.62	5404.93	23936.69	—
004	2-123	大理石（包圆柱）	100m^2	43006.42	5549.87	37382.27	74.28
005	2-124	大理石（方柱包圆柱）	100m^2	48946.39	6975.47	41854.69	116.23
006	2-125	圆柱腰线	10m	1637.21	96.00	1539.55	1.66
007	2-126	阴角线	10m	546.82	97.57	447.13	2.12
008	2-127	柱墩	10m	14736.62	564.07	14160.73	11.82
009	2-128	柱帽	10m	15076.54	584.47	14481.40	10.67
		（2）凹凸假麻石					
010	2-129	凹凸假麻石块（水泥砂浆粘贴）	100m^2	12275.95	3694.67	8547.41	33.87
011	2-130	凹凸假麻石块（干粉型粘贴剂粘贴）	100m^2	13184.34	4150.87	9001.54	31.93
		（3）花岗石					
012	2-131	挂贴花岗石（砖柱面）	100m^2	23111.89	4664.10	18366.50	81.29
013	2-132	挂贴花岗石（混凝土柱面）	100m^2	24864.59	5285.64	19486.59	92.36
014	2-133	干挂花岗石（柱面）	100m^2	26378.03	5474.34	20903.69	—
015	2-134	花岗石（包圆柱）	100m^2	32906.42	5549.87	27282.27	74.28
016	2-135	花岗石（方柱包圆柱）	100m^2	38846.39	6975.47	31754.69	116.23
020205002		2. 拼碎石材柱面					
		（1）大理石					
001	2-136	拼碎大理石（砖柱面）	100m^2	11571.84	6054.97	5471.39	45.48
002	2-137	拼碎大理石（混凝土柱面）	100m^2	11574.64	6054.97	5479.99	39.68
		（2）花岗石					
003	2-138	拼碎花岗石（砖柱面）	100m^2	11359.84	6054.97	5259.39	45.48
004	2-139	拼碎花岗石（混凝土柱面）	100m^2	11362.64	6054.97	5267.99	39.68
020205003		3. 块料柱面					

（续）

项目编码		项　目	单位	预算单价/元			
				基价	其中		
					人工费	材料费	机械费
		(1) 陶瓷锦砖					
001	2-140	陶瓷锦砖（水泥砂浆粘贴）方柱（梁）	100m²	7152.55	3660.47	3465.95	26.13
002	2-141	陶瓷锦砖（干粉型粘贴剂粘贴）方柱（梁）	100m²	8063.18	4081.50	3955.55	26.13
003	2-142	玻璃马赛克（水泥砂浆粘贴）方柱（梁）	100m²	5915.76	3643.37	2232.71	39.68
004	2-143	玻璃马赛克（干粉型粘贴剂粘贴）方柱（梁）面	100m²	6667.49	4061.04	2566.77	39.68
		(2) 瓷板					
005	2-144	瓷板 152mm×152mm（水泥砂浆粘贴）柱（梁）	100m²	6045.49	3477.07	2535.52	32.90
006	2-145	瓷板 152mm×152mm（干粉型粘贴剂粘贴）柱（梁）面	100m²	6782.41	3847.20	2916.82	18.39
020206		六、零星镶贴块料					
020206001		1. 石材零星项目					
		(1) 大理石					
001	2-146	挂贴大理石（零星项目）	100m²	28167.49	5677.20	22396.50	93.79
002	2-147	大理石（水泥砂浆粘贴）零星项目	100m²	23774.25	3007.07	20731.38	35.80
003	2-148	大理石（干粉型粘贴剂粘贴）零星项目	100m²	24080.55	3107.77	20936.98	35.80
		(2) 花岗石					
004	2-149	挂贴花岗石（零星项目）	100m²	24650.31	5677.20	18880.75	92.36
005	2-150	花岗石（水泥砂浆粘贴）零星项目	100m²	20387.08	2987.10	17364.18	35.80
006	2-151	花岗石（干粉型粘贴剂粘贴）零星项目	100m²	20900.55	3107.77	17756.98	35.80
007	2-152	凹凸假麻石块（水泥砂浆粘贴）零星项目	100m²	12579.42	3899.04	8641.67	38.71
008	2-153	凹凸假麻石块（干粉型粘贴剂粘贴）零星项目	100m²	13550.38	4389.43	9125.15	35.80
020206002		2. 拼碎石材零星项目					
001	2-154	拼碎大理石（零星项目）	100m²	12469.54	6952.67	5471.39	45.48
002	2-155	拼碎花岗石（零星项目）	100m²	12257.54	6952.67	5259.39	45.48
020206003		3. 块料零星项目					
		(1) 陶瓷锦砖					
001	2-156	陶瓷锦砖（水泥砂浆粘贴）零星项目	100m²	8848.56	5236.74	3582.79	29.03
002	2-157	陶瓷锦砖（干粉型粘贴剂粘贴）零星项目	100m²	9994.82	5838.77	4127.02	29.03

（续）

项目编码		项　目	单位	预算单价/元			
				基价	其中		
					人工费	材料费	机械费
003	2-158	玻璃马赛克（水泥砂浆粘贴）零星项目	100m²	7568.49	5179.67	2344.31	44.51
004	2-159	玻璃马赛克（干粉型粘贴剂粘贴）零星项目	100m²	8535.58	5778.90	2712.17	44.51
		（2）瓷板、文化石					
005	2-160	瓷板 152mm×152mm（水泥砂浆粘贴）零星项目	100m²	6500.72	3868.57	2597.31	34.84
006	2-161	瓷板 152mm×152mm（干粉型粘贴剂粘贴）零星项目	100m²	7329.84	4290.07	3019.45	20.32
007	2-162	瓷板 200mm×150mm（水泥砂浆粘贴）零星项目	100m²	6553.74	2447.27	4063.89	42.58
008	2-163	瓷板 200mm×150mm（干粉型粘贴剂粘贴）零星项目	100m²	7267.92	2726.70	4512.19	29.03
009	2-164	瓷板 200mm×200mm（水泥砂浆粘贴）零星项目	100m²	6607.03	2447.27	4117.18	42.58
010	2-165	瓷板 200mm×200mm（干粉型粘贴剂粘贴）零星项目	100m²	7321.23	2726.70	4565.50	29.03
011	2-166	瓷板 200mm×250mm（水泥砂浆粘贴）零星项目	100m²	6542.82	2330.40	4169.84	42.58
012	2-167	瓷板 200mm×250mm（干粉型粘贴剂粘贴）零星项目	100m²	7247.94	2600.77	4618.14	29.03
013	2-168	瓷板 200mm×300mm（水泥砂浆粘贴）零星项目	100m²	6445.72	2219.17	4183.97	42.58
014	2-169	瓷板 200mm×300mm（干粉型粘贴剂粘贴）零星项目	100m²	7174.57	2474.40	4671.14	29.03
015	2-170	文化石（水泥砂浆粘贴）零星项目	100m²	11797.61	3169.14	8582.02	46.45
016	2-171	文化石（干粉型粘贴剂粘贴）零星项目	100m²	12684.83	3546.90	9108.90	29.03
017	2-172	挂贴花岗石蘑菇块饰面（175mm）	100m²	31620.28	3344.87	17614.15	10661.26
020207		七、墙饰面					
020207001		装饰板墙面					
		（1）龙骨基层					
001	2-173	断面 7.5cm² 以内，木龙骨平均中距（30cm）以内	100m²	2222.65	560.12	1656.08	6.45

（续）

项目编码		项　　目	单位	预算单价/元			
				基价	其中		
					人工费	材料费	机械费
002	2-174	断面 7.5cm² 以内，木龙骨平均中距（40cm）以内	100m²	1823.52	475.20	1343.11	5.21
003	2-175	断面 13cm² 以内，木龙骨平均中距（30cm）以内	100m²	2873.65	560.12	2307.08	6.45
004	2-176	断面 13cm² 以内，木龙骨平均中距（40cm）以内	100m²	2359.42	480.92	1873.29	5.21
005	2-177	断面 13cm² 以内，木龙骨平均中距（45cm）以内	100m²	2267.88	533.72	1729.69	4.47
006	2-178	断面 20cm² 以内，木龙骨平均中距（30cm）以内	100m²	3743.85	569.36	3168.04	6.45
007	2-179	断面 20cm² 以内，木龙骨平均中距（40cm）以内	100m²	3064.83	495.88	2563.74	5.21
008	2-180	断面 20cm² 以内，木龙骨平均中距（45cm）以内	100m²	2835.08	480.92	2349.69	4.47
009	2-181	断面 20cm² 以内，木龙骨平均中距（50cm）以内	100m²	2576.19	422.40	2149.32	4.47
010	2-182	断面 30cm² 以内，木龙骨平均中距（40cm）以内	100m²	4128.78	501.60	3621.97	5.21
011	2-183	断面 30cm² 以内，木龙骨平均中距（45cm）以内	100m²	3834.99	495.88	3334.64	4.47
012	2-184	断面 30cm² 以内，木龙骨平均中距（50cm）以内	100m²	3541.39	433.84	3103.08	4.47
013	2-185	断面 30cm² 以内，木龙骨平均中距（55cm）以内	100m²	3245.02	433.84	2807.21	3.97
014	2-186	断面 45cm² 以内，木龙骨平均中距（50cm）以内	100m²	4575.07	440.28	4130.32	4.47
015	2-187	断面 45cm² 以内，木龙骨平均中距（60cm）以内	100m²	4066.46	396.00	3666.49	3.97
016	2-188	断面 45cm² 以内，木龙骨平均中距（80cm）以内	100m²	3437.74	296.12	3138.39	3.23
017	2-189	轻钢龙骨中距（竖 603mm、横 1500mm 以内）	100m²	2962.42	413.16	2549.26	—
018	2-190	铝合金龙骨中距（单向 500mm 以内）	100m²	2995.29	480.92	2514.37	—
019	2-191	型钢龙骨中距（单向 1500mm 以内）	100m²	2482.38	560.12	1803.05	119.21

（续）

项目编码		项　目	单位	预算单价/元			
				基价	其中		
					人工费	材料费	机械费
020	2-192	石膏龙骨	100m^2	6761.24	413.16	6348.08	—
		（2）夹板、卷材基层					
021	2-193	玻璃棉毡隔离层	100m^2	1212.36	149.16	1063.20	—
022	2-194	石膏板基层	100m^2	1468.70	326.04	1142.66	—
023	2-195	胶合板基层 5mm	100m^2	1817.17	290.99	1526.18	—
024	2-196	胶合板基层 9mm	100m^2	2482.43	376.50	2105.93	—
025	2-197	细木工板基层	100m^2	4736.39	390.28	4346.11	—
026	2-198	油毡隔离层	100m^2	484.44	179.08	305.36	—
		（3）面层					
027	2-199	镜面玻璃（在胶合板上粘贴）墙面	100m^2	9479.40	765.60	8713.80	
028	2-200	镜面玻璃（在砂浆面上粘贴）墙面	100m^2	10670.14	1065.24	9604.90	
029	2-201	镭射玻璃（在胶合板上粘贴）墙面	100m^2	47451.40	712.80	46738.60	
030	2-202	镭射玻璃（在砂浆面上粘贴）墙面	100m^2	49264.38	997.48	48266.90	
031	2-203	不锈钢面板（墙面）	100m^2	22202.44	1865.16	20337.28	—
032	2-204	贴人造革（墙面、墙裙）	100m^2	5361.92	2296.80	3065.12	—
033	2-205	贴丝绒（墙面、墙裙）	100m^2	5645.28	733.48	4911.80	—
034	2-206	塑料板面（墙面、墙裙）	100m^2	4416.89	311.08	4105.81	—
035	2-207	胶合板面（墙面、墙裙）	100m^2	2044.73	712.80	1331.93	—
036	2-208	硬木条吸声墙面	100m^2	8945.84	1674.64	7177.43	93.77
037	2-209	硬木板条墙面	100m^2	7250.20	1223.64	5899.26	127.30
038	2-210	石膏板墙面	100m^2	1543.45	463.76	1079.69	—
039	2-211	竹片内墙面	100m^2	8447.83	1188.00	7259.83	—
040	2-212	电化铝板墙面	100m^2	9649.91	991.76	8658.15	—
041	2-213	铝合金装饰板墙面	100m^2	10668.42	801.24	9867.18	—
042	2-214	铝塑板墙面（胶合板基层上）	100m^2	20694.02	1531.20	19162.82	—
043	2-215	铝塑板墙面（木龙骨基层上）	100m^2	19557.70	1531.20	18026.50	—
044	2-216	镀锌铁皮墙面	100m^2	3619.18	654.28	2964.90	—
045	2-217	纤维板	100m^2	3444.01	686.40	2757.61	—

（续）

项目编码		项　目	单位	预算单价/元			
				基价	其中		
					人工费	材料费	机械费
046	2-218	刨花板	100m²	2692.32	686.40	2005.92	—
047	2-219	杉木薄板	100m²	5766.85	1968.56	3798.29	—
048	2-220	木丝板	100m²	2622.85	697.84	1925.01	—
049	2-221	塑料扣板	100m²	3641.04	290.40	3350.64	—
050	2-222	石棉板墙面（钉在木梁上）	100m²	604.48	252.56	351.92	—
051	2-223	石棉板墙面（安在钢梁上）	100m²	1461.30	838.64	622.66	—
052	2-224	柚木皮	100m²	3547.54	1093.84	2453.70	—
053	2-225	岩棉吸声板	100m²	2429.28	273.24	2156.04	—
054	2-226	FC 板	100m²	4943.20	469.48	4473.72	—
055	2-227	超细玻璃棉板	100m²	2864.53	216.92	2647.61	—
056	2-228	GRC 板艺术造型	100m²	2286.80	1425.60	861.20	—
057	2-229	榉木饰面板拼色、拼花	100m²	4250.23	1900.80	2349.43	—
058	2-230	墙面喷漆玻璃	100m²	1740.61	765.60	975.01	—
059	2-231	墙面亚克力灯箱片	100m²	15522.52	718.52	14804.00	—
060	2-232	墙面、墙裙软包	100m²	9828.75	619.08	9209.67	—
061	2-233	墙面微孔铝板	100m²	8548.42	801.24	7747.18	—
020208		八、柱（梁）饰面					
020208001		1. 柱（梁）饰面					
001	2-234	镜面玻璃（在胶合板上粘贴）柱（梁）面	100m²	10224.06	801.24	9422.82	—
002	2-235	镜面玻璃（在砂浆面上粘贴）柱（梁）面	100m²	10412.09	1414.16	8997.93	—
003	2-236	镭射玻璃（在胶合板上粘贴）柱（梁）面	100m²	48207.50	759.88	47447.62	—
004	2-237	镭射玻璃（在砂浆面上粘贴）柱（梁）面	100m²	49038.45	1378.52	47659.93	—
005	2-238	不锈钢面板（方形梁、柱面）	100m²	21621.40	1795.20	19826.20	—
006	2-239	不锈钢面板（圆形梁、柱面）	100m²	21259.92	1789.48	19470.44	—
007	2-240	不锈钢面板（柱帽、柱脚及其他）	100m²	22671.54	1789.48	20882.06	—
008	2-241	不锈钢面板（不锈钢卡口槽 100m）	100m²	5036.20	686.40	4349.80	—
009	2-242	贴人造革（柱面）	100m²	4718.36	2281.84	2436.52	—
010	2-243	柱面软包	100m²	12388.99	2815.56	9573.43	—
		2. 柱龙骨基层及饰面					
011	2-244	圆柱包铜板（木龙骨）	100m²	16562.40	780.56	15781.84	—

（续）

项目编码		项　目	单位	预算单价/元			
				基价	其中		
					人工费	材料费	机械费
012	2-245	圆柱包铜板（钢龙骨）	100m²	20412.22	4540.80	15828.84	42.58
013	2-246	方柱包圆铜板（木龙骨）	100m²	19875.96	4391.64	15484.32	—
014	2-247	包方柱镶条（不锈钢条板镶钛金条）	100m²	33450.92	4303.20	29147.72	—
015	2-248	包方柱镶条（不锈钢条板包圆角）	100m²	25642.45	4250.40	21392.05	—
016	2-249	包方柱镶条（钛金条板镶不锈钢条板）	100m²	28931.99	4323.88	24608.11	—
017	2-250	包方柱镶条（钛金条板包圆角）	100m²	30338.96	4276.80	26062.16	—
018	2-251	包方柱镶条（柚木夹板镶不锈钢条板）	100m²	20325.82	3326.40	16999.42	—
019	2-252	包方柱镶条（柚木夹板镶钛金条板）	100m²	14498.24	3326.40	11171.84	—
020	2-253	包方柱镶条（不锈钢板镶磨砂钢板）	100m²	33969.21	3992.12	29977.09	—
021	2-254	包方柱镶条（钛金钢板镶磨砂钢板）	100m²	23647.67	3992.12	19655.55	—
022	2-255	柚木板（镶钛金条）包圆柱镶条	100m²	11378.13	2798.40	8579.73	—
023	2-256	柚木板（镶防火板条）包圆柱镶条	100m²	9885.73	2672.12	7213.61	—
024	2-257	防火板（镶钛金条）包圆柱镶条	100m²	13205.66	2994.64	10211.02	—
025	2-258	防火板（镶不锈钢）包圆柱镶条	100m²	14537.54	2994.64	11542.90	—
026	2-259	波音板（镶钛金条）包圆柱镶条	100m²	16858.01	3658.16	13199.85	—
026	2-259	波音板（镶钛金条）包圆柱镶条	100m²	16858.01	3658.16	13199.85	—
027	2-260	波音板（镶防火板条）包圆柱镶条	100m²	15339.76	3496.24	11843.52	—
028	2-261	波音板包圆柱（包圆柱镶条）	100m²	15712.20	3552.56	12159.64	—
029	2-262	波音软片包圆柱（包圆柱镶条）	100m²	14623.67	4370.96	10252.71	—
030	2-263	木龙骨三夹板衬里（人造革）包圆柱	100m²	9831.47	3690.28	6141.19	—
031	2-264	木龙骨三夹板衬里（饰面夹板）包圆柱	100m²	9107.44	2449.48	6657.96	—
032	2-265	木龙骨三夹板衬里（防火板）包圆柱	100m²	11510.34	2587.20	8923.14	—
033	2-266	木龙骨胶合板衬里（镜面玻璃）包方柱	100m²	25927.72	2328.92	23598.80	—
034	2-267	木龙骨胶合板衬里（镭射玻璃）包方柱	100m²	57440.27	2296.80	55143.47	—
035	2-268	木龙骨胶合板衬里（饰面夹板）包方柱	100m²	10039.79	2540.12	7499.67	—
036	2-269	木龙骨胶合板衬里（防火板）包方柱	100m²	12450.38	2707.76	9742.62	—
020209		九、隔断					
020209001		隔断					
001	2-270	木骨架玻璃隔断（半玻）	100m²	8232.60	1778.04	6381.21	73.35
002	2-271	木骨架玻璃隔断（全玻）	100m²	8080.50	1848.00	6160.96	71.54

（续）

项目编码		项　目	单位	预算单价/元			
				基价	其中		
					人工费	材料费	机械费
003	2-272	全玻璃隔断（单独不锈钢边框）	100m²	29231.24	1848.00	27329.56	53.68
004	2-273	全玻璃隔断（普通玻璃）	100m²	10607.03	1519.76	9068.54	18.73
005	2-274	全玻璃隔断（钢化玻璃）	100m²	16651.31	1519.76	15112.82	18.73
006	2-275	不锈钢柱嵌防弹玻璃	100m²	75701.40	3420.56	72280.84	—
007	2-276	铝合金玻璃隔断	100m²	18585.65	1783.76	16801.89	—
008	2-277	铝合金板条隔断	100m²	26221.36	1399.20	24822.16	—
009	2-278	花式木隔断（直栅漏空）	100m²	5454.76	2123.44	3021.33	309.99
010	2-279	花式木隔断（井格 100mm×100mm）	100m²	10452.54	3775.20	6133.10	544.24
011	2-280	花式木隔断（井格 200mm×200mm）	100m²	8082.94	2762.76	4920.60	399.58
012	2-281	玻璃砖隔断（分格嵌缝）	100m²	57231.96	2064.92	55063.44	103.60
013	2-282	玻璃砖隔断（全砖）	100m²	55231.32	1314.28	53899.16	17.88
014	2-283	塑钢隔断（全玻）	100m²	31483.49	1806.64	29676.85	—
015	2-284	塑钢隔断（半玻）	100m²	27226.65	1636.80	25589.85	—
016	2-285	塑钢隔断（全塑钢板）	100m²	35190.45	1425.60	33764.85	—
017	2-286	双层玻璃夹百叶帘隔断	100m²	213326.40	3326.40	210000.00	—
018	2-287	浴厕隔断（木龙骨基层榉木板面）	100m²	11384.04	2830.52	8467.09	86.43
019	2-288	浴厕隔断（不锈钢磨砂玻璃）	100m²	24720.12	4024.24	20695.88	—
020	2-289	浴厕隔断（成品）	100m²	1425.60	1425.60	—	—
020210		十、幕墙					
020210001		1. 带骨架幕墙					
001	2-290	玻璃幕墙（玻璃规格 1.6×0.9）全隐框	100m²	61614.12	9462.84	51353.78	797.50
002	2-291	玻璃幕墙（玻璃规格 1.6×0.9）半隐框	100m²	61910.33	7946.94	53165.89	797.50
003	2-292	玻璃幕墙（玻璃规格 1.6×0.9）明框	100m²	55134.63	6890.40	47446.73	797.50
004	2-293	铝塑板（铝骨架）铝板幕墙	100m²	51302.66	9508.74	41005.58	788.34
005	2-294	铝单板（铝骨架）铝板幕墙	100m²	49572.12	8176.57	40607.21	788.34
006	2-295	铝塑板（钢骨架）铝板复合板幕墙	100m²	42509.97	9646.57	32863.40	—
007	2-296	铝单板（钢骨架）铝板复合板幕墙	100m²	41131.87	8268.47	32863.40	—
020210002		2. 全玻幕墙					
001	2-297	全玻璃幕墙（挂式）	100m²	47287.75	1138.37	45953.53	195.85
002	2-298	全玻璃幕墙（点式）	100m²	45296.44	1524.90	43430.94	340.60

（续）

项目编码		项　目	单位	预算单价/元			
				基价	其中		
					人工费	材料费	机械费
003	2-299	点支式夹胶玻璃雨篷	$100m^2$	85148.12	7392.00	77756.12	—
020210003		3. 屏风					
001	2-300	绢面折叠活动屏风	$10m^2$	1515.07	316.80	1195.79	2.48
002	2-301	全木绘画折叠活动屏风	$10m^2$	3971.86	2904.00	1055.45	12.41
003	2-302	全木刻画折叠活动屏风	$10m^2$	5292.36	4224.00	1055.95	12.41

3. 天棚工程

附表 3　天棚工程（编码：0203）

项目编码		项　目	单位	预算单价/元			
				基价	其中		
					人工费	材料费	机械费
020302		一、天棚吊顶					
020302001		1. 天棚吊顶					
		（1）对剖圆木楞					
001	3-1	对剖圆木天棚龙骨（搁在砖墙上）单层楞	$100m^2$	4020.03	969.37	3050.66	—
002	3-2	对剖圆木天棚龙骨（搁在砖墙上）双层楞（面层规格 300mm×300mm）	$100m^2$	4994.28	1159.50	3834.78	—
003	3-3	对剖圆木天棚龙骨（搁在砖墙上）双层楞（面层规格 450mm×450mm）	$100m^2$	4216.52	1064.47	3152.05	—
004	3-4	对剖圆木天棚龙骨（搁在砖墙上）双层楞（面层规格 600mm×600mm）	$100m^2$	3779.78	1016.94	2762.84	—
005	3-5	对剖圆木天棚龙骨（搁在砖墙上）双层楞（面层规格 600mm×600mm 以上）	$100m^2$	3524.11	969.37	2554.74	—
006	3-6	对剖圆木天棚龙骨（吊在梁下或板下）单层楞	$100m^2$	6044.98	950.40	5090.32	4.26
007	3-7	对剖圆木天棚龙骨（吊在梁下或板下）双层楞（面层规格 300mm×300mm）	$100m^2$	7056.74	1140.47	5912.01	4.26
008	3-8	对剖圆木天棚龙骨（吊在梁下或板下）双层楞（面层规格 450mm×450mm）	$100m^2$	6240.33	1045.44	5190.63	4.26
009	3-9	对剖圆木天棚龙骨（吊在梁下或板下）双层楞（面层规格 600mm×600mm）	$100m^2$	5783.40	997.93	4781.21	4.26
010	3-10	对剖圆木天棚龙骨（吊在梁下或板下）双层楞（面层规格 600mm×600mm 以上）	$100m^2$	5513.98	950.40	4559.32	4.26

（续）

项目编码		项目	单位	预算单价/元			
				基价	其中		
					人工费	材料费	机械费
		（2）方木楞					
011	3-11	方木天棚龙骨（吊在人字架或搁在砖墙上）单层楞	$100m^2$	2838.52	589.27	2249.25	—
012	3-12	方木天棚龙骨（吊在人字架或搁在砖墙上）双层楞（面层规格 300mm×300mm）	$100m^2$	3715.03	779.34	2935.69	—
013	3-13	方木天棚龙骨（吊在人字架或搁在砖墙上）双层楞（面层规格 450mm×450mm）	$100m^2$	3131.05	731.77	2399.28	—
014	3-14	方木天棚龙骨（吊在人字架或搁在砖墙上）双层楞（面层规格 600mm×600mm）	$100m^2$	2493.19	684.30	1808.89	—
015	3-15	方木天棚龙骨（吊在人字架或搁在砖墙上）双层楞（面层规格 600mm×600mm 以上）	$100m^2$	2140.65	636.77	1503.88	—
016	3-16	方木天棚龙骨（吊在混凝土板下或梁下）单层楞	$100m^2$	3935.59	617.77	3313.56	4.26
017	3-17	方木天棚龙骨（吊在混凝土板下或梁下）双层楞（面层规格 300mm×300mm）	$100m^2$	4797.34	807.84	3985.24	4.26
018	3-18	方木天棚龙骨（吊在混凝土板下或梁下）双层楞（面层规格 450mm×450mm）	$100m^2$	4221.24	760.33	3456.65	4.26
019	3-19	方木天棚龙骨（吊在混凝土板下或梁下）双层楞（面层规格 600mm×600mm）	$100m^2$	3598.03	712.80	2880.97	4.26
020	3-20	方木天棚龙骨（吊在混凝土板下或梁下）双层楞（面层规格 600mm×600mm 以上）	$100m^2$	3256.66	665.27	2587.13	4.26
		（3）轻钢龙骨					
021	3-21	装配式 U 型轻钢天棚龙骨（不上人型）（面层规格 300mm×300mm）平面	$100m^2$	2483.93	991.32	1484.09	8.52
022	3-22	装配式 U 型轻钢天棚龙骨（不上人型）（面层规格 300mm×300mm）跌级	$100m^2$	2831.50	1077.13	1745.85	8.52
023	3-23	装配式 U 型轻钢天棚龙骨（不上人型）（面层规格 450mm×450mm）平面	$100m^2$	2188.83	899.36	1280.95	8.52
024	3-24	装配式 U 型轻钢天棚龙骨（不上人型）（面层规格 450mm×450mm）跌级	$100m^2$	2338.97	987.37	1343.08	8.52
025	3-25	装配式 U 型轻钢天棚龙骨（不上人型）（面层规格 600mm×600mm）平面	$100m^2$	1975.43	852.73	1114.18	8.52
026	3-26	装配式 U 型轻钢天棚龙骨（不上人型）（面层规格 600mm×600mm）跌级	$100m^2$	2282.61	942.47	1331.62	8.52

（续）

项目编码		项 目	单位	预算单价/元			
				基价	其中		
					人工费	材料费	机械费
027	3-27	装配式U型轻钢天棚龙骨（不上人型）（面层规格600mm×600mm以上）平面	100m²	1860.99	807.84	1044.63	8.52
028	3-28	装配式U型轻钢天棚龙骨（不上人型）（面层规格600mm×600mm以上）跌级	100m²	2177.67	897.60	1271.55	8.52
029	3-29	装配式U型轻钢天棚龙骨（上人型）（面层规格300mm×300mm）平面	100m²	3937.70	1032.24	2896.94	8.52
030	3-30	装配式U型轻钢天棚龙骨（上人型）（面层规格300mm×300mm）跌级	100m²	4578.28	1122.00	3447.76	8.52
031	3-31	装配式U型轻钢天棚龙骨（上人型）（面层规格450mm×450mm）平面	100m²	3777.89	897.60	2871.77	8.52
032	3-32	装配式U型轻钢天棚龙骨（上人型）（面层规格450mm×450mm）跌级	100m²	4235.51	1074.04	3152.95	8.52
033	3-33	装配式U型轻钢天棚龙骨（上人型）（面层规格600mm×600mm）平面	100m²	3549.55	858.00	2683.03	8.52
034	3-34	装配式U型轻钢天棚龙骨（上人型）（面层规格600mm×600mm）跌级	100m²	3996.85	987.37	3000.96	8.52
035	3-35	装配式U型轻钢天棚龙骨（上人型）（面层规格600mm×600mm以上）平面	100m²	3378.91	815.32	2555.07	8.52
036	3-36	装配式U型轻钢天棚龙骨（上人型）（面层规格600mm×600mm以上）跌级	100m²	3757.02	942.47	2806.03	8.52
037	3-37	轻钢天棚龙骨（弧形）不上人	100m²	4688.13	1660.57	3027.56	—
038	3-38	轻钢天棚龙骨（弧形）上人	100m²	6240.69	1750.33	4490.36	—
		（4）铝合金龙骨					
039	3-39	装配式T型铝合金天棚龙骨（不上人型）（面层规格300mm×300mm）平面	100m²	7050.34	762.97	6287.37	—
040	3-40	装配式T型铝合金天棚龙骨（不上人型）（面层规格300mm×300mm）跌级	100m²	8632.34	807.84	7824.50	—
041	3-41	装配式T型铝合金天棚龙骨（不上人型）（面层规格450mm×450mm）平面	100m²	6591.94	637.12	5954.82	—
042	3-42	装配式T型铝合金天棚龙骨（不上人型）（面层规格450mm×450mm）跌级	100m²	8218.12	717.64	7500.48	—
043	3-43	装配式T型铝合金天棚龙骨（不上人型）（面层规格600mm×600mm）平面	100m²	6186.15	628.33	5557.82	—
044	3-44	装配式T型铝合金天棚龙骨（不上人型）（面层规格600mm×600mm）跌级	100m²	7744.88	673.20	7071.68	—

（续）

项目编码		项　目	单位	预算单价/元			
				基价	其中		
					人工费	材料费	机械费
045	3-45	装配式T型铝合金天棚龙骨（不上人型）（面层规格600mm×600mm以上）平面	100m²	5806.11	583.44	5222.67	—
046	3-46	装配式T型铝合金天棚龙骨（不上人型）（面层规格600mm×600mm以上）跌级	100m²	7363.48	628.33	6735.15	—
047	3-47	装配式T型铝合金天棚龙骨（上人型）（面层规格300mm×300mm）平面	100m²	10810.05	860.20	9941.33	8.52
048	3-48	装配式T型铝合金天棚龙骨（上人型）（面层规格300mm×300mm）跌级	100m²	13013.60	901.56	12103.52	8.52
049	3-49	装配式T型铝合金天棚龙骨（上人型）（面层规格450mm×450mm）平面	100m²	10260.92	718.07	9534.33	8.52
050	3-50	装配式T型铝合金天棚龙骨（上人型）（面层规格450mm×450mm）跌级	100m²	12516.24	809.60	11698.12	8.52
051	3-51	装配式T型铝合金天棚龙骨（上人型）（面层规格600mm×600mm）平面	100m²	9899.36	673.20	9217.64	8.52
052	3-52	装配式T型铝合金天棚龙骨（上人型）（面层规格600mm×600mm）跌级	100m²	12111.58	718.07	11384.99	8.52
053	3-53	装配式T型铝合金天棚龙骨（上人型）（面层规格600mm×600mm以上）平面	100m²	9448.49	628.33	8811.64	8.52
054	3-54	装配式T型铝合金天棚龙骨（上人型）（面层规格600mm×600mm以上）跌级	100m²	11660.71	673.20	10978.99	8.52
055	3-55	铝合金方板天棚龙骨（不上人型）嵌入式（面层规格500mm×500mm）	100m²	4283.27	673.20	3601.55	8.52
056	3-56	铝合金方板天棚龙骨（不上人型）嵌入式（面层规格600mm×600mm）	100m²	3922.68	628.33	3285.83	8.52
057	3-57	铝合金方板天棚龙骨（不上人型）嵌入式（面层规格600mm×600mm以上）	100m²	3053.42	583.44	2461.46	8.52
058	3-58	铝合金方板天棚龙骨（上人型）嵌入式（面层规格500mm×500mm）	100m²	7117.67	718.07	6391.08	8.52
059	3-59	铝合金方板天棚龙骨（上人型）嵌入式（面层规格600mm×600mm）	100m²	6619.30	673.20	5937.58	8.52
060	3-60	铝合金方板天棚龙骨（上人型）嵌入式（面层规格600mm×600mm以上）	100m²	5480.73	628.33	4843.88	8.52
061	3-61	铝合金方板天棚龙骨（不上人型）浮搁式（面层规格500mm×500mm）	100m²	4212.07	628.33	3583.74	—
062	3-62	铝合金方板天棚龙骨（不上人型）浮搁式（面层规格600mm×600mm）	100m²	3769.70	583.44	3186.26	—

（续）

项目编码		项 目	单位	预算单价/元			
				基价	其中		
					人工费	材料费	机械费
063	3-63	铝合金方板天棚龙骨（不上人型）浮搁式（面层规格 600mm×600mm 以上）	$100m^2$	3180.31	538.57	2641.74	—
064	3-64	铝合金方板天棚龙骨（上人型）浮搁式（面层规格 500mm×500mm）	$100m^2$	4600.08	673.20	3918.36	8.52
065	3-65	铝合金方板天棚龙骨（上人型）浮搁式（面层规格 600mm×600mm）	$100m^2$	4128.89	628.33	3492.04	8.52
066	3-66	铝合金方板天棚龙骨（上人型）浮搁式（面层规格 600mm×600mm 以上）	$100m^2$	3525.31	583.44	2933.35	8.52
067	3-67	铝合金轻型方板天棚龙骨，中龙骨直接吊挂骨架（面层规格 500mm×500mm）	$100m^2$	3492.70	538.57	2937.10	17.03
068	3-68	铝合金轻型方板天棚龙骨，中龙骨直接吊挂骨架（面层规格 600mm×600mm）	$100m^2$	3000.91	493.67	2490.21	17.03
069	3-69	铝合金轻型方板天棚龙骨，中龙骨直接吊挂骨架（面层规格 600mm×600mm 以上）	$100m^2$	2044.60	448.80	1578.77	17.03
070	3-70	铝合金轻型条板天棚龙骨（中型）	$100m^2$	5318.43	628.33	4673.07	17.03
071	3-71	铝合金轻型条板天棚龙骨（轻型）	$100m^2$	5289.89	628.33	4644.53	17.03
072	3-72	铝合金格片式天棚（龙骨间距 100mm）	$100m^2$	5076.68	359.04	4700.61	17.03
073	3-73	铝合金格片式天棚（龙骨间距 150mm）	$100m^2$	5073.68	359.04	4697.61	17.03
		（5）天棚基层					
074	3-74	胶合板基层 3mm	$100m^2$	1385.77	380.17	1005.60	—
075	3-75	胶合板基层 5mm	$100m^2$	1803.84	378.24	1425.60	—
076	3-76	胶合板基层 9mm	$100m^2$	2381.34	378.24	2003.10	—
077	3-77	石膏板天棚基层	$100m^2$	1664.73	522.73	1142.00	—
		（6）天棚面层					
078	3-78	板条天棚面层	$100m^2$	1605.99	285.13	1320.86	—
079	3-79	漏风条天棚面层	$100m^2$	2520.24	665.27	1854.97	—
080	3-80	胶合板天棚面层	$100m^2$	1817.77	380.17	1437.60	—
081	3-81	水泥木丝板天棚面层	$100m^2$	1988.66	380.17	1608.49	—
082	3-82	薄板天棚面层（厚 15mm）	$100m^2$	2770.94	475.20	2295.74	—
083	3-83	胶压刨花木屑板天棚面层	$100m^2$	2038.16	380.17	1657.99	—
084	3-84	埃特板天棚面层	$100m^2$	2869.96	570.24	2299.72	—

（续）

项目编码		项目	单位	预算单价/元			
				基价	其中		
					人工费	材料费	机械费
085	3-85	玻璃纤维板（搁放型）天棚面层	100m²	3626.40	950.40	2676.00	—
086	3-86	宝丽板天棚面层	100m²	3289.97	762.24	2527.73	—
087	3-87	塑料板天棚面板	100m²	3813.19	570.24	3242.95	—
088	3-88	钢板网天棚面层	100m²	2571.11	760.33	1810.78	—
089	3-89	铝板网天棚面层（搁在龙骨上）	100m²	2069.73	522.73	1547.00	—
090	3-90	铝板网天棚面层（钉在龙骨上）	100m²	2137.26	570.24	1567.02	—
091	3-91	铝塑板天棚面层（贴在混凝土板下）	100m²	16677.47	807.84	15869.63	—
092	3-92	铝塑板天棚面层（贴在龙骨底）	100m²	16515.88	712.80	15803.08	—
093	3-93	矿棉板天棚面层（贴在混凝土板下）	100m²	2473.47	807.84	1665.63	—
094	3-94	矿棉板天棚面层（搁放在龙骨上）	100m²	2057.20	475.20	1582.00	—
095	3-95	钙塑板天棚面层（安在U型轻钢龙骨上）	100m²	2919.27	665.27	2254.00	—
096	3-96	钙塑板天棚面层（安在T型铝合金龙骨上）	100m²	2491.60	237.60	2254.00	—
097	3-97	石膏板天棚面层（安在U型轻钢龙骨上）	100m²	1768.24	570.24	1198.00	—
098	3-98	石膏板天棚面层（安在T型铝合金龙骨上）	100m²	1435.60	237.60	1198.00	—
099	3-99	防火板天棚面层（贴在木龙骨上）	100m²	4384.05	570.24	3813.81	—
100	3-100	竹片天棚面层	100m²	2715.79	999.84	1715.95	—
101	3-101	不锈钢板天棚面层	100m²	16902.86	1047.37	15855.49	—
102	3-102	镜面玲珑胶板天棚面层	100m²	12644.76	2045.27	10599.49	—
103	3-103	阻燃聚丙烯天棚面层	100m²	3359.24	570.24	2789.00	—
104	3-104	真空镀膜仿金（仿银）装饰板天棚面层	100m²	3851.73	522.73	3329.00	—
105	3-105	空腹PVC扣板天棚面层	100m²	3154.65	1140.47	2014.18	—
106	3-106	胶合装饰板天棚面层（方格式）密铺	100m²	2129.33	475.20	1654.13	—
107	3-107	胶合装饰板天棚面层（方格式）分缝	100m²	2224.37	570.24	1654.13	—
108	3-108	胶合装饰板天棚面层（花式）	100m²	2464.37	570.24	1894.13	—
109	3-109	吸声板天棚（矿棉吸声板）	100m²	3163.80	712.80	2451.00	—
110	3-110	吸声板天棚（石膏吸声板）	100m²	2844.80	712.80	2132.00	—
111	3-111	吸声板天棚（胶合板穿孔面板）	100m²	2969.07	1362.37	1606.70	—
112	3-112	吸声板天棚（铝合金穿孔面板）	100m²	10983.13	997.93	9985.20	—
113	3-113	吸声板天棚（隔声板）	100m²	7523.93	712.80	6681.13	—

（续）

项目编码		项　目	单位	预算单价/元			
				基价	其中		
					人工费	材料费	机械费
114	3-114	铝合金方板天棚（嵌入式平板）	100m²	9217.83	403.93	8813.90	—
115	3-115	铝合金方板天棚（吸声板）	100m²	24011.43	403.93	23607.50	—
116	3-116	铝合金方板天棚（浮搁式平板）	100m²	9163.93	403.93	8760.00	—
117	3-117	铝板天棚 600mm×600mm	100m²	16644.57	538.57	16106.00	—
118	3-118	铝板天棚 1200mm×300mm	100m²	16349.44	583.44	15766.00	—
119	3-119	铝合金条板天棚（闭缝）	100m²	12275.29	718.07	11557.22	—
120	3-120	铝合金条板天棚（开缝）	100m²	8030.65	493.67	7536.98	—
121	3-121	铝合金挂片天棚（条形）间距 100mm	100m²	13505.40	224.40	13281.00	—
122	3-122	铝合金挂片天棚（条形）间距 150mm	100m²	11417.53	179.53	11238.00	—
123	3-123	铝合金挂片天棚（条形）间距 200mm	100m²	8307.64	134.64	8173.00	—
124	3-124	铝合金挂片天棚（块形）间距 200mm	100m²	9419.40	224.40	9195.00	—
125	3-125	铝合金扣板天棚	100m²	9378.57	538.57	8840.00	—
126	3-126	方形铝扣板 300mm×300mm	100m²	9875.20	673.20	9202.00	—
127	3-127	方形铝扣板 600mm×600mm	100m²	12807.57	538.57	12269.00	—
128	3-128	长条形铝扣板	100m²	8625.77	650.77	7975.00	—
129	3-129	铝扣板收边线 100mm	100m²	661.50	224.40	437.10	—
130	3-130	铝合金扣板雨篷（银白铝）	100m²	10883.84	807.84	10076.00	—
131	3-131	不锈钢镜面板（方形）	100m²	18064.92	1331.17	16733.75	—
132	3-132	镜面玻璃天棚（平面）	100m²	8201.82	1615.67	6586.15	—
133	3-133	镭射玻璃（平面）	100m²	48343.74	1481.04	46862.70	—
134	3-134	镭射玻璃（异形）	100m²	63570.57	2288.87	61281.70	—
135	3-135	镜面玻璃（井格形）	100m²	13970.47	2423.53	11546.94	—
136	3-136	镜面玻璃（锥形）	100m²	17174.90	2585.10	14589.80	—
137	3-137	有机胶片（方格式）	100m²	6871.57	538.57	6333.00	—
138	3-138	金属板（烤漆板条）吊顶	100m²	6253.57	538.57	5715.00	—
139	3-139	金属板（烤漆异形板）吊顶	100m²	9025.07	718.07	8307.00	—
140	3-140	嵌入式不锈钢格栅	100m²	25042.57	538.57	24504.00	—
141	3-141	天棚灯片（搁放型）乳白胶片	100m²	3976.07	718.07	3258.00	—
142	3-142	天棚灯片（搁放型）分光铝格栅	100m²	13331.07	718.07	12613.00	—

（续）

项目编码		项　目	单位	预算单价/元			
				基价	其中		
					人工费	材料费	机械费
143	3-143	天棚灯片（搁放型）塑料透光片	100m²	7024.07	718.07	6306.00	—
144	3-144	天棚灯片（搁放型）玻璃纤维片	100m²	3346.07	718.07	2628.00	—
		（7）天棚艺术造型（轻钢龙骨）					
145	3-145	藻井天棚（平面）圆弧形	100m²	5814.97	1391.27	4423.70	—
146	3-146	藻井天棚（平面）矩形	100m²	5549.54	1256.64	4292.90	—
147	3-147	藻井天棚（拱形）圆弧形	100m²	6352.90	1795.20	4557.70	—
148	3-148	藻井天棚（拱形）矩形	100m²	6039.37	1615.67	4423.70	—
149	3-149	吊挂式天棚（弧拱形）	100m²	6503.27	1884.97	4618.30	—
150	3-150	吊挂式天棚（圆形）	100m²	5599.30	1122.00	4477.30	—
151	3-151	吊挂式天棚（矩形）	100m²	5333.87	987.37	4346.50	—
152	3-152	阶梯形天棚（直线形）	100m²	6955.37	2064.47	4890.90	—
153	3-153	阶梯形天棚（弧线形）	100m²	7339.97	2288.87	5051.10	—
154	3-154	锯齿形天棚（直线形）	100m²	7356.17	2064.47	5291.70	—
155	3-155	锯齿形天棚（弧线形）	100m²	7757.37	2288.87	5468.50	—
		（8）天棚艺术造型（方木龙骨）					
156	3-156	方木天棚龙骨（圆形）	100m²	3602.14	689.04	2913.10	—
157	3-157	方木天棚龙骨（半圆形）	100m²	3263.87	608.27	2655.60	—
		（9）天棚艺术造型（基层）					
158	3-158	藻井天棚（平面）圆弧形（石膏板）	100m²	2302.57	855.37	1447.20	—
159	3-159	藻井天棚（平面）圆弧形（胶合板）	100m²	2494.80	712.80	1782.00	—
160	3-160	藻井天棚（平面）矩形（石膏板）	100m²	2057.53	760.33	1297.20	—
161	3-161	藻井天棚（平面）矩形（胶合板）	100m²	2244.77	665.27	1579.50	—
162	3-162	藻井天棚（拱形）圆弧形（石膏板）	100m²	2569.77	1092.97	1476.80	—
163	3-163	藻井天棚（拱形）圆弧形（胶合板）	100m²	2784.43	997.93	1786.50	—
164	3-164	藻井天棚（拱形）矩形（石膏板）	100m²	2182.17	855.37	1326.80	—
165	3-165	藻井天棚（拱形）矩形（胶合板）	100m²	1931.84	807.84	1124.00	—
166	3-166	吊挂式天棚（弧拱形）石膏板	100m²	2427.20	950.40	1476.80	—
167	3-167	吊挂式天棚（弧拱形）胶合板	100m²	2121.87	855.37	1266.50	—
168	3-168	吊挂式天棚（圆形）石膏板	100m²	2364.87	902.87	1462.00	—

（续）

项目编码		项　目	单位	预算单价/元			
				基价	其中		
					人工费	材料费	机械费
169	3-169	吊挂式天棚（圆形）胶合板	$100m^2$	2072.54	807.84	1264.70	—
170	3-170	吊挂式天棚（矩形）石膏板	$100m^2$	2105.84	807.84	1298.00	—
171	3-171	吊挂式天棚（矩形）胶合板	$100m^2$	1826.45	712.80	1113.65	—
172	3-172	阶梯形天棚（直线形）石膏板	$100m^2$	2883.13	1473.13	1410.00	—
173	3-173	阶梯形天棚（直线形）胶合板	$100m^2$	2460.78	1330.57	1130.21	—
174	3-174	阶梯形天棚（弧线形）石膏板	$100m^2$	3203.67	1615.67	1588.00	—
175	3-175	阶梯形天棚（弧线形）胶合板	$100m^2$	2800.64	1520.64	1280.00	—
176	3-176	锯齿形天棚（直线形）石膏板	$100m^2$	2848.00	1425.60	1422.40	—
177	3-177	锯齿形天棚（直线形）胶合板	$100m^2$	2415.14	1283.04	1132.10	—
178	3-178	锯齿形天棚（弧线形）石膏板	$100m^2$	3123.04	1520.64	1602.40	—
179	3-179	锯齿形天棚（弧线形）胶合板	$100m^2$	2755.38	1473.13	1282.25	—
		（10）天棚艺术造型（面层）					
180	3-180	藻井天棚（平面）圆弧形（石膏板）	$100m^2$	2349.87	902.87	1447.00	—
181	3-181	藻井天棚（平面）圆弧形（胶合饰面板）	$100m^2$	2707.83	760.33	1947.50	—
182	3-182	藻井天棚（平面）圆弧形（金属板）	$100m^2$	12946.33	1948.33	10998.00	—
183	3-183	藻井天棚（平面）矩形（石膏板）	$100m^2$	2079.84	807.84	1272.00	—
184	3-184	藻井天棚（平面）矩形（胶合饰面板）	$100m^2$	1977.75	712.80	1264.95	—
185	3-185	藻井天棚（平面）矩形（金属板）	$100m^2$	11447.73	1710.73	9737.00	—
186	3-186	藻井天棚（拱形）圆弧形（石膏板）	$100m^2$	2656.00	1188.00	1468.00	—
187	3-187	藻井天棚（拱形）圆弧形（胶合饰面板）	$100m^2$	2387.44	1045.44	1342.00	—
188	3-188	藻井天棚（拱形）圆弧形（金属板）	$100m^2$	13368.97	2280.97	11088.00	—
189	3-189	藻井天棚（拱形）矩形（石膏板）	$100m^2$	2250.40	950.40	1300.00	—
190	3-190	藻井天棚（拱形）矩形（胶合饰面板）	$100m^2$	2188.62	902.87	1285.75	—
191	3-191	藻井天棚（拱形）矩形（金属板）	$100m^2$	11930.37	2043.37	9887.00	—
192	3-192	吊挂式天棚（弧拱形）石膏板	$100m^2$	2552.97	1092.97	1460.00	—
193	3-193	吊挂式天棚（弧拱形）胶合饰面板	$100m^2$	2345.70	950.40	1395.30	—
194	3-194	吊挂式天棚（弧拱形）金属板	$100m^2$	13128.97	2280.97	10848.00	—
195	3-195	吊挂式天棚（圆形）石膏板	$100m^2$	2393.40	950.40	1443.00	—
196	3-196	吊挂式天棚（圆形）胶合饰面板	$100m^2$	2274.07	855.37	1418.70	—

（续）

项目编码		项　　目	单位	预算单价/元			
				基价	其中		
					人工费	材料费	机械费
197	3-197	吊挂式天棚（圆形）金属板	100m²	12838.80	1900.80	10938.00	—
198	3-198	吊挂式天棚（矩形）石膏板	100m²	2234.40	950.40	1284.00	—
199	3-199	吊挂式天棚（矩形）胶合饰面板	100m²	2067.59	807.84	1259.75	—
200	3-200	吊挂式天棚（矩形）金属板	100m²	12037.80	1900.80	10137.00	—
201	3-201	阶梯形天棚（直线形）石膏板	100m²	3190.77	1805.77	1385.00	—
202	3-202	阶梯形天棚（直线形）胶合饰面板	100m²	2951.83	1710.73	1241.10	—
203	3-203	阶梯形天棚（直线形）金属板	100m²	12417.93	2185.93	10232.00	—
204	3-204	阶梯形天棚（弧线形）石膏板	100m²	3745.93	2185.93	1560.00	—
205	3-205	阶梯形天棚（弧线形）胶合饰面板	100m²	3445.03	1948.33	1496.70	—
206	3-206	阶梯形天棚（弧线形）金属板	100m²	13867.47	2328.47	11539.00	—
207	3-207	锯齿形天棚（直线形）石膏板	100m²	3107.73	1710.73	1397.00	—
208	3-208	锯齿形天棚（直线形）胶合饰面板	100m²	2950.82	1615.67	1335.15	—
209	3-209	锯齿形天棚（直线形）金属板	100m²	12415.40	2138.40	10277.00	—
210	3-210	锯齿形天棚（弧线形）石膏板	100m²	3710.40	2138.40	1572.00	—
211	3-211	锯齿形天棚（弧线形）胶合饰面板	100m²	3402.70	1900.80	1501.90	—
212	3-212	锯齿形天棚（弧线形）金属板	100m²	13849.97	2280.97	11569.00	—
		（11）其他天棚（烤漆龙骨天棚）					
213	3-213	复合式烤漆T型龙骨吊顶（明架式吊顶）	100m²	5660.82	1256.64	4404.18	—
214	3-214	H形矿棉吸声板轻钢吊顶（暗架式吊顶）	100m²	6772.18	1346.40	5425.78	—
215	3-215	石膏板缝（贴绷带、刮腻子）100m	100m²	351.17	243.30	107.87	—
216	3-216	天棚细木工板（钉在木龙骨上）平面	100m²	4963.16	503.70	4459.46	—
217	3-217	天棚细木工板（钉在木龙骨上）造型	100m²	5259.03	660.54	4598.49	—
218	3-218	天棚细木工板（钉在轻钢龙骨上）平面	100m²	5281.78	684.30	4597.48	—
219	3-219	天棚细木工板（钉在轻钢龙骨上）造型	100m²	5681.11	883.87	4797.24	—
220	3-220	天棚阳光板面层	100m²	859.03	712.80	146.23	—
221	3-221	GRC板艺术造型	100m²	2524.40	1663.20	861.20	—
020302002		2. 格栅吊顶					
		（1）铝合金					
001	3-222	铝合金格栅吊顶天棚，铝格栅（包括吊配件）规格100mm×100mm×4.5mm	100m²	16286.13	583.44	15695.03	7.66

（续）

项目编码		项　　目	单位	预算单价/元			
				基价	其中		
					人工费	材料费	机械费
002	3-223	铝合金格栅吊顶天棚，铝格栅（包括吊配件）规格 125mm×125mm×4.5mm	100m²	15792.70	583.44	15201.60	7.66
003	3-224	铝合金格栅吊顶天棚，铝格栅（包括吊配件）规格 150mm×150mm×4.5mm	100m²	14770.70	583.44	14179.60	7.66
004	3-225	铝合金格栅天棚（直接吊在天棚下）方块形铝合金格栅天棚（规格 90mm×90mm×60mm）	100m²	12221.93	628.33	11593.60	—
005	3-226	铝合金格栅天棚（直接吊在天棚下）方块形铝合金格栅天棚（规格 125mm×125mm×60mm）	100m²	17342.93	628.33	16714.60	—
006	3-227	铝合金格栅天棚（直接吊在天棚下）方块形铝合金格栅天棚（规格 158mm×158mm×60mm）	100m²	17810.04	583.44	17226.60	—
007	3-228	铝合金格栅天棚（直接吊在天棚下）方块形铝合金格栅天棚（规格 25mm×25mm×25mm）	100m²	8637.93	628.33	8009.60	—
008	3-229	铝合金格栅天棚（直接吊在天棚下）方块形铝合金格栅天棚（规格 40mm×40mm×40mm）	100m²	9354.93	628.33	8726.60	—
009	3-230	铝合金格栅天棚（直接吊在天棚下）直条形铝合金格栅天棚（规格 1260mm×90mm×60mm）	100m²	11709.93	628.33	11081.60	—
010	3-231	铝合金格栅天棚（直接吊在天棚下）直条形铝合金格栅天棚（规格 630mm×90mm×60mm）	100m²	13040.93	628.33	12412.60	—
011	3-232	铝合金格栅天棚（直接吊在天棚下）直条形铝合金格栅天棚（规格 1260mm×60mm×126mm）	100m²	13245.93	628.33	12617.60	—
012	3-233	铝合金格栅天棚（直接吊在天棚下）直条形铝合金格栅天棚（规格 630mm×60mm×126mm）	100m²	13040.93	628.33	12412.60	—
013	3-234	铝合金格栅天棚（直接吊在天棚下）铝合金空腹格栅天棚（条形）	100m²	10787.93	628.33	10159.60	—
014	3-235	铝合金格栅天棚（直接吊在天棚下）铝合金空腹格栅天棚（方形）	100m²	12221.93	628.33	11593.60	—

（续）

项目编码		项　　目	单位	预算单价/元			
				基价	其中		
					人工费	材料费	机械费
015	3-236	铝合金格栅天棚（直接吊在天棚下）铝合金空腹格栅天棚（多边形）	100m²	10218.80	673.20	9545.60	—
016	3-237	铝合金格栅天棚（直接吊在天棚下）铝合金空腹格栅天棚（条形）	100m²	13245.93	628.33	12617.60	—
017	3-238	铝合金格栅天棚（直接吊在天棚下）铝合金空腹格栅天棚（方形或三角形）	100m²	14314.80	673.20	13641.60	—
		（2）木格栅					
018	3-239	木格栅天棚（井格规格 100mm×100mm×55mm）	100m²	7878.25	2328.47	5549.78	—
019	3-240	木格栅天棚（井格规格 150mm×150mm×80mm）	100m²	7364.67	2090.87	5273.80	—
020	3-241	木格栅天棚（井格规格 200mm×200mm×100mm）	100m²	6826.37	1805.77	5020.60	—
021	3-242	木格栅天棚（井格规格 250mm×250mm×120mm）	100m²	6227.33	1473.13	4754.20	—
022	3-243	胶合板格栅天棚（井格规格 100mm×100mm×55mm）	100m²	5767.13	1473.13	4294.00	—
023	3-244	胶合板格栅天棚（井格规格 150mm×150mm×80mm）	100m²	5544.57	1330.57	4214.00	—
024	3-245	胶合板格栅天棚（井格规格 200mm×200mm×100mm）	100m²	5085.97	1092.97	3993.00	—
025	3-246	胶合板格栅天棚（井格规格 250mm×250mm×120mm）	100m²	4791.90	950.40	3841.50	—
020302003		3. 吊筒吊顶					
001	3-247	铝合金筒形天棚（直接吊在天棚下）圆筒形，分组规格 600mm×600mm	100m²	9284.57	762.97	8521.60	—
002	3-248	铝合金筒形天棚（直接吊在天棚下）圆筒形，分组规格 800mm×800mm	100m²	9751.67	718.07	9033.60	—
003	3-249	铝合金筒形天棚（直接吊在天棚下）方筒形，分组规格 600mm×600mm	100m²	13335.67	718.07	12617.60	—
004	3-250	铝合金筒形天棚（直接吊在天棚下）方筒形，分组规格 900mm×900mm	100m²	12266.80	673.20	11593.60	—
005	3-251	铝合金筒形天棚（直接吊在天棚下）方筒形，分组规格 1200mm×1200mm	100m²	15293.93	628.33	14665.60	—
020302004		4. 藤条造型悬挂吊顶					
001	3-252	藤条造型悬挂吊顶	100m²	6612.70	897.60	5715.10	—

（续）

项目编码		项 目	单位	预算单价/元			
				基价	其中		
					人工费	材料费	机械费
020302005		5. 织物软雕吊顶					
001	3-253	织物软吊顶	100m²	15467.30	673.20	14794.10	—
020302006		6. 网架（装饰）吊顶					
001	3-254	钢网架天棚	100m²	3730.77	493.67	3237.10	—
002	3-255	不锈钢钢管网架天棚	100m²	15789.67	807.84	14981.83	—
020302007		7. 软膜带龙骨吊顶					
001	3-256	软膜带龙骨吊顶	100m²	22078.40	1478.40	20600.00	—
020303		二、天棚其他装饰					
020303001		1. 灯带					
001	3-257	悬挑式灯带（直形）胶合板面	100m	882.73	522.73	360.00	—
002	3-258	悬挑式灯带（直形）细木工板面	100m	1553.23	522.73	1030.50	—
003	3-259	悬挑式灯带（弧形）胶合板面	100m	1068.02	665.27	402.75	—
004	3-260	附加式灯带	100m	1912.78	1235.53	677.25	—
020303002		2. 送风口、回风口					
001	3-261	硬木（送风口）	10 个	858.33	58.33	800.00	—
002	3-262	硬木（回风口）	10 个	888.33	58.33	830.00	—
003	3-263	铝合金（送风口）	10 个	938.33	58.33	880.00	—
004	3-264	铝合金（回风口）	10 个	968.33	58.33	910.00	—
020303003		3. 灯具开孔					
001	3-265	格式灯孔	10 个	29.16	28.16	—	1.00
002	3-266	筒灯孔	10 个	7.21	7.04	—	0.17
020304		三、采光天棚、保温隔热					
020304001		1. 采光天棚					
001	3-267	中空玻璃采光天棚（铝骨架）	100m²	33566.73	4488.00	29078.73	—
002	3-268	中空玻璃采光天棚（钢骨架）	100m²	29852.79	5568.67	24284.12	—
003	3-269	钢化玻璃采光天棚（铝骨架）	100m²	23314.62	3366.00	19948.62	—
004	3-270	钢化玻璃采光天棚（钢骨架）	100m²	17031.24	4000.57	13030.67	—
005	3-271	夹丝玻璃采光天棚（铝骨架）	100m²	29832.62	3366.00	26466.62	—
006	3-272	夹丝玻璃采光天棚（钢骨架）	100m²	23580.78	4000.57	19580.21	—
007	3-273	夹丝玻璃采光天棚（铝骨架）	100m²	43354.62	3366.00	39988.62	—

（续）

项目编码		项　目	单位	预算单价/元			
				基价	其中		
					人工费	材料费	机械费
008	3-274	夹丝玻璃采光天棚（钢骨架）	100m²	37540.13	2199.13	35341.00	—
020304002		2. 保温隔热					
001	3-275	天棚面铺放吸声材料（超细玻璃棉 50mm）	100m²	2780.77	161.57	2619.20	—
002	3-276	天棚面铺放吸声材料（超细玻璃棉 75mm）	100m²	2886.04	246.84	3639.20	—
003	3-277	天棚面铺放吸声材料（超细玻璃棉 100mm）	100m²	5088.80	327.60	4761.20	—
004	3-278	天棚面铺放吸声材料（超细玻璃棉 120mm）	100m²	6291.57	408.37	5883.20	—
005	3-279	天棚板面上铺放吸声材料（袋装矿棉 50mm）	100m²	2284.77	161.57	2123.20	—
006	3-280	天棚板面上铺放吸声材料（袋装矿棉 75mm）	100m²	3900.04	246.84	3653.20	—
007	3-281	天棚板面上铺放吸声材料（袋装矿棉 100mm）	100m²	4286.80	327.60	3959.20	—
008	3-282	天棚板面上铺放吸声材料（袋装矿棉 120mm）	100m²	5081.57	408.37	4673.20	—
009	3-283	天棚板面上铺放吸声材料（聚苯乙烯泡沫板 50mm）	100m²	2526.47	80.77	2445.70	—
010	3-284	天棚板面上铺放吸声材料（聚苯乙烯泡沫板 75mm）	100m²	3742.97	89.77	3653.20	—
011	3-285	天棚板面上铺放吸声材料（聚苯乙烯泡沫板 100mm）	100m²	4897.97	89.77	4808.20	—
012	3-286	天棚板面上铺放吸声材料（聚苯乙烯泡沫板 120mm）	100m²	5847.47	94.27	5753.20	—

4. 门窗工程

附表 4　门窗工程（编码：0204）

项目编码		项　目	单位	预算单价/元			
				基价	其中		
					人工费	材料费	机械费
020401		一、木门					
020401001		1. 镶板木门					
001	4-1	镶板门（单扇带亮）门框制作	100m²	3974.03	384.17	3499.45	90.41

（续）

项目编码		项目	单位	预算单价/元			
				基价	其中		
					人工费	材料费	机械费
002	4-2	镶板门（单扇带亮）门框安装	100m²	1527.16	658.87	866.80	1.49
003	4-3	镶板门（单扇带亮）门扇制作	100m²	7117.43	1101.84	5752.40	263.19
004	4-4	镶板门（单扇带亮）门扇安装	100m²	905.74	685.80	219.94	—
005	4-5	镶板门（双扇带亮）门框制作	100m²	2752.86	275.57	2416.79	60.50
006	4-6	镶板门（双扇带亮）门框安装	100m²	993.18	468.54	523.65	0.99
007	4-7	镶板门（双扇带亮）门扇制作	100m²	7371.33	1195.14	5900.30	275.89
008	4-8	镶板门（双扇带亮）门扇安装	100m²	873.65	615.30	258.35	—
009	4-9	镶板门（单扇无亮）门框制作	100m²	4080.27	376.57	3617.28	86.42
010	4-10	镶板门（单扇无亮）门框安装	100m²	1670.81	769.27	900.05	1.49
011	4-11	镶板门（单扇无亮）门扇制作	100m²	7844.78	1292.53	6269.20	283.05
012	4-12	镶板门（单扇无亮）门扇安装	100m²	433.14	433.14	—	—
013	4-13	镶板门（双扇无亮）门框制作	100m²	2470.07	241.87	2177.81	50.39
014	4-14	镶板门（双扇无亮）门框安装	100m²	960.60	474.84	485.02	0.74
015	4-15	镶板门（双扇无亮）门扇制作	100m²	6139.46	1364.77	4470.60	304.09
016	4-16	镶板门（双扇无亮）门扇安装	100m²	461.83	461.83	—	—
017	4-17	镶板门带一块百叶（单扇带亮）门框制作	100m²	4340.48	422.77	3818.19	99.52
018	4-18	镶板门带一块百叶（单扇带亮）门框安装	100m²	1703.78	728.40	973.64	1.74
019	4-19	镶板门带一块百叶（单扇带亮）门扇制作	100m²	7701.00	1310.04	6044.80	346.16
020	4-20	镶板门带一块百叶（单扇带亮）门扇安装	100m²	1024.41	612.17	412.24	—
021	4-21	镶板门带一块百叶（单扇无亮）门框制作	100m²	4080.27	376.57	3617.28	86.42
022	4-22	镶板门带一块百叶（单扇无亮）门框安装	100m²	1670.81	769.27	900.05	1.49
023	4-23	镶板门带一块百叶（单扇无亮）门扇制作	100m²	7264.82	1521.90	5390.30	352.62
024	4-24	镶板门带一块百叶（单扇无亮）门扇安装	100m²	706.23	476.17	230.06	—
020401003		2. 实木装饰门					
001	4-25	实木门框（100m）	100m²	1312.30	448.80	863.50	—
002	4-26	实木镶板门扇（凹凸型）	100m²	13012.80	4039.20	8973.60	—
003	4-27	实木镶板半玻门扇（网格式）	100m²	14081.07	3680.17	10400.90	—
004	4-28	实木全玻门（网格式）	100m²	17672.70	4039.20	13633.50	—
005	4-29	镶嵌铜条玻璃门扇	100m²	31712.11	13239.60	14346.95	4125.56
006	4-30	木制玻璃推拉门	100m²	5699.77	5699.77	—	—

（续）

项目编码		项　　目	单位	预算单价/元			
				基价	其中		
					人工费	材料费	机械费
020401004		3. 胶合板门					
001	4-31	带纱胶合板门（单扇带亮）门框制作	$100m^2$	4646.77	394.50	4161.86	90.41
002	4-32	带纱胶合板门（单扇带亮）门框安装	$100m^2$	1539.32	658.87	878.96	1.49
003	4-33	带纱胶合板门（单扇带亮）门扇制作	$100m^2$	9603.79	1658.77	7431.58	513.44
004	4-34	带纱胶合板门（单扇带亮）门扇安装	$100m^2$	2215.91	1419.07	796.84	—
005	4-35	带纱胶合板门（双扇带亮）门框制作	$100m^2$	3230.51	283.20	2886.81	60.50
006	4-36	带纱胶合板门（双扇带亮）门框安装	$100m^2$	1000.36	469.44	529.93	0.99
007	4-37	带纱胶合板门（双扇带亮）门扇制作	$100m^2$	9910.59	1776.84	7616.82	516.93
008	4-38	带纱胶合板门（双扇带亮）门扇安装	$100m^2$	2122.36	1260.67	861.69	—
009	4-39	带纱胶合板门（单扇无亮）门框制作	$100m^2$	4779.55	386.87	4306.26	86.42
010	4-40	带纱胶合板门（单扇无亮）门框安装	$100m^2$	1683.15	769.27	912.39	1.49
011	4-41	带纱胶合板门（单扇无亮）门扇制作	$100m^2$	10243.39	1764.24	7911.39	567.76
012	4-42	带纱胶合板门（单扇无亮）门扇安装	$100m^2$	1475.63	928.14	547.49	—
013	4-43	带纱胶合板门（双扇无亮）门框制作	$100m^2$	2896.66	247.74	2598.53	50.39
014	4-44	带纱胶合板门（双扇无亮）门框安装	$100m^2$	968.74	474.84	493.16	0.74
015	4-45	带纱胶合板门（双扇无亮）门扇制作	$100m^2$	8120.60	1861.63	5667.43	591.54
016	4-46	带纱胶合板门（双扇无亮）门扇安装	$100m^2$	1116.37	990.07	126.30	—
017	4-47	无纱胶合板门（单扇带亮）门框制作	$100m^2$	3959.03	384.17	3484.45	90.41
018	4-48	无纱胶合板门（单扇带亮）门框安装	$100m^2$	1527.16	658.87	866.80	1.49
019	4-49	无纱胶合板门（单扇带亮）门扇制作	$100m^2$	6261.45	1064.57	4829.91	366.97
020	4-50	无纱胶合板门（单扇带亮）门扇安装	$100m^2$	905.74	685.80	219.94	—
021	4-51	无纱胶合板门（双扇带亮）门框制作	$100m^2$	2752.86	275.57	2416.79	60.50
022	4-52	无纱胶合板门（双扇带亮）门框安装	$100m^2$	994.08	469.44	523.65	0.99
023	4-53	无纱胶合板门（双扇带亮）门扇制作	$100m^2$	6458.26	1150.74	4914.84	392.68
024	4-54	无纱胶合板门（双扇带亮）门扇安装	$100m^2$	876.25	615.30	260.95	—
025	4-55	无纱胶合板门（单扇无亮）门框制作	$100m^2$	4077.81	376.57	3617.28	83.96
026	4-56	无纱胶合板门（单扇无亮）门框安装	$100m^2$	1670.81	769.27	900.05	1.49
027	4-57	无纱胶合板门（单扇无亮）门扇制作	$100m^2$	7016.02	1240.03	5336.61	439.38
028	4-58	无纱胶合板门（单扇无亮）门扇安装	$100m^2$	433.14	433.14	—	—
029	4-59	无纱胶合板门（双扇无亮）门框制作	$100m^2$	2470.31	241.87	2178.05	50.39

（续）

项目编码		项　　目	单位	预算单价/元			
				基价	其中		
					人工费	材料费	机械费
030	4-60	无纱胶合板门（双扇无亮）门框安装	100m²	959.70	473.94	485.02	0.74
031	4-61	无纱胶合板门（双扇无亮）门扇制作	100m²	7240.79	1313.64	5471.92	455.23
032	4-62	无纱胶合板门（双扇无亮）门扇安装	100m²	461.83	461.83	—	—
020401005		4. 夹板装饰门					
001	4-63	装饰板门扇制作（木骨架）	100m²	6599.87	2288.87	4311.00	—
002	4-64	装饰板门扇制作（基层）	100m²	9675.48	1122.00	8553.48	—
003	4-65	装饰板门扇制作（装饰面层）	100m²	7189.87	2288.87	4901.00	—
004	4-66	成品门（安装）	100m²	3346.40	1346.40	2000.00	—
020401006		5. 木质防火门					
001	4-67	防火门（木质）	100m²	4218.73	4218.73		—
002	4-68	防火门（实拼式）双面石棉板门扇制作、安装	100m²	33565.26	12765.24	20800.02	—
003	4-69	防火门（实拼式）单面石棉板门扇制作、安装	100m²	31955.11	11511.73	20443.38	—
004	4-70	防火门（实拼式）不衬石棉板门扇制作、安装	100m²	30521.19	10444.93	20076.26	—
005	4-71	防火门（框架式）单面石棉板门扇制作、安装	100m²	41514.19	11430.90	30083.29	—
020401007		6. 木纱门					
001	4-72	带纱镶板门（单扇带亮）门框制作	100m²	4646.77	394.50	4161.86	90.41
002	4-73	带纱镶板门（单扇带亮）门框安装	100m²	1539.50	658.87	879.14	1.49
003	4-74	带纱镶板门（单扇带亮）门扇制作	100m²	10347.68	1700.04	8235.08	412.56
004	4-75	带纱镶板门（单扇带亮）门扇安装	100m²	2215.91	1419.07	796.84	—
005	4-76	带纱镶板门（双扇带亮）门框制作	100m²	3226.91	283.20	2883.21	60.50
006	4-77	带纱镶板门（双扇带亮）门框安装	100m²	1001.81	469.44	531.38	0.99
007	4-78	带纱镶板门（双扇带亮）门扇制作	100m²	10858.46	1826.64	8610.78	421.04
008	4-79	带纱镶板门（双扇带亮）门扇安装	100m²	2122.36	1260.67	861.69	—
009	4-80	带纱镶板门（单扇无亮）门框制作	100m²	4821.39	386.87	4348.10	86.42
010	4-81	带纱镶板门（单扇无亮）门框安装	100m²	1684.06	769.27	913.30	1.49
011	4-82	带纱镶板门（单扇无亮）门扇制作	100m²	10788.16	1823.04	8552.98	412.14
012	4-83	带纱镶板门（单扇无亮）门扇安装	100m²	1475.63	928.14	547.49	—

（续）

项目编码		项　目	单位	预算单价/元			
				基价	其中		
					人工费	材料费	机械费
013	4-84	带纱镶板门（双扇无亮）门框制作	100m²	2911.66	247.74	2613.53	50.39
014	4-85	带纱镶板门（双扇无亮）门框安装	100m²	968.34	474.84	492.76	0.74
015	4-86	带纱镶板门（双扇无亮）门扇制作	100m²	10361.56	1927.57	7991.13	442.86
016	4-87	带纱镶板门（双扇无亮）门扇安装	100m²	1577.31	990.07	587.24	—
020401008		7. 连窗门					
001	4-88	单层连窗门（门窗框制作）	100m²	4011.35	723.90	3189.70	97.75
002	4-89	单层连窗门（门窗框安装）	100m²	1104.27	493.20	609.83	1.24
003	4-90	单层连窗门（门窗扇制作）	100m²	4977.32	800.17	3977.60	199.55
004	4-91	单层连窗门（门窗扇安装）	100m²	1629.40	845.53	783.87	—
005	4-92	带纱连窗门（门窗框制作）	100m²	4646.52	753.07	3795.70	97.75
006	4-93	带纱连窗门（门窗框安装）	100m²	1112.62	493.20	618.18	1.24
007	4-94	带纱连窗门（门窗扇制作）	100m²	8180.57	1363.44	6478.98	338.15
008	4-95	带纱连窗门（门窗扇安装）	100m²	2989.13	1603.57	1385.56	—
009	4-96	木门框下坎（10m）单截口10m	100m²	118.95	27.84	91.11	—
010	4-97	木门框下坎（10m）双截口10m	100m²	141.67	32.34	109.33	—
020402		二、金属门					
020402001		1. 金属平开门					
001	4-98	平开门	100m²	4224.86	1848.00	2376.86	—
002	4-99	安装普通钢门（单层）	100m²	22503.41	1020.07	21369.99	113.35
003	4-100	安装普通钢门（单层带纱）	100m²	27487.55	1350.13	25950.09	187.33
020402002		2. 金属推拉门					
001	4-101	推拉门	100m²	4291.99	2106.73	2185.26	—
002	4-102	铝塑钢玻璃推拉门	100m²	4620.00	4620.00	—	—
020402003		3. 金属地弹门					
001	4-103	地弹门	100m²	4059.56	2069.77	1989.79	—
020402004		4. 彩板门					
001	4-104	彩板门	100m²	2811.24	1515.37	1295.87	—
020402005		5. 塑钢门					
001	4-105	塑钢门（全板）带亮	100m²	5964.00	2365.44	3598.56	—

（续）

项目编码		项 目	单位	预算单价/元			
				基价	其中		
					人工费	材料费	机械费
002	4-106	塑钢门（全板）不带亮	100m²	6398.18	2402.40	3995.78	—
020402006		6. 防盗门					
001	4-107	防盗门	100m²	1404.47	1404.47	—	—
020403		三、金属卷帘门					
020403001		1. 金属卷闸门					
001	4-108	卷闸门安装（铝合金）	100m²	3376.75	2956.80	25.00	394.95
002	4-109	卷闸门安装（电动装置）套	100m²	36.97	36.97	—	—
003	4-110	卷闸门安装（活动小门增加费）扇	100m²	136.97	36.97	100.00	—
020403002		2. 金属格栅门					
001	4-111	不锈钢格栅门	100m²	3221.92	2476.33	374.50	371.09
020404		四、其他门					
020404001		1. 电子感应门					
001	4-112	电子感应自动门（玻璃门）	樘	589.64	450.90	138.74	
002	4-113	电子感应自动门（电磁感应装置）	套	36.97	36.97	—	—
020404002		2. 转门					
001	4-114	全玻转门（直径2m不锈钢柱）玻璃12mm	樘	554.40	554.40	—	—
020404003		3. 电子对讲门					
001	4-115	电子对讲门	100m²	1848.00	1848.00	—	—
020404004		4. 电子伸缩门					
001	4-116	不锈钢电动伸缩门	樘	3784.77	211.20	3573.57	
020404005		5. 全玻门（带扇框）					
001	4-117	自由门（全玻门带固定亮子）门框制作	100m²	5813.80	459.13	5276.95	77.72
002	4-118	自由门（全玻门带固定亮子）门框安装	100m²	682.73	341.53	340.70	0.50
003	4-119	自由门（全玻门带固定亮子）门扇制作	100m²	4807.39	1127.83	3574.70	104.86
004	4-120	自由门（全玻门带固定亮子）门扇安装	100m²	1995.70	881.47	1114.23	—
005	4-121	自由门（全玻门无亮子）门框制作	100m²	4781.29	280.50	4442.70	58.09
006	4-122	自由门（全玻门无亮子）门框安装	100m²	683.95	365.34	318.11	0.50
007	4-123	自由门（全玻门无亮子）门扇制作	100m²	4569.85	688.87	3780.40	100.58
008	4-124	自由门（全玻门无亮子）门扇安装	100m²	1967.76	923.17	1044.59	—

（续）

项目编码		项　目	单位	预算单价/元			
				基价	其中		
					人工费	材料费	机械费
020404006		6. 全玻自由门（无框）不锈钢板包门框					
001	4-125	不锈钢板包门框（木龙骨）	10m²	4915.49	1795.20	3120.29	—
002	4-126	不锈钢板包门框（钢龙骨）	10m²	3928.61	435.30	3476.61	16.70
003	4-127	无框全玻门	10m²	5585.76	673.20	4912.56	—
020404007		7. 半玻门（带扇框）					
001	4-128	带纱半截玻璃门（单扇带亮）门框制作	100m²	4646.77	394.50	4161.86	90.41
002	4-129	带纱半截玻璃门（单扇带亮）门框安装	100m²	1539.32	658.87	878.96	1.49
003	4-130	带纱半截玻璃门（单扇带亮）门扇制作	100m²	8966.50	1434.37	7174.28	357.85
004	4-131	带纱半截玻璃门（单扇带亮）门扇安装	100m²	2720.26	1499.47	1220.79	—
005	4-132	带纱半截玻璃门（双扇带亮）门框制作	100m²	3230.51	283.20	2886.81	60.50
006	4-133	带纱半截玻璃门（双扇带亮）门框安装	100m²	1000.36	469.44	529.93	0.99
007	4-134	带纱半截玻璃门（双扇带亮）门扇制作	100m²	9399.37	1507.97	7529.58	361.82
008	4-135	带纱半截玻璃门（双扇带亮）门扇安装	100m²	2638.74	1341.47	1297.27	—
009	4-136	带纱半截玻璃门（单扇无亮）门框制作	100m²	4333.83	349.20	3960.49	78.14
010	4-137	带纱半截玻璃门（单扇无亮）门框安装	100m²	1507.22	691.57	814.16	1.49
011	4-138	带纱半截玻璃门（单扇无亮）门扇制作	100m²	8733.06	1351.33	7070.58	311.15
012	4-139	带纱半截玻璃门（单扇无亮）门扇安装	100m²	2054.08	928.57	1125.51	—
013	4-140	带纱半截玻璃门（双扇无亮）门框制作	100m²	2896.47	247.74	2598.53	50.20
014	4-141	带纱半截玻璃门（双扇无亮）门框安装	100m²	1185.47	691.57	493.16	0.74
015	4-142	带纱半截玻璃门（双扇无亮）门扇制作	100m²	10028.68	1522.33	8139.88	366.47
016	4-143	带纱半截玻璃门（双扇无亮）门扇安装	100m²	2238.71	1094.64	1144.07	—
017	4-144	无纱半截玻璃门（单扇带亮）门框制作	100m²	3959.03	384.17	3484.45	90.41
018	4-145	无纱半截玻璃门（单扇带亮）门框安装	100m²	1527.16	658.87	866.80	1.49
019	4-146	无纱半截玻璃门（单扇带亮）门扇制作	100m²	5641.50	835.67	4594.70	211.13
020	4-147	无纱半截玻璃门（单扇带亮）门扇安装	100m²	1416.34	766.57	649.77	—
021	4-148	无纱半截玻璃门（双扇带亮）门框制作	100m²	2752.86	275.57	2416.79	60.50
022	4-149	无纱半截玻璃门（双扇带亮）门框安装	100m²	994.08	469.44	523.65	0.99
023	4-150	无纱半截玻璃门（双扇带亮）门扇制作	100m²	5913.34	876.54	4824.20	212.60
024	4-151	无纱半截玻璃门（双扇带亮）门扇安装	100m²	1389.95	696.07	693.88	—
025	4-152	无纱半截玻璃门（单扇无亮）门框制作	100m²	3691.50	340.20	3273.16	78.14

（续）

项目编码		项　目	单位	预算单价/元			
				基价	其中		
					人工费	材料费	机械费
026	4-153	无纱半截玻璃门（单扇无亮）门框安装	$100m^2$	1495.01	691.57	801.95	1.49
027	4-154	无纱半截玻璃门（单扇无亮）门扇制作	$100m^2$	6756.44	825.37	5737.10	193.97
028	4-155	无纱半截玻璃门（单扇无亮）门扇安装	$100m^2$	1041.12	488.34	552.78	—
029	4-156	无纱半截玻璃门（双扇无亮）门框制作	$100m^2$	2470.07	241.87	2177.81	50.39
030	4-157	无纱半截玻璃门（双扇无亮）门框安装	$100m^2$	960.60	474.84	485.02	0.74
031	4-158	无纱半截玻璃门（双扇无亮）门扇制作	$100m^2$	6547.95	960.90	5358.00	229.05
032	4-159	无纱半截玻璃门（双扇无亮）门扇安装	$100m^2$	1123.28	566.40	556.88	—
020404008		8. 镜面不锈钢饰面门					
001	4-160	门扇双面包不锈钢板	$100m^2$	49040.17	1436.17	47604.00	—
002	4-161	木门扇隔音层（皮制）	$100m^2$	54486.63	2423.53	52063.10	—
003	4-162	木门扇隔音层（装饰板）	$100m^2$	9773.90	2917.20	6856.70	—
020404009		9. 铸铁工艺门、护栏					
001	4-163	铸铁工艺护栏	$100m^2$	3729.07	2956.80	520.50	251.77
002	4-164	铸铁工艺门	$100m^2$	3438.59	2772.00	295.50	371.09
020405		五、木窗					
020405001		1. 木质平开窗					
001	4-165	单层玻璃窗（单扇无亮）窗框制作	$100m^2$	8022.62	1176.77	6591.46	254.39
002	4-166	单层玻璃窗（单扇无亮）窗框安装	$100m^2$	2842.28	1656.97	1182.83	2.48
003	4-167	单层玻璃窗（单扇无亮）窗扇制作	$100m^2$	3490.45	526.44	2797.10	166.91
004	4-168	单层玻璃窗（单扇无亮）窗扇安装	$100m^2$	1913.51	956.40	957.11	—
005	4-169	单层玻璃窗（双扇带亮）窗框制作	$100m^2$	4497.27	429.97	3944.45	122.85
006	4-170	单层玻璃窗（双扇无亮）窗框安装	$100m^2$	1357.31	696.54	659.28	1.49
007	4-171	单层玻璃窗（双扇带亮）窗扇制作	$100m^2$	3663.95	565.50	2933.09	165.36
008	4-172	单层玻璃窗（双扇带亮）窗扇安装	$100m^2$	2163.76	1082.94	1080.82	—
009	4-173	单层玻璃窗（三扇带亮）窗框制作	$100m^2$	5720.79	827.17	4757.29	136.33
010	4-174	单层玻璃窗（三扇带亮）窗框安装	$100m^2$	1200.65	628.80	570.86	0.99
011	4-175	单层玻璃窗（三扇带亮）窗扇制作	$100m^2$	4079.41	656.64	3235.69	187.08
012	4-176	单层玻璃窗（三扇带亮）窗扇安装	$100m^2$	2302.81	1247.23	1055.58	—
013	4-177	单层玻璃窗（四扇带亮）窗框制作	$100m^2$	3371.28	701.47	2549.19	120.62
014	4-178	单层玻璃窗（四扇带亮）窗框安装	$100m^2$	667.76	552.90	113.87	0.99

（续）

项目编码		项目	单位	预算单价/元			
				基价	其中		
					人工费	材料费	机械费
015	4-179	单层玻璃窗（四扇带亮）窗扇制作	$100m^2$	4433.43	717.17	3512.59	203.67
016	4-180	单层玻璃窗（四扇带亮）窗扇安装	$100m^2$	2431.76	1366.14	1065.62	—
017	4-181	一玻一纱窗（单扇无亮）窗框制作	$100m^2$	9549.25	1316.77	7990.17	242.31
018	4-182	一玻一纱窗（单扇无亮）窗框安装	$100m^2$	2866.73	1656.97	1207.28	2.48
019	4-183	一玻一纱窗（单扇无亮）窗扇制作	$100m^2$	6268.06	1103.64	4869.53	294.89
020	4-184	一玻一纱窗（单扇无亮）窗扇安装	$100m^2$	3160.52	1836.07	1324.45	—
021	4-185	一玻一纱窗（双扇带亮）窗框制作	$100m^2$	5492.62	606.30	4763.47	122.85
022	4-186	一玻一纱窗（双扇带亮）窗框安装	$100m^2$	1415.03	696.97	716.57	1.49
023	4-187	一玻一纱窗（双扇带亮）窗扇制作	$100m^2$	6849.65	1238.70	5310.33	309.62
024	4-188	一玻一纱窗（双扇带亮）窗扇安装	$100m^2$	3617.56	2070.30	1547.26	—
025	4-189	一玻一纱窗（三扇带亮）窗框制作	$100m^2$	6209.00	939.77	5132.90	136.33
026	4-190	一玻一纱窗（三扇带亮）窗框安装	$100m^2$	1212.79	628.80	583.00	0.99
027	4-191	一玻一纱窗（三扇带亮）窗扇制作	$100m^2$	7672.77	1420.44	5900.73	351.60
028	4-192	一玻一纱窗（三扇带亮）窗扇安装	$100m^2$	3901.21	2434.27	1466.94	—
029	4-193	一玻一纱窗（四扇带亮）窗框制作	$100m^2$	5616.47	803.34	4692.51	120.62
030	4-194	一玻一纱窗（四扇带亮）窗框安装	$100m^2$	1041.67	552.90	487.78	0.99
031	4-195	一玻一纱窗（四扇带亮）窗扇制作	$100m^2$	8343.73	1551.97	6409.03	382.73
032	4-196	一玻一纱窗（四扇带亮）窗扇安装	$100m^2$	4149.13	2663.64	1485.49	—
033	4-197	双层玻璃窗（单扇无亮）窗框制作	$100m^2$	8259.65	1314.07	6703.27	242.31
034	4-198	双层玻璃窗（单扇无亮）窗框安装	$100m^2$	2866.73	1656.97	1207.28	2.48
035	4-199	双层玻璃窗（单扇无亮）窗扇制作	$100m^2$	6186.21	1007.57	4843.61	335.03
036	4-200	双层玻璃窗（单扇无亮）窗扇安装	$100m^2$	3890.03	1921.33	1968.70	—
037	4-201	双层玻璃窗（双扇带亮）窗框制作	$100m^2$	5018.10	637.27	4252.49	128.34
038	4-202	双层玻璃窗（双扇带亮）窗框安装	$100m^2$	1494.73	728.40	764.84	1.49
039	4-203	双层玻璃窗（双扇带亮）窗扇制作	$100m^2$	6729.60	1145.34	5252.07	332.19
040	4-204	双层玻璃窗（双扇带亮）窗扇安装	$100m^2$	4577.73	2293.37	2284.36	—
041	4-205	双层玻璃窗（三扇带亮）窗框制作	$100m^2$	5761.33	992.77	4608.63	159.93
042	4-206	双层玻璃窗（三扇带亮）窗框安装	$100m^2$	1238.38	620.23	616.91	1.24
043	4-207	双层玻璃窗（三扇带亮）窗扇制作	$100m^2$	7528.88	1340.10	5795.61	393.17

（续）

项目编码		项 目	单位	预算单价/元			
				基价	其中		
					人工费	材料费	机械费
044	4-208	双层玻璃窗（三扇带亮）窗扇安装	100m^2	4841.46	2649.30	2192.16	—
045	4-209	双层玻璃窗（四扇带亮）窗框制作	100m^2	4796.62	742.80	3940.13	113.69
046	4-210	双层玻璃窗（四扇带亮）窗框安装	100m^2	974.72	524.17	449.81	0.74
047	4-211	双层玻璃窗（四扇带亮）窗扇制作	100m^2	7470.50	1284.47	5804.31	381.72
048	4-212	双层玻璃窗（四扇带亮）窗扇安装	100m^2	5304.04	2558.17	2745.87	—
020405002		2. 木质推拉窗					
001	4-213	推拉传递窗双扇（窗框制作）	100m^2	5610.02	597.37	4861.17	151.48
002	4-214	推拉传递窗双扇（窗框安装）	100m^2	1486.49	728.87	756.13	1.49
003	4-215	推拉传递窗双扇（窗扇制作）	100m^2	1634.15	331.20	1176.79	126.16
004	4-216	推拉传递窗双扇（窗扇安装）	100m^2	2125.65	850.50	1275.15	—
020405003		3. 矩形木百叶窗					
001	4-217	木百叶窗矩形带铁纱（带木百叶片 0.9m^2 以内）窗框扇制作	100m^2	13107.74	2633.57	10078.38	395.79
002	4-218	木百叶窗矩形带铁纱（带木百叶片 0.9m^2 以内）窗框扇安装	100m^2	3102.05	1699.57	1400.99	1.49
003	4-219	木百叶窗矩形带铁纱（带木百叶片 0.9m^2 以外）窗框扇制作	100m^2	11571.66	2233.20	9026.08	312.38
004	4-220	木百叶窗矩形带铁纱（带木百叶片 0.9m^2 以外）窗框扇安装	100m^2	2552.61	1166.87	1384.25	1.49
020405004		4. 异形木百叶窗					
001	4-221	异形百叶窗（窗框扇制作）	100m^2	23154.57	9649.20	13192.99	312.38
002	4-222	异形百叶窗（窗框扇安装）	100m^2	2249.26	1166.87	1080.90	1.49
020405005		5. 木组合窗					
001	4-223	双层内外开带纱扇窗（单扇）窗框制作	100m^2	13762.54	2544.67	10641.16	576.71
002	4-224	双层内外开带纱扇窗（单扇）窗框安装	100m^2	5013.81	2626.80	2382.30	4.71
003	4-225	双层内外开带纱扇窗（单扇）窗扇制作	100m^2	8666.09	1701.84	6490.47	473.78
004	4-226	双层内外开带纱扇窗（单扇）窗扇安装	100m^2	5307.97	2820.24	2487.73	—
005	4-227	双层内外开带纱扇窗（双扇带亮）窗框制作	100m^2	8193.60	1194.67	6691.69	307.24
006	4-228	双层内外开带纱扇窗（双扇带亮）窗框安装	100m^2	2546.49	1085.64	1457.87	2.98

（续）

项目编码		项　目	单位	预算单价/元			
				基价	其中		
					人工费	材料费	机械费
007	4-229	双层内外开带纱扇窗（双扇带亮）窗扇制作	100m²	9533.11	1841.87	7191.70	499.54
008	4-230	双层内外开带纱扇窗（双扇带亮）窗扇安装	100m²	6100.97	3348.54	2752.43	—
009	4-231	双层内外开带纱扇窗（三扇带亮）窗框制作	100m²	9630.93	1905.17	7394.74	331.02
010	4-232	双层内外开带纱扇窗（三扇带亮）窗框安装	100m²	2074.95	894.47	1178.25	2.23
011	4-233	双层内外开带纱扇窗（三扇带亮）窗扇制作	100m²	10647.14	2144.40	7935.97	566.77
012	4-234	双层内外开带纱扇窗（三扇带亮）窗扇安装	100m²	6568.94	3914.87	2654.07	—
013	4-235	双层内外开带纱扇窗（四扇带亮）窗框制作	100m²	7962.75	1406.53	6291.23	264.99
014	4-236	双层内外开带纱扇窗（四扇带亮）窗框安装	100m²	1628.43	765.24	861.45	1.74
015	4-237	双层内外开带纱扇窗（四扇带亮）窗扇制作	100m²	9960.13	1615.20	7794.87	550.06
016	4-238	双层内外开带纱扇窗（四扇带亮）窗扇安装	100m²	6515.84	3765.00	2750.84	—
020405006		6. 木天窗					
001	4-239	天窗全中悬（窗框制作）	100m²	4310.94	721.20	3417.14	172.60
002	4-240	天窗全中悬（窗框安装）	100m²	877.88	481.57	395.57	0.74
003	4-241	天窗全中悬（窗扇制作）	100m²	2862.73	410.64	2325.99	126.10
004	4-242	天窗全中悬（窗扇安装）	100m²	2042.58	819.97	1222.61	—
005	4-243	天窗中悬带固定（窗框制作）	100m²	5020.71	732.00	4064.93	223.78
006	4-244	天窗中悬带固定（窗框安装）	100m²	966.00	523.27	441.99	0.74
007	4-245	天窗中悬带固定（窗扇制作）	100m²	1626.08	288.13	1265.19	72.76
008	4-246	天窗中悬带固定（窗扇安装）	100m²	2085.21	760.27	1324.94	—
020405008		7. 异形木固定窗					
001	4-247	圆形玻璃窗（窗框制作）	100m²	7051.20	715.74	6335.46	—
002	4-248	圆形玻璃窗（窗框安装）	100m²	2725.13	1148.04	1577.09	—

（续）

项目编码		项　　目	单位	预算单价/元			
				基价	其中		
					人工费	材料费	机械费
003	4-249	圆形玻璃窗（窗扇制作）	100m²	4773.56	864.47	3909.09	—
004	4-250	圆形玻璃窗（窗扇安装）	100m²	2117.42	889.07	1228.35	—
005	4-251	半圆形玻璃窗（窗框制作）	100m²	7452.98	643.20	6809.78	—
006	4-252	半圆形玻璃窗（窗框安装）	100m²	2100.00	1160.17	939.83	—
007	4-253	半圆形玻璃窗（窗扇制作）	100m²	4475.33	692.04	3783.29	—
008	4-254	半圆形玻璃窗（窗扇安装）	100m²	2080.03	680.40	1399.63	—
020406		六、金属窗					
020406001		1. 金属推拉窗					
001	4-255	推拉窗	100m²	4664.38	1811.04	2853.34	—
020406002		2. 金属平开窗					
001	4-256	平开窗	100m²	5945.38	1367.53	4577.85	—
020406003		3. 金属固定窗					
001	4-257	固定窗	100m²	21425.34	1367.53	20057.81	—
002	4-258	固定无框玻璃窗	100m²	1816.60	1293.60	523.00	—
020406004		4. 金属百叶窗					
001	4-259	百叶窗	100m²	3751.72	1367.53	2384.19	—
020406005		5. 金属组合窗					
001	4-260	安装普通钢窗（单层）	100m²	10869.75	1036.95	9702.74	130.06
002	4-261	安装普通钢窗（单层带纱）	100m²	13615.78	1557.02	11852.34	206.42
003	4-262	安装钢天窗	100m²	25731.51	2362.22	23193.89	175.40
004	4-263	安装组合钢窗	100m²	10910.09	858.59	9848.66	202.84
005	4-264	钢门窗安玻璃	100m²	2535.95	325.84	2210.11	—
020406006		6. 彩板窗					
001	4-265	彩板窗	100m²	3141.09	1330.57	1810.52	—
020406007		7. 塑钢窗					
001	4-266	塑钢窗（单层）	100m²	5678.19	2069.77	3608.42	—
002	4-267	塑钢窗（带纱）	100m²	6269.55	2661.13	3608.42	—
020406008		8. 金属防盗窗					
001	4-268	防盗窗	100m²	3932.11	1367.53	2564.58	—

（续）

项目编码		项目	单位	预算单价/元			
				基价	其中		
					人工费	材料费	机械费
002	4-269	不锈方钢防盗窗栅栏	$100m^2$	2443.50	1848.00	595.50	—
020406009		9. 金属格栅窗					
001	4-270	不锈钢防盗窗	$100m^2$	1912.33	1552.33	360.00	—
020406010		10. 特殊五金					
		（1）木窗五金配件表					
001	4-271	普通木窗（不带纱窗）单扇无亮	10樘	99.80	—	99.80	—
002	4-272	普通木窗（不带纱窗）双扇带亮	10樘	266.00	—	266.00	—
003	4-273	普通木窗（不带纱窗）三扇带亮	10樘	413.60	—	413.60	—
004	4-274	普通木窗（不带纱窗）四扇带亮	10樘	532.00	—	532.00	—
005	4-275	普通木窗（带纱窗）单扇无亮	10樘	184.60	—	184.60	—
006	4-276	普通木窗（带纱窗）双扇带亮	10樘	465.60	—	465.60	—
007	4-277	普通木窗（带纱窗）三扇带亮	10樘	749.20	—	749.20	—
008	4-278	普通木窗（带纱窗）四扇带亮	10樘	960.00	—	960.00	—
009	4-279	普通双层木窗（带纱窗）单扇无亮	10樘	284.40	—	284.40	—
010	4-280	普通双层木窗（带纱窗）双扇带亮	10樘	738.00	—	738.00	—
011	4-281	普通双层木窗（带纱窗）三扇带亮	10樘	1150.80	—	1150.80	—
012	4-282	普通双层木窗（带纱窗）四扇带亮	10樘	1476.00	—	1476.00	—
		（2）木门五金配件表					
013	4-283	镶板、胶合板、半截玻璃门（不带纱门）单扇有亮	10樘	177.80	—	177.80	—
014	4-284	镶板、胶合板、半截玻璃门（不带纱门）双扇有亮	10樘	286.60	—	286.60	—
015	4-285	镶板、胶合板、半截玻璃门（不带纱门）单扇无亮	10樘	89.80	—	89.80	—
016	4-286	镶板、胶合板、半截玻璃门（不带纱门）双扇无亮	10樘	198.60	—	198.60	—
017	4-287	镶板、胶合板、半截玻璃门（带纱门）单扇有亮	10樘	351.00	—	351.00	—
018	4-288	镶板、胶合板、半截玻璃门（带纱门）双扇有亮	10樘	551.80	—	551.80	—
019	4-289	镶板、胶合板、半截玻璃门（带纱门）单扇无亮	10樘	205.00	—	205.00	—

（续）

项目编码		项　目	单位	预算单价/元			
				基价	其中		
					人工费	材料费	机械费
020	4-290	镶板、胶合板、半截玻璃门（带纱门）双扇有亮	10 樘	405.80	—	405.80	—
021	4-291	自由门带固定亮子（无亮子半玻门）	10 樘	2675.20	—	2675.20	—
022	4-292	自由门带固定亮子（无亮子全玻门）	10 樘	3645.20	—	3645.20	—
023	4-293	镶板门带一块百叶（单扇又亮）	10 樘	183.60	—	183.60	—
024	4-294	镶板门带一块百叶（单扇无亮）	10 樘	89.80	—	89.80	—
025	4-295	防火门	10 樘	1835.00	—	1835.00	—
		（3）装饰五金配件安装					
026	4-296	门五金安装，自由门单弹簧	只	17.22	5.10	12.12	—
027	4-297	门五金安装，自由门双弹簧	只	33.57	13.37	20.20	—
028	4-298	门五金安装，木门闭门器	套	139.57	8.27	131.30	—
029	4-299	门五金安装，木门地弹簧	副	197.47	15.67	171.80	—
030	4-300	木门锁安装（执手锁）	把	53.72	8.27	45.45	—
031	4-301	木门锁安装（弹子锁）	把	18.69	3.54	15.15	—
032	4-302	拉手安装（木拉手）	套	7.28	2.23	5.05	—
033	4-303	拉手安装（圆管拉手）	套	325.43	2.23	323.20	—
034	4-304	门碰珠安装	副	16.11	2.47	13.64	—
035	4-305	吸门器	副	22.67	2.47	20.20	—
036	4-306	门牌	个	38.90	0.90	38.00	—
037	4-307	门吊轨安装	m	30.03	4.03	26.00	—
038	4-308	门下轨安装	m	38.03	4.03	24.00	—
039	4-309	门镜	只	11.15	3.07	8.08	—
020406011		11. 木门窗运输					
001	4-310	木门窗（运距 1km 以内）	$100m^2$	195.43	25.12	—	170.31
002	4-311	木门窗（运距 3km 以内）	$100m^2$	269.92	34.72	—	235.20
003	4-312	木门窗（运距 5km 以内）	$100m^2$	288.54	37.12	—	251.42
004	4-313	木门窗（运距 10km 以内）	$100m^2$	639.10	22.72	—	616.38
005	4-314	木门窗（运距 15km 以内）	$100m^2$	849.37	30.24	—	819.13
006	4-315	木门窗（运距 20km 以内）	$100m^2$	899.83	32.04	—	867.79

（续）

项目编码		项　目	单位	预算单价/元			
				基价	其中		
					人工费	材料费	机械费
020406012		12. 门窗扇镀锌铁皮					
001	4-316	门窗扇包镀锌铁皮（不带衬）	100m²	6105.21	548.34	5556.87	—
002	4-317	门窗扇包镀锌铁皮（衬毛毡）	100m²	7676.86	548.77	7128.09	—
003	4-318	门窗框（包镀锌铁皮）	100m²	1789.32	988.74	800.58	—
004	4-319	门窗框（钉橡胶条）	100m²	839.57	136.87	702.70	—
005	4-320	门窗框（钉毛毡）	100m²	151.86	45.30	106.56	—
020407		七、门窗套					
020407001		1. 木门窗套					
001	4-321	门窗套（带木筋）	100m²	11138.77	1979.17	9159.60	—
002	4-322	门窗套（不带木筋）	100m²	9230.93	1189.33	8041.60	—
003	4-323	门窗套（免漆）	100m²	1586.42	1586.42	—	—
020407002		2. 金属门窗套					
001	4-324	不锈钢窗套	100m²	30264.40	2692.80	27571.60	—
020407003		3. 石材门窗套					
001	4-325	大理石花岗石门套（成品）	100m²	18844.08	1494.07	17345.75	4.26
020407004		4. 门窗木贴脸					
001	4-326	门窗贴脸（宽 60～80mm）	100m	969.77	89.77	880.00	—
002	4-327	门窗贴脸（宽 90～100mm）	100m	1282.53	179.53	1103.00	—
003	4-328	门窗贴脸（宽 110～120mm）	100m	1549.40	224.40	1325.00	—
004	4-329	披水条	100m	378.85	159.77	208.40	10.68
005	4-330	盖口条	100m	201.48	53.87	141.20	6.41
020407005		5. 硬木筒子板					
001	4-331	筒子板（硬木）带木筋	100m²	9759.47	2441.47	7318.00	—
002	4-332	筒子板（硬木）不带木筋	100m²	6945.57	1651.57	5294.00	—
020407006		6. 饰面夹板筒子板					
001	4-333	筒子板（榉木装饰面层细木工板基层）不带木筋	100m²	8506.27	1427.17	7079.10	—
020408		八、窗帘盒、窗帘轨					
020408001		1. 木窗帘盒					
001	4-334	窗帘盒（硬木）	100m	2713.92	448.80	2265.12	—

（续）

项目编码		项　　目	单位	预算单价/元			
				基价	其中		
					人工费	材料费	机械费
020408002		2. 饰面夹板、塑料窗帘盒					
001	4-335	塑料窗帘盒（不带轨）	100m	3494.85	512.64	2982.21	—
002	4-336	窗帘盒（细木工板）	100m	2277.56	359.04	1918.52	—
003	4-337	窗帘盒（榉木饰面板）细木工板基层	100m	3467.84	586.52	2881.32	—
020408004		3. 窗帘轨					
001	4-338	窗帘轨道（不锈钢管）	100m	815.07	179.53	635.54	—
002	4-339	窗帘轨道（铝合金）	100m	1779.53	179.53	1600.00	—
003	4-340	窗帘轨道（硬木）	100m	3679.53	179.53	3500.00	—
004	4-341	钢筋窗帘杆（双轨）	100m	2356.04	570.90	1785.14	—
005	4-342	塑钢轨道	100m	979.53	179.53	800.00	—
020409		九、窗台板					
020409001		1. 木窗台板					
001	4-343	窗台板（厚25mm）硬木	$100m^2$	8323.63	1077.13	7246.50	—
002	4-344	窗台板（厚25mm）装饰板面层细木工板基层	$100m^2$	9276.77	1615.67	7661.10	—
020409003		2. 石材窗台板					
001	4-345	窗台板（厚25mm）大理石	$100m^2$	21811.71	3006.97	18804.74	—
020409005		3. 窗帘					
001	4-346	百叶窗帘	$100m^2$	2015.70	125.70	1890.00	—
002	4-347	垂直亚麻窗帘	$100m^2$	3049.97	109.97	2940.00	—
003	4-348	布帘	$100m^2$	1264.97	109.97	1155.00	—
004	4-349	纱帘	$100m^2$	1159.97	109.97	1050.00	—

5. 油漆、涂料、裱糊工程

油漆、涂料、裱糊工程见附表5。

附表5　油漆、涂料、裱糊工程（编码：0205）

项目编码		项　　目	单位	预算单价/元			
				基价	其中		
					人工费	材料费	机械费
020501		一、木材面油漆					
020501001		1. 木材面油漆					
001	5-1	底油一遍、刮腻子、调和漆两遍、磁漆一遍（单层木门）	$100m^2$	2298.48	1188.00	1110.48	—

（续）

项目编码		项　目	单位	预算单价/元			
				基价	其中		
					人工费	材料费	机械费
002	5-2	底油一遍、刮腻子、调和漆两遍、磁漆一遍（单层木窗）	100m^2	2114.49	1188.00	926.49	—
003	5-3	底油一遍、刮腻子、调和漆两遍、磁漆一遍，木扶手（不带托板）	100m	410.34	308.87	101.47	—
004	5-4	底油一遍、刮腻子、调和漆两遍、磁漆一遍，其他木材面	100m^2	1397.47	836.34	561.13	—
005	5-5	润油粉、刮腻子、调和漆两遍、磁漆一遍（单层木门）	100m^2	3234.90	2043.37	1191.53	—
006	5-6	润油粉、刮腻子、调和漆两遍、磁漆一遍（单层木窗）	100m^2	3037.31	2043.37	993.94	—
007	5-7	润油粉、刮腻子、调和漆两遍、磁漆一遍，木扶手（不带托板）	100m	673.76	555.97	117.79	—
008	5-8	润油粉、刮腻子、调和漆两遍、磁漆一遍，其他木材面	100m^2	2036.90	1435.14	601.76	—
009	5-9	润油粉、刮腻子、调和漆一遍、磁漆两遍（单层木门）	100m^2	3369.32	2138.40	1230.92	—
010	5-10	润油粉、刮腻子、调和漆一遍、磁漆两遍（单层木窗）	100m^2	3164.09	2138.40	1025.69	—
011	5-11	润油粉、刮腻子、调和漆一遍、磁漆两遍，木扶手（不带托板）	100m	700.41	579.73	120.68	—
012	5-12	润油粉、刮腻子、调和漆一遍、磁漆两遍，其他木材面	100m^2	2117.96	1496.87	621.09	—
013	5-13	润油粉、刮腻子、调和漆一遍、磁漆三遍（单层木门）	100m^2	4142.45	2504.34	1638.11	—
014	5-14	润油粉、刮腻子、调和漆一遍、磁漆三遍（单层木窗）	100m^2	3868.62	2504.34	1364.28	—
015	5-15	润油粉、刮腻子、调和漆一遍、磁漆三遍，木扶手（不带托板）	100m	835.21	674.77	160.44	—
016	5-16	润油粉、刮腻子、调和漆一遍、磁漆三遍，其他木材面	100m^2	2584.00	1758.24	825.76	—
017	5-17	润油粉、刮腻子、调和漆三遍、磁漆罩面（单层木门）	100m^2	4295.23	2922.47	1372.76	—
018	5-18	润油粉、刮腻子、调和漆三遍、磁漆罩面（单层木窗）	100m^2	4067.96	2922.47	1145.49	—

（续）

项目编码		项　　目	单位	预算单价/元			
				基价	其中		
					人工费	材料费	机械费
019	5-19	润油粉、刮腻子、调和漆三遍、磁漆罩面，木扶手（不带托板）	100m	939.96	798.30	141.66	—
020	5-20	润油粉、刮腻子、调和漆三遍、磁漆罩面，其他木材面	100m²	2736.86	2052.90	683.96	—
021	5-21	每增加一遍清漆（单层木门）	100m²	323.87	161.57	162.30	—
022	5-22	每增加一遍清漆（单层木窗）	100m²	297.08	161.57	135.51	—
023	5-23	每增加一遍清漆，木扶手（不带托板）	100m	62.10	42.77	19.33	—
024	5-24	每增加一遍清漆，其他木材面	100m²	228.02	147.30	80.72	—
025	5-25	每增加一遍醇酸磁漆（单层木门）	100m²	705.24	370.67	334.57	—
026	5-26	每增加一遍醇酸磁漆（单层木窗）	100m²	649.40	370.67	278.73	—
027	5-27	每增加一遍醇酸磁漆，木扶手（不带托板）	100m	128.01	95.04	32.97	—
028	5-28	每增加一遍醇酸磁漆，其他木材面	100m²	429.11	261.37	167.74	—
029	5-29	每增加一遍醇酸清漆（单层木门）	100m²	191.27	161.57	29.70	—
030	5-30	每增加一遍醇酸清漆（单层木窗）	100m²	186.65	161.57	25.08	—
031	5-31	每增加一遍醇酸清漆，木扶手（不带托板）	100m	46.03	42.77	3.26	—
032	5-32	每增加一遍醇酸清漆，其他木材面	100m²	162.60	147.30	15.30	—
033	5-33	润油粉、刮腻子、聚氨酯漆两遍（单层木门）	100m²	2544.64	1848.54	696.10	—
034	5-34	润油粉、刮腻子、聚氨酯漆两遍（单层木窗）	100m²	2428.78	1848.54	580.24	—
035	5-35	润油粉、刮腻子、聚氨酯漆两遍，木扶手（不带托板）	100m	575.85	508.50	67.35	—
036	5-36	润油粉、刮腻子、聚氨酯漆两遍，其他木材面	100m²	1677.51	1325.77	351.74	—
037	5-37	润油粉、刮腻子、聚氨酯漆三遍（单层木门）	100m²	2969.82	2043.37	926.45	—
038	5-38	润油粉、刮腻子、聚氨酯漆三遍（单层木窗）	100m²	2815.72	2043.37	772.35	—
039	5-39	润油粉、刮腻子、聚氨酯漆三遍，木扶手（不带托板）	100m	661.62	570.24	91.38	—
040	5-40	润油粉、刮腻子、聚氨酯漆三遍，其他木材面	100m²	1944.71	1477.87	466.84	—

（续）

项目编码		项　目	单位	预算单价/元			
				基价	其中		
					人工费	材料费	机械费
041	5-41	每增加一遍聚氨酯漆（单层木门）	100m²	556.96	337.44	219.52	—
042	5-42	每增加一遍聚氨酯漆（单层木窗）	100m²	520.58	337.44	183.14	—
043	5-43	每增加一遍聚氨酯漆，木扶手（不带托板）	100m	111.63	90.30	21.33	—
044	5-44	每增加一遍聚氨酯漆，其他木材面	100m²	353.29	242.34	110.95	—
045	5-45	刷底油一遍、刮腻子、色聚氨酯漆两遍（单层木门）	100m²	2124.97	1149.97	975.00	—
046	5-46	刷底油一遍、刮腻子、色聚氨酯漆两遍（单层木窗）	100m²	1960.46	1149.97	810.49	—
047	5-47	刷底油一遍、刮腻子、色聚氨酯漆两遍，木扶手（不带托板）	100m	417.55	249.00	168.55	—
048	5-48	刷底油一遍、刮腻子、色聚氨酯漆两遍，其他木材面	100m²	1544.48	765.07	779.41	—
049	5-49	刷底油一遍、刮腻子、色聚氨酯漆三遍（单层木门）	100m²	2686.99	1349.57	1337.42	—
050	5-50	刷底油一遍、刮腻子、色聚氨酯漆三遍（单层木窗）	100m²	2476.63	1349.57	1127.06	—
051	5-51	刷底油一遍、刮腻子、色聚氨酯漆三遍，木扶手（不带托板）	100m	468.61	337.44	131.17	—
052	5-52	刷底油一遍、刮腻子、色聚氨酯漆三遍，其他木材面	100m²	1600.32	917.10	683.22	—
053	5-53	每增加一遍色聚氨酯漆（单层木门）	100m²	719.78	337.44	382.34	—
054	5-54	每增加一遍色聚氨酯漆（单层木窗）	100m²	656.12	337.44	318.68	—
055	5-55	每增加一遍色聚氨酯漆，木扶手（不带托板）	100m	127.87	90.30	37.57	—
056	5-56	每增加一遍色聚氨酯漆，其他木材面	100m²	433.17	242.34	190.83	—
057	5-57	刷底油、油色、清漆两遍（单层木门）	100m²	1538.13	955.14	582.99	—
058	5-58	刷底油、油色、清漆两遍（单层木窗）	100m²	1440.02	955.14	484.88	—
059	5-59	刷底油、油色、清漆两遍，木扶手（不带托板）	100m	313.29	256.57	56.72	—
060	5-60	刷底油、油色、清漆两遍，其他木材面	100m²	988.96	693.84	295.12	—
061	5-61	润油粉一遍、刮腻子、油色、清漆两遍（单层木门）	100m²	2534.05	1748.70	785.35	—
062	5-62	润油粉一遍、刮腻子、油色、清漆两遍（单层木窗）	100m²	2399.56	1748.70	650.86	—

（续）

项目编码		项目	单位	预算单价/元			
				基价	其中		
					人工费	材料费	机械费
063	5-63	润油粉一遍、刮腻子、油色、清漆两遍，木扶手（不带托板）	100m	567.37	489.47	77.90	—
064	5-64	润油粉一遍、刮腻子、油色、清漆两遍，其他木材面	$100m^2$	1713.92	1330.57	383.35	—
065	5-65	润油粉一遍、刮腻子、油色、清漆三遍（单层木门）	$100m^2$	2754.66	1915.07	839.59	—
066	5-66	润油粉一遍、刮腻子、油色、清漆三遍（单层木窗）	$100m^2$	2621.17	1915.07	706.10	—
067	5-67	润油粉一遍、刮腻子、油色、清漆三遍，木扶手（不带托板）	100m	614.30	532.20	82.10	—
068	5-68	润油粉一遍、刮腻子、油色、清漆三遍，其他木材面	$100m^2$	1863.77	1439.87	423.90	—
069	5-69	润油粉一遍、刮腻子、油色、清漆四遍、磨退出亮（单层木门）	$100m^2$	4253.63	3744.60	509.03	—
070	5-70	润油粉一遍、刮腻子、油色、清漆四遍、磨退出亮（单层木窗）	$100m^2$	4169.12	3744.60	424.52	—
071	5-71	润油粉一遍、刮腻子、油色、清漆四遍、磨退出亮，木扶手（不带托板）	100m	1068.41	1031.17	37.24	—
072	5-72	润油粉一遍、刮腻子、油色、清漆四遍、磨退出亮，其他木材面	$100m^2$	2900.40	2703.90	196.50	—
073	5-73	润油粉、刮腻子、硝基清漆、磨退出亮（单层木门）	$100m^2$	11193.72	5748.90	5444.82	—
074	5-74	润油粉、刮腻子、硝基清漆、磨退出亮（单层木窗）	$100m^2$	10287.33	5748.90	4538.43	—
075	5-75	润油粉、刮腻子、硝基清漆、磨退出亮，木扶手（不带托板）	100m	2108.90	1518.90	527.00	—
076	5-76	润油粉、刮腻子、硝基清漆、磨退出亮，其他木材面	$100m^2$	6896.11	4152.24	2743.87	—
077	5-77	润油粉、刮腻子、漆片、硝基清漆、磨退出亮（单层木门）	$100m^2$	7003.60	3995.94	3007.66	—
078	5-78	润油粉、刮腻子、漆片、硝基清漆、磨退出亮（单层木窗）	$100m^2$	6477.17	3995.94	2481.23	—
079	5-79	润油粉、刮腻子、漆片、硝基清漆、磨退出亮，木扶手（不带托板）	100m	1399.72	1106.70	293.02	—

（续）

项目编码		项目	单位	预算单价/元			
				基价	其中		
					人工费	材料费	机械费
080	5-80	润油粉、刮腻子、漆片、硝基清漆、磨退出亮，其他木材面	100m²	4385.12	2885.04	1500.08	—
081	5-81	润油粉两遍、刮腻子、漆片、硝基清漆、磨退出亮（单层木门）	100m²	7727.62	4426.74	3300.88	—
082	5-82	润油粉两遍、刮腻子、漆片、硝基清漆、磨退出亮（单层木窗）	100m²	7177.84	4426.74	2751.10	—
083	5-83	润油粉两遍、刮腻子、漆片、硝基清漆、磨退出亮，木扶手（不带托板）	100m	1549.35	1229.17	320.18	—
084	5-84	润油粉两遍、刮腻子、漆片、硝基清漆、磨退出亮，其他木材面	100m²	4860.64	3197.57	1663.07	—
085	5-85	润油粉、满刮腻子、醇酸清漆一遍、丙烯酸清漆三遍、磨退出亮（单层木门）	100m²	6298.12	3359.70	2938.42	—
086	5-86	润油粉、满刮腻子、醇酸清漆一遍、丙烯酸清漆三遍、磨退出亮（单层木窗）	100m²	5809.15	3359.70	2449.45	—
087	5-87	润油粉、满刮腻子、醇酸清漆一遍、丙烯酸清漆三遍、磨退出亮，木扶手（不带托板）	100m	1220.52	936.13	284.39	—
088	5-88	润油粉、满刮腻子、醇酸清漆一遍、丙烯酸清漆三遍、磨退出亮，其他木材面	100m²	3910.14	2428.27	1481.87	—
089	5-89	单层木门过氯乙烯漆（五遍成活）	100m²	5441.63	2328.47	3113.16	—
090	5-90	单层木门过氯乙烯漆，每增加一遍（底漆）	100m²	797.68	337.44	460.24	—
091	5-91	单层木门过氯乙烯漆，每增加一遍（磁漆）	100m²	887.48	337.44	550.04	—
092	5-92	单层木门过氯乙烯漆，每增加一遍（清漆）	100m²	1081.90	337.44	744.46	—
093	5-93	单层木窗过氯乙烯漆（五遍成活）	100m²	4924.09	2328.47	2595.47	—
094	5-94	单层木窗过氯乙烯漆，每增加一遍（底漆）	100m²	721.14	337.44	383.70	—
095	5-95	单层木窗过氯乙烯漆，每增加一遍（磁漆）	100m²	795.76	337.44	458.32	—
096	5-96	单层木窗过氯乙烯漆，每增加一遍（清漆）	100m²	958.18	337.44	620.74	—
097	5-97	木扶手（不带托板）过氯乙烯漆（五遍成活）	100m²	931.47	632.04	299.43	—
098	5-98	木扶手（不带托板）过氯乙烯漆，每增加一遍（底漆）	100m²	134.56	90.30	44.26	—
099	5-99	木扶手（不带托板）过氯乙烯漆，每增加一遍（磁漆）	100m²	142.70	90.30	52.40	—
100	5-100	木扶手（不带托板）过氯乙烯漆，每增加一遍（清漆）	100m²	161.36	90.30	71.06	—

（续）

项目编码		项 目	单位	预算单价/元			
				基价	其中		
					人工费	材料费	机械费
101	5-101	其他木材面过氯乙烯漆（五遍成活）	$100m^2$	3000.67	1430.34	1570.33	—
102	5-102	其他木材面过氯乙烯漆，每增加一遍（底漆）	$100m^2$	475.12	242.34	232.78	—
103	5-103	其他木材面过氯乙烯漆，每增加一遍（磁漆）	$100m^2$	518.66	242.34	276.32	—
104	5-104	其他木材面过氯乙烯漆，每增加一遍（清漆）	$100m^2$	616.80	242.34	374.46	—
105	5-105	熟桐油、色底油、广（生）漆两遍（单层木门）	$100m^2$	8028.46	5878.20	2150.26	—
106	5-106	熟桐油、色底油、广（生）漆两遍（单层木窗）	$100m^2$	7670.88	5878.20	1792.68	—
107	5-107	熟桐油、色底油、广（生）漆两遍，木扶手（不带托板）	100m	1246.41	1040.70	205.71	—
108	5-108	熟桐油、色底油、广（生）漆两遍，其他木材面	$100m^2$	3428.37	2566.07	862.30	—
109	5-109	手扫漆刷面两遍（润油粉、刮腻子、打磨、刷底漆、面漆两遍）（单层木门）	$100m^2$	4566.67	1862.77	2703.90	—
110	5-110	手扫漆刷面两遍（润油粉、刮腻子、打磨、刷底漆、面漆两遍）（单层木窗）	$100m^2$	4114.68	1862.77	2251.91	—
111	5-111	手扫漆刷面两遍（润油粉、刮腻子、打磨、刷底漆、面漆两遍），木扶手（不带托板）	100m	766.42	508.50	257.92	—
112	5-112	手扫漆刷面两遍（润油粉、刮腻子、打磨、刷底漆、面漆两遍），其他木材面	$100m^2$	2715.55	1349.57	1365.98	—
113	5-113	手扫漆刷面三遍（润油粉、刮腻子、打磨、刷底漆、面漆三遍）（单层木门）	$100m^2$	5328.34	1986.30	3342.04	—
114	5-114	手扫漆刷面三遍（润油粉、刮腻子、打磨、刷底漆、面漆三遍）（单层木窗）	$100m^2$	4772.46	1986.30	2786.16	—
115	5-115	手扫漆刷面三遍（润油粉、刮腻子、打磨、刷底漆、面漆三遍），木扶手（不带托板）	100m	878.77	555.97	322.80	—
116	5-116	手扫漆刷面三遍（润油粉、刮腻子、打磨、刷底漆、面漆三遍），其他木材面	$100m^2$	3134.34	1454.10	1680.24	—
117	5-117	素色家具面漆两遍（刷底油、刮腻子、修色、刷油、打磨、面漆两遍）（单层木门）	$100m^2$	5818.14	1606.20	4211.94	—

（续）

项目编码		项　　目	单位	预算单价/元			
				基价	其中		
					人工费	材料费	机械费
118	5-118	素色家具面漆两遍（刷底油、刮腻子、修色、刷油、打磨、面漆两遍）（单层木窗）	100m²	5118.91	1606.20	3512.71	—
119	5-119	素色家具面漆两遍（刷底油、刮腻子、修色、刷油、打磨、面漆两遍），木扶手（不带托板）	100m	836.59	432.43	404.16	—
120	5-120	素色家具面漆两遍（刷底油、刮腻子、修色、刷油、打磨、面漆两遍），其他木材面	100m²	3313.60	1173.73	2139.87	—
121	5-121	素色家具面漆三遍（刷底油、刮腻子、修色、刷油、打磨、面漆三遍）（单层木门）	100m²	7444.36	1753.50	5690.86	—
122	5-122	素色家具面漆三遍（刷底油、刮腻子、修色、刷油、打磨、面漆三遍）（单层木窗）	100m²	6496.01	1753.50	4742.51	—
123	5-123	素色家具面漆三遍（刷底油、刮腻子、修色、刷油、打磨、面漆三遍），木扶手（不带托板）	100m	1030.48	484.74	545.74	—
124	5-124	素色家具面漆三遍（刷底油、刮腻子、修色、刷油、打磨、面漆三遍），其他木材面	100m²	4135.20	1278.30	2856.90	—
125	5-125	水清木器面漆两遍（刷底油、刮腻子、修色、刷油、打磨、面漆两遍）（单层木门）	100m²	6347.24	1606.20	4741.04	—
126	5-126	水清木器面漆两遍（刷底油、刮腻子、修色、刷油、打磨、面漆两遍）（单层木窗）	100m²	5557.31	1606.20	3951.11	—
127	5-127	水清木器面漆两遍（刷底油、刮腻子、修色、刷油、打磨、面漆两遍），木扶手（不带托板）	100m	887.27	432.43	454.84	—
128	5-128	水清木器面漆两遍（刷底油、刮腻子、修色、刷油、打磨、面漆两遍），其他木材面	100m²	3583.44	1173.73	2409.71	—
129	5-129	水清木器面漆三遍（刷底油、刮腻子、修色、刷油、打磨、面漆三遍）（单层木门）	100m²	8440.36	1877.04	6563.32	—
130	5-130	水清木器面漆三遍（刷底油、刮腻子、修色、刷油、打磨、面漆三遍）（单层木窗）	100m²	7283.42	1877.04	5406.38	—
132	5-132	水清木器面漆三遍（刷底油、刮腻子、修色、刷油、打磨、面漆三遍），木扶手（不带托板）	100m	1141.95	517.97	623.98	—
132	5-132	水清木器面漆三遍（刷底油、刮腻子、修色、刷油、打磨、面漆三遍），其他木材面	100m²	4657.59	1368.60	3288.99	—

(续)

项目编码		项目	单位	预算单价/元			
				基价	其中		
					人工费	材料费	机械费
133	5-133	水清木器面漆五遍磨退（刷底油、刮腻子、漆片、修色、刷油、磨退）（单层木门）	100m²	13559.10	4685.47	8873.63	—
134	5-134	水清木器面漆五遍磨退（刷底油、刮腻子、漆片、修色、刷油、磨退）（单层木窗）	100m²	16520.55	4685.47	11835.08	—
135	5-135	水清木器面漆五遍磨退（刷底油、刮腻子、漆片、修色、刷油、磨退），木扶手（不带托板）	100m	2658.49	1292.53	1365.96	—
136	5-136	水清木器面漆五遍磨退（刷底油、刮腻子、漆片、修色、刷油、磨退），其他木材面	100m²	10441.56	3278.87	7162.69	—
137	5-137	亚光面漆（底油、刮腻子、漆片两遍、聚氨酯清漆两遍、亚光面漆两遍）单层木门	100m²	7970.53	2499.54	5470.99	—
138	5-138	亚光面漆（底油、刮腻子、漆片两遍、聚氨酯清漆两遍、亚光面漆两遍）单层木窗	100m²	7059.26	2499.54	4559.72	—
139	5-139	亚光面漆（底油、刮腻子、漆片两遍、聚氨酯清漆两遍、亚光面漆两遍），木扶手（不带托板）	100m	1182.43	655.80	526.63	—
140	5-140	亚光面漆（底油、刮腻子、漆片二遍、聚氨酯清漆二遍、亚光面漆二遍）其他木材面	100m²	4585.08	1824.77	2760.31	—
141	5-141	亚光面漆（底油、刮腻子、漆片两遍、聚氨酯清漆两遍、亚光面漆三遍）单层木门	100m²	9079.80	2646.90	6432.90	—
142	5-142	亚光面漆（底油、刮腻子、漆片两遍、聚氨酯清漆两遍、亚光面漆三遍）单层木窗	100m²	8009.96	2646.90	5363.06	—
143	5-143	亚光面漆（底油、刮腻子、漆片两遍、聚氨酯清漆两遍、亚光面漆三遍），木扶手（不带托板）	100m	1336.42	717.54	618.88	—
144	5-144	亚光面漆（底油、刮腻子、漆片两遍、聚氨酯清漆两遍、亚光面漆三遍）其他木材面	100m²	5178.23	1934.10	3244.13	—
145	5-145	木地板（满刮腻子、地板漆三遍）	100m²	459.63	261.37	198.26	—
146	5-146	木地板（底油、地板漆三遍）	100m²	502.95	261.37	241.58	—
147	5-147	木地板（润油粉）烫硬蜡	100m²	907.90	779.34	128.56	—
148	5-148	木地板（本色）烫硬蜡	100m²	1002.83	779.34	223.49	—
149	5-149	木地板（润油粉一遍、漆片两遍擦蜡）	100m²	655.06	456.24	198.82	—
150	5-150	木地板（润油粉一遍、油色、漆片两遍擦软蜡）	100m²	929.58	612.97	316.61	—

（续）

项目编码		项　目	单位	预算单价/元			
				基价	其中		
					人工费	材料费	机械费
151	5-151	木地板（润油粉、油色、清漆两遍）	$100m^2$	776.74	470.47	306.27	—
152	5-152	木地板（底油、油色、清漆两遍）	$100m^2$	599.72	361.14	238.58	—
153	5-153	木地板（底油、刮腻子、油色、漆片两遍、水晶地板漆两遍）	$100m^2$	1458.87	508.50	950.37	—
154	5-154	木地板（每增加一遍、水晶地板漆）	$100m^2$	460.48	109.27	351.21	—
155	5-155	刷防火涂料两遍（单层木门）	$100m^2$	1192.94	761.77	431.17	—
156	5-156	刷防火涂料两遍（单层木窗）	$100m^2$	1124.95	761.77	363.18	—
157	5-157	刷防火涂料两遍，木扶手（不带托板）	100m	199.61	153.54	46.07	—
158	5-158	刷防火涂料两遍（其他木材面）	$100m^2$	558.20	426.24	131.96	—
159	5-159	防火涂料两遍，隔墙、隔断（间壁）、护壁木龙骨（双向）	$100m^2$	592.77	399.17	193.60	—
160	5-160	防火涂料两遍，隔墙、隔断（间壁）、护壁木龙骨（单向）	$100m^2$	304.90	204.30	100.60	—
161	5-161	每增加一遍，隔墙、隔断（间壁）、护壁木龙骨（双向）	$100m^2$	260.55	161.57	98.98	—
162	5-162	每增加一遍，隔墙、隔断（间壁）、护壁木龙骨（单向）	$100m^2$	131.82	80.77	51.05	—
163	5-163	防火涂料两遍，基层板面（双面）	$100m^2$	988.70	555.00	433.70	—
164	5-164	防火涂料两遍，基层板面（单面）	$100m^2$	495.24	278.04	217.20	—
165	5-165	每增加一遍，基层板面（双面）	$100m^2$	457.46	242.34	215.12	—
166	5-166	每增加一遍，基层板面（单面）	$100m^2$	229.18	121.20	107.98	—
167	5-167	防火涂料两遍（木龙骨）圆柱	$100m^2$	485.72	323.10	162.62	—
168	5-168	防火涂料两遍（木龙骨）方柱	$100m^2$	657.66	441.90	215.76	—
169	5-169	每增加一遍（木龙骨）圆柱	$100m^2$	242.55	133.07	109.48	—
170	5-170	每增加一遍（木龙骨）方柱	$100m^2$	259.78	175.80	83.98	—
171	5-171	防火涂料两遍（木地板）木龙骨	$100m^2$	610.82	345.47	265.35	—
172	5-172	防火涂料两遍（木地板）木龙骨带毛地板	$100m^2$	1070.30	592.14	478.16	—
173	5-173	每增加一遍（木地板）木龙骨	$100m^2$	285.78	151.14	134.64	—
174	5-174	每增加一遍（木地板）木龙骨带毛地板	$100m^2$	502.06	259.44	242.62	—
175	5-175	防火涂料两遍（天棚）圆木骨架	$100m^2$	1718.52	1186.14	532.38	—
176	5-176	防火涂料两遍（天棚）方木骨架	$100m^2$	1066.31	736.57	329.74	—

（续）

项目编码		项目	单位	预算单价/元			
				基价	其中		
					人工费	材料费	机械费
177	5-177	每增加一遍（天棚）圆木骨架	$100m^2$	736.74	472.80	263.94	—
178	5-178	每增加一遍（天棚）方木骨架	$100m^2$	462.93	294.13	168.80	—
179	5-179	木材面刷臭油水一遍	$100m^2$	149.77	122.10	27.67	—
180	5-180	其他木材面（润油粉、刮腻子、金漆三遍）	$100m^2$	5266.51	1477.87	3788.64	—
181	5-181	润油粉一遍、刮透明腻子、聚氨酯漆三遍	$100m^2$	3378.65	1349.57	2029.08	—
020505		五、金属面油漆					
020505001		1. 金属面油漆					
001	5-182	单层钢门窗（调和漆）两遍	$100m^2$	708.58	458.57	250.01	—
002	5-183	其他金属面（调和漆）两遍	t	155.64	85.50	70.14	—
003	5-184	单层钢门窗（调和漆）每增加一遍	$100m^2$	363.22	238.57	124.65	—
004	5-185	其他金属面（调和漆）每增加一遍	t	76.27	40.87	35.40	—
005	5-186	单层钢门窗（醇酸磁漆）两遍	$100m^2$	970.58	610.14	360.44	—
006	5-187	其他金属面（醇酸磁漆）两遍	t	214.45	113.10	101.35	—
007	5-188	单层钢门窗（醇酸磁漆）每增加一遍	$100m^2$	497.30	317.40	179.90	—
008	5-189	其他金属面（醇酸磁漆）每增加一遍	t	103.74	52.74	51.00	—
009	5-190	单层钢门窗（过氯乙烯清漆）五遍成活	$100m^2$	3583.75	1465.50	2118.25	—
010	5-191	单层钢门窗（过氯乙烯清漆）每增加一遍（底漆）	$100m^2$	600.22	282.30	317.92	—
011	5-192	单层钢门窗（过氯乙烯清漆）每增加一遍（磁漆）	$100m^2$	662.25	282.30	379.95	—
012	5-193	单层钢门窗（过氯乙烯清漆）每增加一遍（清漆）	$100m^2$	777.51	262.80	514.71	—
013	5-194	其他金属面（过氯乙烯清漆）五遍成活	$100m^2$	1268.26	672.69	595.57	—
014	5-195	其他金属面（过氯乙烯清漆）每增加一遍（底漆）	$100m^2$	140.40	50.83	89.57	—
015	5-196	其他金属面（过氯乙烯清漆）每增加一遍（磁漆）	$100m^2$	157.72	50.83	106.89	—
016	5-197	其他金属面（过氯乙烯清漆）每增加一遍（清漆）	$100m^2$	189.96	56.53	133.43	—
017	5-198	平板屋面（沥青漆）三遍	$100m^2$	538.80	274.67	264.13	—
018	5-199	其他金属面（沥青漆）三遍	t	275.81	175.33	100.48	—
019	5-200	平板屋面（沥青漆）每增加一遍	$100m^2$	182.21	94.14	88.07	—
020	5-201	其他金属面（沥青漆）每增加一遍	t	85.54	50.83	34.71	—

（续）

项目编码		项　目	单位	预算单价/元			
				基价	其中		
					人工费	材料费	机械费
021	5-202	单层钢门窗（红丹防锈漆一遍）	100m²	390.31	183.90	206.41	—
022	5-203	其他金属面（红丹防锈漆一遍）	t	104.96	46.57	58.39	—
023	5-204	单层钢门窗（银粉漆两遍）	100m²	882.58	542.70	339.88	—
024	5-205	其他金属面（银粉漆两遍）	t	202.90	107.40	95.50	—
025	5-206	单层钢门窗（防火漆两遍）	100m²	919.24	407.70	511.54	—
026	5-207	其他金属面（防火漆两遍）	t	355.94	211.93	144.01	—
027	5-208	金属面（刷臭油水一遍）	100m²	102.34	97.44	4.90	—
028	5-209	平板屋面（磷化底漆及锌黄底漆各一遍）	t	555.95	166.33	389.62	—
029	5-210	金属面（氟碳漆）两遍	100m²	1995.89	1127.13	868.76	—
030	5-211	金属面（氟碳漆）每增减一遍	100m²	514.64	313.14	201.50	—
031	5-212	其他金属面（金属面镀锌一遍）	t	1110.51	171.07	939.44	—
032	5-213	其他金属面（汽车漆五遍、擦软蜡）刮腻子两遍	100m²	2873.86	1473.13	1400.73	—
033	5-214	其他金属面（汽车漆五遍、擦软蜡）刮腻子两遍	t	561.73	332.64	229.09	—
020506		六、抹灰面油漆					
020506001		1. 抹灰面油漆					
001	5-215	乳胶漆（抹灰面）两面	100m²	478.57	188.64	289.93	—
002	5-216	乳胶漆（抹灰面）三面	100m²	646.22	243.30	402.92	—
003	5-217	乳胶漆两遍（拉毛面）	100m²	663.32	238.07	425.25	—
004	5-218	乳胶漆两遍（砖墙面）	100m²	419.02	142.57	276.45	—
005	5-219	乳胶漆两遍（混凝土花格墙、栏杆、花饰）	100m²	1012.89	427.67	585.22	—
006	5-220	乳胶漆两遍（阳台、雨篷、窗间墙、隔板等小面积）	100m²	477.01	142.57	334.44	—
007	5-221	乳胶漆两遍（清水墙腰线、檐口线、门窗套、窗台板等）	100m²	287.27	161.57	125.70	—
008	5-222	水性水泥漆两遍	100m²	515.18	190.07	325.11	—
009	5-223	油漆画石纹	100m²	1059.35	712.80	346.55	—
010	5-224	抹灰面做假木纹	100m²	1412.51	1040.70	371.81	—
011	5-225	抹灰面过氯乙烯漆（五遍成活）	100m²	2591.07	632.04	1959.03	—
012	5-226	抹灰面过氯乙烯漆（每增减一遍）底漆	100m²	495.06	89.34	405.72	—

（续）

项目编码		项 目	单位	预算单价/元			
				基价	其中		
					人工费	材料费	机械费
013	5-227	抹灰面过氯乙烯漆（每增减一遍）磁漆	100m²	408.37	85.50	322.87	—
014	5-228	抹灰面过氯乙烯漆（每增减一遍）清漆	100m²	522.73	85.50	437.23	—
015	5-229	生漆黑板	100m²	1281.84	427.67	854.17	—
016	5-230	外墙真石漆（胶带条分格）	100m²	9856.42	384.90	9471.52	—
017	5-231	外墙真石漆（木嵌条分格）	100m²	10125.39	608.27	9517.12	—
018	5-232	抹灰面刷墙漆王（刷涂）	100m²	813.27	190.07	623.20	—
019	5-233	抹灰面刷墙漆王（滚涂）	100m²	885.27	114.07	771.20	—
020	5-234	抹灰面刷墙漆王（喷涂）	100m²	873.24	66.54	806.70	—
021	5-235	界面剂	100m²	381.30	118.80	262.50	—
020506002		2. 抹灰线条油漆					
001	5-236	乳胶漆（线条）8cm 内	100m	262.49	141.10	121.39	—
002	5-237	乳胶漆（线条）12cm 内	100m	312.36	160.97	151.39	—
003	5-238	乳胶漆（线条）18cm 内	100m	369.34	163.82	205.52	—
020507		七、喷刷、涂料					
020507001		1. 刷喷涂料					
001	5-239	墙、柱、梁面（一塑三油）大压花	100m²	4438.19	541.74	3783.81	112.64
002	5-240	墙、柱、梁面（一塑三油）中压花	100m²	3501.32	489.47	2910.59	101.26
003	5-241	墙、柱、梁面（一塑三油）喷中点、幼点	100m²	2980.58	441.90	2446.52	92.16
004	5-242	墙、柱、梁面（一塑三油）平面	100m²	1478.79	251.87	1226.92	—
005	5-243	天棚（一塑三油）大压花	100m²	4515.51	603.54	3786.81	125.16
006	5-244	天棚（一塑三油）中压花	100m²	3568.97	541.74	2914.59	112.64
007	5-245	天棚（一塑三油）喷中点、幼点	100m²	3042.71	489.47	2450.84	102.40
008	5-246	天棚（一塑三油）平面	100m²	1508.29	280.37	1227.92	—
009	5-247	墙面钙塑涂料（成品）内墙及天棚面	100m²	1857.07	133.07	1724.00	—
010	5-248	墙面钙塑涂料（成品）外墙面	100m²	2146.57	142.57	2004.00	—
011	5-249	墙面抗碱封底涂料	100m²	1316.87	133.07	1183.80	—
012	5-250	外墙 JH801 涂料（清水墙）	100m²	791.49	312.67	478.82	—
013	5-251	外墙 JH801 涂料（抹灰面）	100m²	928.71	312.67	616.04	—
014	5-252	仿瓷涂料二遍	100m²	822.20	532.20	290.00	—

（续）

项目编码		项　　目	单位	预算单价/元			
				基价	其中		
					人工费	材料费	机械费
015	5-253	内墙多彩花纹涂料	100m²	2041.14	269.47	1771.67	—
016	5-254	内墙彩绒涂料	100m²	4121.04	269.47	3851.57	—
017	5-255	外墙多彩花纹涂料（清水墙）	100m²	2410.79	320.27	2090.52	—
018	5-256	外墙多彩花纹涂料（抹灰面）	100m²	2224.57	267.07	1957.50	—
019	5-257	外墙喷硬质复层凹凸花纹涂料（浮雕型、清水墙）	100m²	3100.70	389.70	2711.00	—
020	5-258	外墙喷硬质复层凹凸花纹涂料（浮雕型、抹灰面）	100m²	2556.64	304.14	2252.50	—
021	5-259	外墙喷银光涂料（清水墙）	100m²	1813.06	323.10	1489.96	—
022	5-260	外墙喷银光涂料（抹灰面）	100m²	1519.03	190.07	1328.96	—
023	5-261	外墙喷丙烯酸有光外用乳胶漆（清水墙）	100m²	2361.10	323.10	2038.00	—
024	5-262	外墙喷丙烯酸有光外用乳胶漆（抹灰面）	100m²	2055.07	190.07	1865.00	—
025	5-263	外墙喷丙烯酸无光外用乳胶漆（清水墙）	100m²	1984.10	323.10	1661.00	—
026	5-264	外墙喷丙烯酸无光外用乳胶漆（抹灰面）	100m²	1678.07	190.07	1488.00	—
027	5-265	外墙喷丙烯酸凹凸复层装饰涂料（清水墙）	100m²	3117.90	389.70	2728.20	—
028	5-266	外墙喷丙烯酸凹凸复层装饰涂料（抹灰面）	100m²	1948.89	304.14	1644.75	—
029	5-267	外墙 AC-97 弹性涂料（清水墙）	100m²	1416.17	323.10	1093.07	—
030	5-268	外墙 AC-97 弹性涂料（抹灰面）	100m²	1141.46	190.07	951.39	—
031	5-269	彩砂喷涂（抹灰面）	100m²	4521.90	570.24	3951.66	—
032	5-270	彩砂喷涂（混凝土面）	100m²	5996.76	627.30	5369.46	—
033	5-271	砂胶涂料（墙柱面）	100m²	1131.53	641.53	490.00	—
034	5-272	砂胶涂料（天棚）	100m²	1202.80	712.80	490.00	—
035	5-273	抹灰面（106 涂料）两遍	100m²	286.72	190.07	96.65	—
036	5-274	抹灰面（106 涂料）三遍	100m²	377.36	237.60	139.76	—
037	5-275	抹灰面（803 涂料）两遍	100m²	264.39	190.07	74.32	—
038	5-276	抹灰面（803 涂料）三遍	100m²	342.95	237.60	105.35	—
039	5-277	抹灰面（防霉涂料）	100m²	589.30	61.80	527.50	—
040	5-278	楼地面（107 胶水泥彩色地面）	100m²	1615.22	993.17	622.05	—
041	5-279	楼地面（777 涂料席纹地面）	100m²	1625.04	793.57	831.47	—
042	5-280	楼地面（177 涂料乳液罩面）	100m²	873.81	446.70	427.11	—

（续）

项目编码		项　　目	单位	预算单价/元			
				基价	其中		
					人工费	材料费	机械费
043	5-281	刷白水泥浆两遍（抹灰面）光面	$100m^2$	150.86	95.04	55.82	—
044	5-282	刷白水泥浆两遍（抹灰面）毛面	$100m^2$	188.55	118.80	69.75	—
045	5-283	刷石灰油浆两遍（抹灰面）光面	$100m^2$	126.67	95.04	31.63	—
046	5-284	刷石灰油浆两遍（抹灰面）毛面	$100m^2$	158.24	118.80	39.44	—
047	5-285	抹灰面（喷刷石灰浆三遍）	$100m^2$	93.95	90.30	3.65	—
048	5-286	抹灰面（刷石灰大白浆三遍）	$100m^2$	115.62	99.84	15.78	—
049	5-287	抹灰面（刮腻子刷大白浆三遍）	$100m^2$	243.05	213.84	29.21	—
050	5-288	清水墙腰线、檐口线、门窗套、窗台板（刷白水泥浆两遍）	$100m^2$	172.60	147.30	25.30	—
051	5-289	清水墙腰线、檐口线、门窗套、窗台板（刷石灰油浆两遍）	$100m^2$	161.71	147.30	14.41	—
052	5-290	清水墙腰线、檐口线、门窗套、窗台板（刷红土子浆一遍）	$100m^2$	92.67	76.03	16.64	—
053	5-291	抹灰面（刷普通水泥浆）	$100m^2$	108.78	95.04	13.74	—
054	5-292	抹灰面（刮腻子刷可赛银浆三遍）	$100m^2$	298.88	266.10	32.78	—
055	5-293	砼刮石膏腻子两遍、大白腻子一遍、刷大白浆三遍	$100m^2$	435.21	399.17	36.04	—
056	5-294	抹灰面（喷刷177胶罩面一遍）	$100m^2$	148.87	97.87	51.00	—
057	5-295	抹灰面（喷刷505涂料醇酸清漆单色台度光面）	$100m^2$	1222.51	959.94	262.57	—
058	5-296	抹灰面（喷刷505涂料醇酸清漆单色台度毛面）	$100m^2$	1466.50	1151.40	315.10	—
059	5-297	抹灰面（乳胶漆墙面滚花）	$100m^2$	459.11	383.47	75.64	—
060	5-298	抹灰面（106涂料墙面滚花）	$100m^2$	439.61	363.97	75.64	—
061	5-299	刮防水大白三遍（天棚）	$100m^2$	1105.77	388.57	717.20	—
062	5-300	刮防水大白三遍（墙面）	$100m^2$	1076.24	359.04	717.20	—
063	5-301	刮大白三遍（天棚）	$100m^2$	625.12	337.93	287.19	—
064	5-302	刮大白三遍（墙面）	$100m^2$	592.73	308.34	284.39	—
065	5-303	天棚、墙面刮大白每增加一遍（天棚）	$100m^2$	230.28	156.30	73.98	—
066	5-304	天棚、墙面刮大白每增加一遍（墙面）	$100m^2$	193.42	122.47	70.95	—
067	5-305	刮仿瓷大白三遍（天棚）	$100m^2$	558.64	350.64	208.00	—

（续）

项目编码		项　　目	单位	预算单价/元			
				基价	其中		
					人工费	材料费	机械费
068	5-306	刮仿瓷大白三遍（墙面）	100m^2	545.93	337.93	208.00	—
020508		八、花饰、线条刷涂料					
020508001		1. 空花格、栏杆刷涂料					
001	5-307	刷白水泥浆两遍（混凝土栏杆花饰）	100m^2	478.57	361.14	117.43	—
002	5-308	刷白水泥浆两遍（阳台、雨篷、窗间墙、隔板、栏板小面积）	100m^2	204.83	137.77	67.06	—
003	5-309	刷石灰油浆两遍（混凝土栏杆花饰）	100m^2	452.63	361.14	91.49	—
004	5-310	刷白水泥浆两遍（阳台、雨篷、窗间墙、隔板、栏板小面积）	100m^2	175.85	137.77	38.08	—
005	5-311	花格手工刮仿瓷涂料	100m^2	1112.13	760.33	351.80	—
020508002		2. 线条刷涂料					
001	5-312	线条刷涂料（8cm 以内）	100m	48.77	23.77	25.00	—
002	5-313	线条刷涂料（12cm 以内）	100m	63.66	29.66	34.00	—
003	5-314	线条刷涂料（15cm 以内）	100m	94.26	35.26	59.00	—
004	5-315	线条刷涂料（18cm 以内）	100m	108.94	42.94	66.00	—
020509		九、裱糊					
020509001		1. 壁纸裱糊					
001	5-316	墙面贴装饰纸（壁纸）不对花	100m^2	2164.43	969.37	1195.06	—
002	5-317	墙面贴装饰纸（壁纸）对花	100m^2	2277.28	1035.90	1241.38	—
003	5-318	柱面贴装饰纸（壁纸）不对花	100m^2	2320.26	1069.20	1251.06	—
004	5-319	柱面贴装饰纸（壁纸）对花	100m^2	2438.33	1140.47	1297.86	—
005	5-320	天棚面贴装饰纸（壁纸）不对花	100m^2	2425.83	1230.77	1195.06	—
006	5-321	天棚面贴装饰纸（壁纸）对花	100m^2	2571.95	1330.57	1241.38	—
020509002		2. 织锦缎裱糊					
001	5-322	墙面（织锦缎）	100m^2	21192.10	1192.74	19999.36	—
002	5-323	柱面（织锦缎）	100m^2	22511.10	1311.54	21199.56	—
003	5-324	天棚面（织锦缎）	100m^2	21529.49	1530.13	19999.36	—
020509003		3. 墙面金箔					
001	5-325	墙面贴金箔	100m^2	42957.20	2257.20	40700.00	—

6. 其他工程

其他工程见附表 6。

附表 6 其他工程（编码：0206）

项目编码		项　　目	单位	预算单价/元			
				基价	其中		
					人工费	材料费	机械费
020601		一、柜类、货架					
020601001		1. 柜类					
001	6-1	柜台（不锈钢）	m^2	1045.83	102.67	914.52	28.64
002	6-2	柜台（宝笼 1）	m^2	514.38	74.64	431.30	8.44
003	6-3	柜台（宝笼 2）	m^2	584.68	81.24	494.47	8.97
004	6-4	柜台（宝笼 3）	m^2	581.00	81.24	490.79	8.97
020601002		2. 酒柜					
001	6-5	附墙酒柜	m^2	400.76	86.94	309.35	4.47
020601003		3. 衣柜					
001	6-6	附墙衣柜	m^2	405.69	89.83	311.15	4.71
002	6-7	隔断木衣柜	m^2	481.06	77.94	394.68	8.44
020601004		4. 存包柜					
001	6-8	存包柜 900mm×750mm×320mm（一组）	组	487.69	237.60	245.54	4.55
020601005		5. 鞋柜					
001	6-9	鞋柜 1650mm×450mm×750mm（一组）	组	1029.57	427.67	597.35	4.55
020601006		6. 书柜					
001	6-10	附墙书柜	m^2	442.37	94.14	343.27	4.96
020601007		7. 厨房壁柜					
001	6-11	壁柜	m^2	255.79	97.03	157.41	1.35
020601008		8. 木壁柜					
001	6-12	嵌入式木壁柜	m^2	383.64	69.84	305.36	8.44
020601009		9. 厨房低柜					
001	6-13	厨房低柜（大理石台面）	m^2	515.65	140.57	374.98	0.10
002	6-14	厨房低柜（复合板台面）	m^2	477.14	124.27	352.77	0.10
020601010		10. 厨房吊柜					
001	6-15	吊柜	m^2	391.84	153.54	228.24	10.06
020601011		11. 矮柜					
001	6-16	附墙矮柜	m^2	380.73	89.34	286.68	4.71

（续）

项目编码		项目	单位	预算单价/元			
				基价	其中		
					人工费	材料费	机械费
020601012		12. 吧台背柜					
001	6-17	吧台背柜	m	841.72	208.63	609.88	23.21
020601013		13. 酒吧吊柜					
001	6-18	酒吧吊柜	m	598.68	113.10	472.92	12.66
020601014		14. 酒吧台					
001	6-19	酒吧台	m	1780.13	84.07	1686.56	9.50
002	6-20	吧台大理石台板	m^2	267.58	50.21	217.37	—
020601015		15. 展台					
001	6-21	展台	m	692.77	143.04	533.90	15.83
020601016		16. 收银台					
001	6-22	收银台	个	431.52	117.84	307.48	6.20
002	6-23	圆弧形收银台	个	796.20	153.00	635.26	7.94
020601017		17. 试衣间					
001	6-24	试衣间	个	999.29	173.94	816.17	9.18
020601018		18. 货架					
001	6-25	货架（货架 1）	m^2	344.72	71.77	269.23	3.72
002	6-26	货架（货架 2）	m^2	388.60	71.77	308.92	7.91
003	6-27	货架（货架 3）	m^2	275.23	72.24	195.08	7.91
004	6-28	货架（货架 4）	m^2	245.50	71.77	170.01	3.72
005	6-29	货架（货架 5）	m^2	251.88	78.90	168.76	4.22
006	6-30	货架（货架 6）	m^2	282.00	71.77	202.32	7.91
007	6-31	货架（货架 7）	m^2	288.53	71.77	208.85	7.91
020601019		19. 书架					
001	6-32	书架	m^2	317.78	136.87	178.43	2.48
020601020		20. 服务台					
001	6-33	服务台（1000mm×960mm×450mm）	m^2	618.71	219.07	399.64	—
020601021		21. 博古架					
001	6-34	博古架（2240mm×1470mm×400mm）	m^2	208.32	87.13	121.19	—
020601022		22. 玻璃加工					
001	6-35	玻璃钻孔	10个	148.92	60.13	15.09	73.70

（续）

项目编码		项　目	单位	预算单价/元			
				基价	其中		
					人工费	材料费	机械费
002	6-36	玻璃磨砂	$10m^2$	463.80	280.35	54.09	129.36
020602		二、暖气罩					
020602001		1. 饰面板暖气罩					
001	6-37	暖气罩（柚木板）挂板式	$10m^2$	2575.35	271.44	2248.99	54.92
002	6-38	暖气罩（胶合板）平墙式	$10m^2$	1116.35	281.17	517.81	317.37
003	6-39	暖气罩（胶合板）明式	$10m^2$	942.87	296.40	596.60	49.87
004	6-40	暖气罩（木制百叶）明式	$10m^2$	1269.58	272.77	983.27	13.54
005	6-41	暖气罩（木制百叶）平墙式	$10m^2$	1146.74	246.60	886.60	13.54
020602002		2. 塑料板暖气罩					
001	6-42	暖气罩（塑板面）挂板式	$10m^2$	1849.63	214.33	1253.48	381.82
020602003		3. 金属暖气罩					
001	6-43	暖气罩（铝合金）平墙式	$10m^2$	1573.82	255.97	1276.09	41.76
002	6-44	暖气罩（铝合金）明式	$10m^2$	2496.57	327.73	2086.51	82.33
003	6-45	暖气罩（钢板）平墙式	$10m^2$	957.97	125.64	710.62	121.71
004	6-46	暖气罩（钢板）明式	$10m^2$	1735.81	220.14	1288.96	226.71
020603		三、浴厕配件					
020603001		1. 洗漱台					
001	6-47	大理石洗漱台（$1m^2$ 以内）	$10m^2$	6082.13	1205.87	4702.65	173.61
002	6-48	大理石洗漱台（$1m^2$ 以外）	$10m^2$	5675.96	1103.94	4407.36	164.66
020603002		2. 晒衣架					
001	6-49	晒衣架	10套	1333.25	118.80	1214.45	—
020603003		3. 帘子杆					
001	6-50	金属（帘子杆）	10副	467.22	10.27	456.95	—
020603004		4. 浴缸拉手					
001	6-51	金属（浴缸拉手）	10副	844.32	13.67	830.65	—
020603005		5. 毛巾杆（架）					
001	6-52	毛巾杆（不锈钢）	10副	729.98	20.53	709.45	—
002	6-53	毛巾杆（塑料）	10副	1071.99	10.27	1061.72	—
020603006		6. 毛巾环					
001	6-54	毛巾环	10只	706.15	8.64	697.51	—

（续）

项目编码		项　　目	单位	预算单价/元			
				基价	其中		
					人工费	材料费	机械费
020603007		7. 卫生纸盒					
001	6-55	卫生纸盒	10只	199.35	16.33	183.02	—
020603008		8. 肥皂盒					
001	6-56	肥皂盒（搁放式）	10只	262.35	9.24	253.11	—
002	6-57	肥皂盒（嵌入式）	10只	238.10	154.07	84.03	—
020603009		9. 镜面玻璃					
001	6-58	玻璃镜面（$1m^2$ 以内）带框	$10m^2$	1269.00	265.50	997.90	5.60
002	6-59	玻璃镜面（$1m^2$ 以内）不带框	$10m^2$	1217.15	143.10	1068.45	5.60
003	6-60	玻璃镜面（$1m^2$ 以外）带框	$10m^2$	1069.45	203.34	853.83	12.28
004	6-61	玻璃镜面（$1m^2$ 以外）不带框	$10m^2$	1179.79	129.77	1037.74	12.28
020603010		10. 镜箱					
001	6-62	盥洗室镜箱（木质镜箱）	$10m^2$	1447.54	951.67	495.87	—
002	6-63	盥洗室镜箱（塑料镜箱）	10个	15.09	13.87	1.22	—
020603011		11. 不锈钢用品架安装					
001	6-64	不锈钢用品架安装	10个	967.78	157.33	810.45	—
020603012		12. 不锈钢浴巾架安装					
001	6-65	不锈钢浴巾架安装	10个	1674.78	157.33	1517.45	—
020603013		13. 不锈钢吊架安装					
001	6-66	不锈钢吊架安装	10套	2069.40	554.40	1515.00	—
020604		四、压条、装饰线					
020604001		1. 金属装饰线					
001	6-67	金属装饰线（压条）	100m	961.44	86.24	875.20	—
002	6-68	金属装饰线（角线）	100m	717.15	151.80	565.35	—
003	6-69	金属装饰线（槽线）	100m	603.85	151.80	452.05	—
004	6-70	金属装饰线（铜嵌条）2mm×15mm	100m	866.87	247.28	619.59	—
005	6-71	镜面不锈钢装饰线（60mm 内）	100m	918.66	238.04	680.62	—
006	6-72	镜面不锈钢装饰线（60mm 外）	100m	1208.29	253.00	955.29	—
007	6-73	镜面不锈钢装饰线（100mm 外）	100m	1907.69	264.67	1643.02	—
020604002		2. 木装饰线条					
001	6-74	木质装饰线条（宽度 15mm 内）	100m	278.49	113.57	164.92	—

（续）

项目编码		项 目	单位	预算单价/元			
				基价	其中		
					人工费	材料费	机械费
002	6-75	木质装饰线条（宽度 25mm 内）	100m	332.36	123.05	209.31	—
003	6-76	木质装饰线条（宽度 50mm 内）	100m	387.36	142.07	245.29	—
004	6-77	木质装饰线条（宽度 80mm 内）	100m	675.29	156.37	518.92	—
005	6-78	木质装饰线条（宽度 100mm 内）	100m	648.84	170.64	478.20	—
006	6-79	木质装饰线条（宽度 150mm 内）	100m	1169.45	199.14	970.31	—
007	6-80	木质装饰线条（宽度 200mm 内）	100m	1636.83	227.17	1409.66	—
008	6-81	木质装饰线条（宽度 200mm 外）	100m	1947.91	256.14	1691.77	—
009	6-82	木质装饰线条（顶角线 25mm 内）	100m	358.94	114.97	243.97	—
010	6-83	木质装饰线条（顶角线 50mm 内）	100m	433.57	126.28	307.29	—
011	6-84	木质装饰线条（顶角线 80mm 内）	100m	892.01	142.56	749.45	—
012	6-85	木质装饰线条（顶角线 100mm 外）	100m	2331.76	157.52	2174.24	—
020604003		3. 石材装饰线					
001	6-86	石材装饰线（粘贴 50mm 内）	100m	18660.14	442.87	18217.27	—
002	6-87	石材装饰线（粘贴 80mm 内）	100m	26840.22	519.90	26320.32	—
003	6-88	石材装饰线（粘贴 100mm 内）	100m	33990.51	586.87	33403.64	—
004	6-89	石材装饰线（粘贴 150mm 内）	100m	37079.78	623.47	36456.31	—
005	6-90	石材装饰线（粘贴 200mm 以内）	100m	44261.38	696.67	43564.71	—
006	6-91	石材装饰线（粘贴 200mm 以外）	100m	51497.06	806.94	50690.12	—
007	6-92	石材装饰线（干挂 200mm 以内）	100m	45521.47	1101.54	44419.93	—
008	6-93	石材装饰线（干挂 200mm 以外）	100m	53346.78	1426.57	51920.21	—
009	6-94	石材装饰线（挂贴 100mm 以内）	100m	32374.40	871.03	31503.37	—
010	6-95	石材装饰线（挂贴 150mm 以外）	100m	40549.57	907.63	39641.94	—
011	6-96	石材装饰线（挂贴 200mm 以内）	100m	44766.04	980.83	43785.21	—
012	6-97	石材装饰线（挂贴 200mm 以外）	100m	52090.10	1091.53	50998.57	—
013	6-98	石材装饰线（现场磨边）磨边	100m	797.41	367.33	29.59	400.49
014	6-99	石材装饰线（现场磨边）45°斜边	100m	1272.48	436.20	355.30	480.98
015	6-100	石材装饰线（现场磨边）半圆边	100m	2746.79	1055.94	88.88	1601.97
016	6-101	石材装饰线（现场磨边）台面开孔	100m	3184.50	2363.64	185.76	635.10
020604004		4. 石膏装饰线					
001	6-102	石膏条	100m	367.96	101.70	266.26	—

（续）

项目编码		项　目	单位	预算单价/元			
				基价	其中		
					人工费	材料费	机械费
002	6-103	石膏顶角线100mm以内	100m	518.98	148.44	370.54	—
003	6-104	石膏顶角线100mm以外	100m	698.05	168.36	529.69	—
004	6-105	石膏板装饰线	100m	262.59	171.07	91.52	—
020604005		5. 镜面玻璃线					
001	6-106	镜面玻璃条	100m	250.69	113.57	137.12	—
020604006		6. 铝塑装饰线					
001	6-107	铝塑线条	100m	367.61	85.50	282.11	—
020604007		7. 塑料装饰线					
001	6-108	塑料装饰线	100m	210.59	101.70	108.89	—
020604008		8. 石膏浮雕					
001	6-109	石膏艺术浮雕（角花）	10只	233.28	47.77	185.51	—
002	6-110	石膏艺术浮雕（灯盘）	10只	768.82	148.50	620.32	—
020605		五、雨篷、旗杆					
020605001		1. 雨篷吊挂饰面					
001	6-111	雨篷底吊铝骨架铝条天棚	$100m^2$	11606.93	950.40	10656.53	—
020605002		2. 金属旗杆					
001	6-112	不锈钢旗杆	根	6562.47	597.30	5755.17	210.00
020606		六、招牌、灯箱					
020606001		1. 平面、箱式招牌（基层）					
001	6-113	平面招牌（木结构）一般	$10m^2$	738.87	190.97	529.30	18.60
002	6-114	平面招牌（木结构）复杂	$10m^2$	1008.35	233.94	753.11	21.30
003	6-115	平面招牌（钢结构）一般	$10m^2$	1124.87	310.80	706.33	107.74
004	6-116	平面招牌（钢结构）复杂	$10m^2$	1320.30	342.43	869.08	108.79
005	6-117	箱式招牌（钢结构）厚500mm以内（矩形）	$10m^3$	5186.82	1514.70	3152.34	519.78
006	6-118	箱式招牌（钢结构）厚500mm以内（异形）	$10m^3$	5608.51	1662.67	3426.06	519.78
007	6-119	箱式招牌（钢结构）厚500mm以外（矩形）	$10m^3$	3834.88	1088.34	2405.10	341.44
008	6-120	箱式招牌（钢结构）厚500mm以外（异形）	$10m^3$	4203.42	1193.57	2635.00	374.85
020606002		2. 竖式标箱					
001	6-121	竖式标箱（钢结构）厚400mm以内（矩形）	$10m^3$	5775.94	2125.67	3014.29	635.98

（续）

项目编码		项 目	单位	预算单价/元			
				基价	其中		
					人工费	材料费	机械费
002	6-122	竖式标箱（钢结构）厚 400mm 以内（异形）	$10m^3$	6485.07	2394.37	3390.29	700.41
003	6-123	竖式标箱（钢结构）厚 400mm 以外（矩形）	$10m^3$	4117.63	1514.57	2146.06	457.00
004	6-124	竖式标箱（钢结构）厚 400mm 以外（异形）	$10m^3$	4622.71	1706.87	2413.50	502.34
005	6-125	广告牌钢骨架	t	8494.20	964.80	6906.75	622.65
020606003		3. 灯箱（面层）					
001	6-126	灯箱面层（有机玻璃）	$10m^2$	1185.01	73.27	1111.74	—
002	6-127	灯箱面层（玻璃）	$10m^2$	806.48	73.27	733.21	—
003	6-128	灯箱面层（金属板）	$10m^2$	1045.05	126.90	918.15	—
004	6-129	灯箱面层（玻璃钢）	$10m^2$	1232.03	66.30	1165.73	—
005	6-130	灯箱面层（胶合板）	$10m^2$	210.68	58.20	152.48	—
006	6-131	灯箱面层（塑料板）	$10m^2$	2199.60	73.27	2126.33	—
007	6-132	灯箱彩色面层	$10m^2$	368.16	53.16	315.00	—
020607		七、美术字					
020607001		1. 泡沫塑料字					
001	6-133	泡沫塑料（$0.2m^2$ 以内）大理石面	10 个	396.87	185.77	211.10	—
002	6-134	泡沫塑料（$0.2m^2$ 以内）混凝土墙面	10 个	448.19	224.04	224.15	—
003	6-135	泡沫塑料（$0.2m^2$ 以内）砖墙面	10 个	360.33	149.23	211.10	—
004	6-136	泡沫塑料（$0.2m^2$ 以内）其他面	10 个	349.94	138.84	211.10	—
005	6-137	泡沫塑料（$0.5m^2$ 以内）大理石面	10 个	908.17	278.70	629.47	—
006	6-138	泡沫塑料（$0.5m^2$ 以内）混凝土墙面	10 个	974.48	316.97	657.51	—
007	6-139	泡沫塑料（$0.5m^2$ 以内）砖墙面	10 个	869.94	240.47	629.47	—
008	6-140	泡沫塑料（$0.5m^2$ 以内）其他面	10 个	864.44	234.97	629.47	—
009	6-141	泡沫塑料（$1.0m^2$ 以内）大理石面	10 个	1910.27	371.64	1538.63	—
010	6-142	泡沫塑料（$1.0m^2$ 以内）混凝土墙面	10 个	1948.20	409.87	1538.33	—
011	6-143	泡沫塑料（$1.0m^2$ 以内）砖墙面	10 个	1872.52	355.20	1517.32	—
012	6-144	泡沫塑料（$1.0m^2$ 以内）其他面	10 个	1796.02	278.70	1517.32	—
020607003		2. 木质字					
001	6-145	木质字（$0.2m^2$ 以内）大理石面	10 个	409.80	218.64	191.16	—
002	6-146	木质字（$0.2m^2$ 以内）混凝土墙面	10 个	452.44	262.27	190.17	—
003	6-147	木质字（$0.2m^2$ 以内）砖墙面	10 个	365.07	174.90	190.17	—

（续）

项目编码		项　目	单位	预算单价/元			
				基价	其中		
					人工费	材料费	机械费
004	6-148	木质字（0.2m² 以内）其他面	10 个	354.10	163.93	190.17	—
005	6-149	木质字（0.5m² 以内）大理石面	10 个	873.99	327.90	546.09	—
006	6-150	木质字（0.5m² 以内）混凝土墙面	10 个	917.73	371.64	546.09	—
007	6-151	木质字（0.5m² 以内）砖墙面	10 个	812.18	284.17	528.01	—
008	6-152	木质字（0.5m² 以内）其他面	10 个	801.25	273.24	528.01	—
009	6-153	木质字（1.0m² 以内）大理石面	10 个	1430.93	437.17	993.76	—
010	6-154	木质字（1.0m² 以内）混凝土墙面	10 个	1474.66	480.90	993.76	—
011	6-155	木质字（1.0m² 以内）砖墙面	10 个	1407.88	415.33	992.55	—
012	6-156	木质字（1.0m² 以内）其他面	10 个	1320.45	327.90	992.55	—
020607004		3. 金属字					
001	6-157	金属字（0.2m² 以内）大理石面	10 个	388.92	196.74	192.18	—
002	6-158	金属字（0.2m² 以内）混凝土墙面	10 个	407.52	215.34	192.18	—
003	6-159	金属字（0.2m² 以内）砖墙面	10 个	341.87	157.37	184.50	—
004	6-160	金属字（0.2m² 以内）其他面	10 个	332.04	147.54	184.50	—
005	6-161	金属字（0.5m² 以内）大理石面	10 个	813.95	295.14	518.81	—
006	6-162	金属字（0.5m² 以内）混凝土墙面	10 个	853.25	334.44	518.81	—
007	6-163	金属字（0.5m² 以内）砖墙面	10 个	759.63	255.77	503.86	—
008	6-164	金属字（0.5m² 以内）其他面	10 个	751.96	248.10	503.86	—
009	6-165	金属字（1.0m² 以内）大理石面	10 个	1299.09	393.47	905.62	—
010	6-166	金属字（1.0m² 以内）混凝土墙面	10 个	1338.46	432.84	905.62	—
011	6-167	金属字（1.0m² 以内）砖墙面	10 个	1282.03	378.73	903.30	—
012	6-168	金属字（1.0m² 以内）其他面	10 个	1198.44	295.14	903.30	—
013	6-169	金属字（1.0m² 以外）大理石面	10 个	1735.93	432.84	1303.09	—
014	6-170	金属字（1.0m² 以外）混凝土墙面	10 个	1779.13	476.04	1303.09	—
015	6-171	金属字（1.0m² 以外）砖墙面	10 个	1716.13	416.57	1299.56	—
016	6-172	金属字（1.0m² 以外）其他面	10 个	1624.16	324.60	1299.56	—
020608		八、拆除					
020608001		1. 楼地面铲除					
001	6-173	砖地面（砂结合层）	100m²	223.52	223.52	—	—

（续）

项目编码		项　目	单位	预算单价/元			
				基价	其中		
					人工费	材料费	机械费
002	6-174	预制混凝土块（砂结合层）	$100m^2$	232.84	232.84	—	—
003	6-175	预制水磨石、大理石、花岗石板	$100m^2$	279.40	279.40	—	—
004	6-176	缸砖水泥花砖	$100m^2$	320.24	320.24	—	—
005	6-177	缸砖水泥花砖	$100m^2$	363.24	363.24	—	—
006	6-178	水泥砂浆	$100m^2$	199.60	199.60	—	—
020608002		2. 天棚铲灰壳					
001	6-179	天棚（混凝土）	$100m^2$	271.44	271.44	—	—
002	6-180	天棚（板条）	$100m^2$	141.04	141.04	—	—
003	6-181	天棚（钢板网）	$100m^2$	187.16	187.16	—	—
004	6-182	天棚（木丝板）	$100m^2$	187.16	187.16	—	—
005	6-183	天棚铲除大白	$100m^2$	79.84	79.84	—	—
020608003		3. 墙面铲除					
001	6-184	墙面（砖墙）石灰、草泥石灰砂浆	$100m^2$	190.28	190.28	—	—
002	6-185	墙面（砖墙）混合砂浆或水泥砂浆	$100m^2$	190.28	190.28	—	—
003	6-186	墙面（毛石墙）混合砂浆或水泥砂浆	$100m^2$	277.64	277.64	—	—
004	6-187	墙面铲除大白	$100m^2$	66.52	66.52	—	—
005	6-188	墙面（混凝土墙）混合砂浆、水泥砂浆	$100m^2$	231.52	231.52	—	—
006	6-189	墙面（板条墙）水泥石灰麻刀、混合砂浆	$100m^2$	151.68	151.68	—	—
007	6-190	墙面（钢板网墙）水泥石灰麻刀、混合砂浆	$100m^2$	172.52	172.52	—	—
008	6-191	墙面（大理石、花岗石）粘贴	$100m^2$	139.72	139.72	—	—
009	6-192	墙面（大理石、花岗石）挂贴	$100m^2$	132.60	132.60	—	—
010	6-193	墙面（壁纸）	$100m^2$	152.56	152.56	—	—
011	6-194	墙裙（瓷板）水泥砂浆或沥青结合层	$100m^2$	235.96	235.96	—	—
012	6-195	墙裙（马赛克）水泥砂浆或沥青结合层	$100m^2$	262.12	262.12	—	—
020608004		4. 清除油皮					
001	6-196	墙面抹灰面	$100m^2$	152.56	152.56	—	—
002	6-197	墙面木材面	$100m^2$	122.40	122.40	—	—
003	6-198	旧木门窗	$100m^2$	93.12	93.12	—	—

（续）

项目编码		项目	单位	预算单价/元			
				基价	其中		
					人工费	材料费	机械费
020608005		5. 天棚拆除					
001	6-199	木龙骨（夹板、石膏板基层、抹灰面）	100m^2	279.40	279.40	—	—
002	6-200	木龙骨（镜面、玻璃面）	100m^2	307.36	307.36	—	—
003	6-201	木龙骨（其他装饰面）	100m^2	279.40	279.40	—	—
004	6-202	金属龙骨（夹板、石膏板基层、抹灰面）	100m^2	307.36	307.36	—	—
005	6-203	金属龙骨（镜面、玻璃面）	100m^2	335.32	335.32	—	—
006	6-204	金属龙骨（其他装饰面）	100m^2	307.36	307.36	—	—
020608006		6. 墙面拆除					
001	6-205	木龙骨装饰面	100m^2	139.72	139.72	—	—
002	6-206	金属龙骨装饰面	100m^2	153.92	153.92	—	—
003	6-207	无龙骨装饰面	100m^2	133.04	133.04	—	—
020608007		7. 间壁墙拆除					
001	6-208	木骨架（镜面、玻璃面）	100m^2	369.00	369.00	—	—
002	6-209	木骨架（其他装饰面）	100m^2	335.32	335.32	—	—
003	6-210	木骨架（夹板、石膏板基层上抹灰面）	100m^2	335.32	335.32	—	—
004	6-211	金属骨架（夹板、石膏板基层上抹灰面）	100m^2	369.00	369.00	—	—
005	6-212	金属骨架（其他装饰面）	100m^2	369.00	369.00	—	—
006	6-213	金属骨架（镜面、玻璃面）	100m^2	400.48	400.48	—	—
020608008		8. 门窗、木地板拆除					
001	6-214	门（木质）	100m^2	508.28	508.28	—	—
002	6-215	门（金属）	100m^2	644.44	644.44	—	—
003	6-216	窗（木质）	100m^2	471.92	471.92	—	—
004	6-217	窗（金属）	100m^2	517.60	517.60	—	—
005	6-218	木地板（带龙骨）	100m^2	267.44	267.44	—	—
006	6-219	木地板（不带龙骨）	100m^2	200.48	200.48	—	—
020608009		9. 楼梯、扶手及栏板拆除					
001	6-220	木楼梯 100m^2	100m	1397.08	1397.08	—	—
002	6-221	木质及金属扶手（木栏杆）	100m	191.60	191.60	—	—
003	6-222	木质及金属扶手（金属栏杆）	100m	838.24	838.24	—	—

（续）

项目编码		项　目	单位	预算单价/元			
				基价	其中		
					人工费	材料费	机械费
020608010		10. 窗台板、门窗套、窗帘盒拆除					
001	6-223	窗台板	100m	265.68	265.68	—	—
002	6-224	门窗套	100m	55.88	55.88	—	—
003	6-225	窗帘盒（带轨）	100m	232.84	232.84	—	—
020608011		11. 垃圾外运					
001	6-226	汽车运建筑垃圾（运距在1000m以内）	m^3	877.70	118.96	—	758.74
002	6-227	汽车运建筑垃圾（每增加运距1000m以内）	m^3	80.09	—	—	80.09
020608012		12. 墙面处理					
001	6-228	混凝土墙面打磨	m^2	269.43	176.00	68.00	25.43
002	6-229	混凝土凿毛全部	m^2	70.40	70.40	—	—
003	6-230	混凝土凿毛星点	m^2	35.20	35.20	—	—
004	6-231	凿槽	m	1203.84	1203.84	—	—
020608013		13. 封洞					
001	6-232	封洞（砖砌体）	$100m^2$	12872.04	6963.87	5908.17	—
002	6-233	封洞（双面夹板）	$100m^2$	7769.74	1747.24	6022.50	—

7. 建筑物超高增加人工、机械降效及加压水泵台班（编码：020701）

附表7　建筑物超高增加人工、机械降效（编码：020701001）

项目编码		项　目	单位	名称		
				人工降效	机械降效	
					垂直运输机械	其他机械
001	7-1	人工、机械降效（檐高）30m以内	%	2.1232	5.58	2.423
002	7-2	人工、机械降效（檐高）40m以内	%	3.841	10.913	4.365
003	7-3	人工、机械降效（檐高）50m以内	%	5.762	16.151	6.548
004	7-4	人工、机械降效（檐高）60m以内	%	8.534	24.735	9.698
005	7-5	人工、机械降效（檐高）70m以内	%	11.434	33.778	12.993
006	7-6	人工、机械降效（檐高）80m以内	%	14.405	43.104	16.369
007	7-7	人工、机械降效（檐高）90m以内	%	17.426	52.62	19.803
008	7-8	人工、机械降效（檐高）100m以内	%	22.535	62.274	25.608
009	7-9	人工、机械降效（檐高）110m以内	%	26.191	72.023	29.762

（续）

项目编码		项目	单位	名称		
				人工降效	机械降效	
					垂直运输机械	其他机械
010	7-10	人工、机械降效（檐高）120m 以内	%	29.340	81.844	33.341
011	7-11	人工、机械降效（檐高）130m 以内	%	32.503	91.723	36.935
012	7-12	人工、机械降效（檐高）140m 以内	%	35.666	101.639	40.529
013	7-13	人工、机械降效（檐高）150m 以内	%	38.841	115.05	44.437
014	7-14	人工、机械降效（檐高）160m 以内	%	42.081	125.348	47.819
015	7-15	人工、机械降效（檐高）170m 以内	%	45.192	135.66	51.354
016	7-16	人工、机械降效（檐高）180m 以内	%	48.374	146.003	54.97

附表 8　建筑物超高加压水泵台班（编码：020701002）

项目编码		项目	单位	预算单价/元			
				基价	其中		
					人工费	材料费	机械费
001	7-17	加压水泵台班（檐高）30m 以内	$100m^2$	178.64	—	—	178.64
002	7-18	加压水泵台班（檐高）40m 以内	$100m^2$	272.81	—	—	272.81
003	7-19	加压水泵台班（檐高）50m 以内	$100m^2$	335.52	—	—	335.52
004	7-20	加压水泵台班（檐高）60m 以内	$100m^2$	388.74	—	—	388.74
005	7-21	加压水泵台班（檐高）70m 以内	$100m^2$	434.21	—	—	434.21
006	7-22	加压水泵台班（檐高）80m 以内	$100m^2$	473.43	—	—	473.43
007	7-23	加压水泵台班（檐高）90m 以内	$100m^2$	511.14	—	—	511.14
008	7-24	加压水泵台班（檐高）100m 以内	$100m^2$	559.63	—	—	559.63
009	7-25	加压水泵台班（檐高）110m 以内	$100m^2$	595.83	—	—	595.83
010	7-26	加压水泵台班（檐高）120m 以内	$100m^2$	628.58	—	—	628.58
011	7-27	加压水泵台班（檐高）130m 以内	$100m^2$	663.06	—	—	663.06
012	7-28	加压水泵台班（檐高）140m 以内	$100m^2$	669.27	—	—	669.27
013	7-29	加压水泵台班（檐高）150m 以内	$100m^2$	735.25	—	—	735.25
014	7-30	加压水泵台班（檐高）160m 以内	$100m^2$	772.96	—	—	772.96
015	7-31	加压水泵台班（檐高）170m 以内	$100m^2$	808.95	—	—	808.95
016	7-32	加压水泵台班（檐高）180m 以内	$100m^2$	849.68	—	—	849.68

8. 措施项目

附表 9 措施项目（编码：020801）

项目编码		项 目	单位	预算单价/元			
				基价	其中		
					人工费	材料费	机械费
020801001		1. 满堂脚手架					
		（1）木架					
001	8-1	木脚手架（基本层）	100m²	780.37	323.55	432.49	24.33
002	8-2	木脚手架（增加层 1.2m）	100m²	242.55	121.95	112.49	8.11
		（2）钢管架					
003	8-3	钢管架（基本层）	100m²	654.54	370.62	263.64	20.28
004	8-4	钢管架（增加层 1.2m）	100m²	165.66	141.00	20.60	4.06
020801002		2. 垂直运输					
		（1）建筑物 20m 以内垂直运输					
001	8-5	建筑物 20m 内垂直运输（混合结构）	100m²	222.36	—	—	222.36
002	8-6	建筑物 20m 内垂直运输（现浇框架结构）	100m²	297.93	—	—	297.93
		（2）建筑物 20m 以上的垂直运输					
003	8-7	20～60m 以内（20m 以上）	100m²	143.53	53.75	—	89.78
004	8-8	20～60m 以内（每增 10m）	100m²	19.76	8.00	—	11.76
005	8-9	60～100m 以内（60m 以上）	100m²	223.37	116.50	—	106.87
006	8-10	60～100m 以内（每增 10m）	100m²	22.97	9.61	—	13.36
007	8-11	100～150m 以下（100m）	100m²	292.44	142.46	—	149.98
008	8-12	100～150m 以下（每增 10m）	100m²	30.28	11.21	—	19.07
009	8-13	150m 以上（150m 以上）	100m²	555.79	178.00	—	377.79
010	8-14	150m 以上（每增 10m）	100m²	37.34	12.79	—	24.55
020801003		3. 项目成品保护					
001	8-15	成品保护（楼地面）	100m²	285.89	24.64	261.25	—
002	8-16	成品保护（楼梯台阶）	100m²	232.06	41.16	190.90	—
003	8-17	成品保护（独立柱）	100m²	106.31	30.80	75.51	—
004	8-18	成品保护（内墙面）	100m²	68.97	41.16	27.81	—

参考文献

[1] 朱志杰．建筑装饰工程参考定额与报价［M］. 北京：中国计划出版社，2008.
[2] 陶士典．建筑装饰工程快速报价手册［M］. 北京：中国建筑工业出版社，2000.
[3] 李宏扬，时现．建筑装饰工程造价与审计［M］. 北京：中国建材工业出版社，2000.
[4] 郝书魁，姜岩．建筑装饰工程工艺与预算［M］. 上海：同济大学出版社，1999.
[5] 郝书魁．建筑装饰工程预算［M］. 上海：同济大学出版社，1999.
[6] 刘玉辉，方林梅，张国华．建筑装饰与安装工程预算［M］．2 版．南京：东南大学出版社，2000.
[7] 何康维，陈国新．建设工程计价原理与方法［M］．上海：同济大学出版社，2004.
[8] 中国建设工程造价管理协会．建设项目工程量清单案例操作实务［M］．北京：机械工业出版社，2007.
[9] 王玉龙．工程项目工程量清单计价实用手册［M］．上海：同济大学出版社，2003.